KB159879

잉여로서의 생명

Life as Surplus by Melinda Cooper
© 2008 by the University of Washington Press
Korean Translation Copyright © 2016 by Galmuri Publishing House
All rights reserved.
Korean edition is published by arrangement with University of Washington Press through Guy
Hong Agency.

이 책의 한국어판 저작권은 기홍에이전시를 통해 워싱턴 대학 출판부와의 독점 계약으로 갈무리에 있
습니다. 저작권법에 의해 한국 내에서 보호를 받는 저작물이므로 무단전재와 무단복제를 금합니다.

M 카이로스총서 43

잉여로서의 생명 Life As Surplus

지은이 멜린다 쿠퍼
옮긴이 안성우
펴낸이 조정환
책임운영 신은주
편집 김정연
디자인 조문영
홍보 김하은
프리뷰 김소라 · 이정섭 · 조아라

펴낸곳 도서출판 갈무리 등록일 1994. 3. 3. 등록번호 제17-0161호
초판인쇄 2016년 11월 26일 초판발행 2016년 11월 30일
종이 화인페이퍼 출력 경운출력 인쇄 예원프린팅 라미네이팅 금성산업 제본 일진제책

주소 서울 마포구 동교로18길 9-13 [서교동 464-56]
전화 02-325-1485 팩스 02-325-1407
website http://galmuri.co.kr e-mail galmuri94@gmail.com

ISBN 978-89-6195-147-0 93500
도서분류 1. 사회과학 2. 생명과학 3. 경제학 4. 정치학 5. 철학 6. 사회학 7. 과학사회학

값 20,000원

이 도서의 국립중앙도서관 출판예정도서목록(CIP)은 서지정보유통지원시스템 홈페이지(http://seoji.nl.go.kr)와 국가
자료공동목록시스템(http://www.nl.go.kr/kolisnet)에서 이용하실 수 있습니다.(CIP제어번호 : CIP2016028004)

잉여로서의 생명

신자유주의 시대의 생명기술과 자본주의

Life As Surplus

Biotechnology and Capitalism
in the Neoliberal Era

멜린다 쿠퍼 Melinda Cooper 지음
안성우 옮김

갈무리

옮긴이 일러두기

1. 이 책은 Melinda Cooper, *Life as Surplus: Biotechnology and Capitalism in the Neoliberal Era*, University of Washington Press, 2008을 완역한 것이다.

2. 옮긴이가 의미를 보충하기 위해 쓴 말은 [] 안에 넣었다. 다만 저자가 인용한 저술의 원 출판년도 표시, 그리고 저자가 큰 따옴표로 직접 인용한 문구 내에서 저자가 추가한 문구의 경우 또한 []를 사용했다.

3. 영어 원문에서 쓰인 콜론, 세미콜론, 맞줄표 등은 가독성을 높이기 위하여 가급적 제거하는 것을 원칙으로 삼았다.

4. 책 제목에 쓰인 이탤릭체는 『』로 표기하였고, 논문 제목에 쓰인 따옴표는 「」로 표기하였다.

5. 본문 가운데 강조를 위해 쓴 이탤릭체는 강조체로 표기해서 강조의 의미를 전달하려 하였다.

6. 의미 전달이 보다 분명히 될 필요가 있을 경우 영어 혹은 한자어를 병기하여 이해를 돕고자 했다. 그 외 인명, 지명명, 문헌명 등 고유명사의 원어는 색인에 추가하였다.

7. 지은이 주석과 옮긴이 주석은 같은 일련번호를 가지며 옮긴이의 주석에는 [옮긴이]라고 표시하였다.

8. 국제통화기금(IMF), 세계무역기구(WTO) 등 기관·단체의 명칭은 처음에 나올 때 한글과 영어 약자를 병기하고 괄호 속에 이후 계속 약자로 표시할 것을 밝혔다. 한글 명칭과 약자, 축약하지 않은 영어 명칭 전체는 찾아보기에 전부 넣었다.

루세트, 밥, 그리고 멜리사에게

이 책은 2000년 닷컴 버블 (그리고 생명공학 주식) 붕괴가 있고 난 뒤, 2001년 탄저균 공격으로 인해 단기간이지만 대규모의 미국 연방 예산이 생물학적 방어에 투입된 이후에 집필되었다. 이 책은 로널드 레이건이 이끈 미국 정부가 후기 산업주의적인 생명공학 성장의 새로운 장기 파동을 일으켜 포스트 포드주의 시대의 경제 위기를 넘어 나아가고자 했던 시기인 1980년 이후의 역사적 궤적을 추적했다. 당시에는 생명과학에 대규모의 정부 투자를 함으로써 결국에는 석유화학 기반의 포드주의적 대량 제조를 생명-약학적 생산의 모델로 대체하게 되리라고 기대했다. 이 새로운 생산 모델은 "붉은" 생의학에서부터 "초록" 농산업 및 새로운 에너지 생산 원천까지 새롭고 어느 정도는 투기적인 영역을 포함했다.

나는 위와 같은 기획이, 투기적 양식에서 ─ 석유 화학적 생산의 이윤율 한계 및 생태학적인 것을 넘어서는 미래 지향적 프로젝트로서 ─ 시작되었을 뿐만 아니라, 그 방식 및 사업 모델에서도 투기성을 띄고 있었다는 점을 보여 주고자 했다. 이 새로운 기획에서 생산하기 시작한 것은 포드주의적인 대량 생산에 기반을 둔 규모의 경제 및 유형적인, 수량화 가능한 상품이 아니라 추상적인, 그러나 완전히 물질적인 (특허 가능한 생명공학 혁신의 형태로 구현된) 선물 futures, 先物 일체였다. 기업화의 기운이 무르익어 가는 변경邊境 지대,

즉 기존 약학 및 농산업 부문의 가장 끄트머리에 자리하고 있던 수많은 생명공학 혁신을 이끈 힘은 바로 이 시기 동안 미 국립보건원(이하 NIH)에서 흘러나온 상당한 규모의 정부 지원금, [기초 연구의 성과를] 제품으로 전환하기 위해 최종 단계에서 투자되는 벤처 자본, 그리고 기업공개Initial Public Offering, IPO, 즉 신기술 기업을 위한 나스닥NASDAQ 주식 상장이라는 조합이었다.

미국은 대규모의 국가 과학 연구비를 투입해 연구 성과를 올린 다음 그 결과를 개발 최종 단계에서 민간 투자가들에게로 넘기는 방식을 통해 정부가 사주하는 투기적 축적의 강력하고 새로운 도구를 발전시켰다. 이는 후기 산업주의적 생산으로의 이행의 일부분이었고, 당시에도 이미 그러한 변화가 일어날 것이라고 예상하고 있었다. 이 축적 체제의 핵심은 새로운 형태의 지적 재산권이었다. 이 지적 재산권에 기대어 투자가들은 치료적 성과를 보이지도, 아직 시장에서 성공하지도 못한 생물학적 창조물로부터도 이윤을 얻을 수 있게 되었다. 실험실 기반의 생물학적 공정 및 존재를 "발명"이라 법적으로 재정의하고 재생산의, 자기-복제의, 그리고 재생의 과정을 그 "발명" 안에 포함한 덕분에, [지적] 재산 그 자체가 마치 생명 같은 특성을 얻은 듯했다. 이는 진정 생물학적 미래를 포섭해 사유화하기 위한 체제였다.

그러나 맑스가 『요강』Grundrisse에서 말했듯 자본주의에서는 잉여가치의 생성이 사적인 수익의 생성과 충돌하게 되는 내재적인 속성을 띤다. 현재의 노후화된, 혹은 지속 불가능한 생산양식을 사적 투자가들이 극복하고 싶어 한다 해도, 이들은 또한 현재의 이윤을 유지해야 하므로 어쩔 수 없이 행동에 제약을 받는다. 오늘날 뚜렷하게 드러나듯, 석유 자원에 기반을 둔 선물은 생태학적으로는 재앙이지만 사적 투자가들에게는 여전히 수익성이 높은 상품이다. 이렇듯 사적 투자가들이 기존의 선물로부터 이윤을 얻어야만 하므로, 투기적 생명공학 체제는 아직도 (석유에서 다른 지속 가능한 에너지원으로의) 가시적인 에너지 이행을 이끌지 못했다고 설명할 수 있다. 국가의 재정 지원은 [기초 연구의 성과를] 제품으로 전환하는 최종 단계들을 상업적 이해관계에 위임해 버린다는 점에서 지나치게 이윤 관계에만 얽매여 있다. 이러한 국가 지원의 투기적 체제로는 바로 지금 우리에게 절실하게 필요한 지속적 에너지 이행을 이루어낼 수 없다.

내가 이 책을 마무리할 때만 하더라도 소위 "생명공학 혁명"이 어디로 나아가게 될지는 불명확한 상태였다. 그러나 뒤돌아보건대, 몇 가지 새로운 발전이 분명 이미 진행 중이었다.

21세기 초의 가장 흥미로운 발전 중 하나는 아시아 경제가 생명공학 부문에서 혁신을 시작했다는 점이다. 오늘날 한국·싱가포르·중국·대만·인도는 모두 생명공학 연구 개발에서 자신만의 야심 찬 프로그램을 출범시켜, 미국, 영국, 서유럽 및 일본과 같이 예전부터 이 분야에 자리 잡고 있던 국가들과 새로운 협력적이고 경쟁적인 관계를 창출해 내고 있다. 전 지구적 연구 공간의 이러한 재편은 20세기 후반 미국 기반의 제약 산업과 지구의 남반구the global South 사이의 관계를 특징지었던 제국주의의 냉혹한 형태를 어느 정도 복잡하게 만들었다 (본문의 2장을 보라). 하지만 지적 재산권의 신제국주의적 정치는 전혀 흘러간 과거의 일이 아니다.

생약학 연구의 형성 및 연구비 지원 분야에서 사적私的 자선활동이 새로운 역할을 맡게 되면서 매우 중요한 변화가 나타나고 있다. 〈게이츠 재단〉이나 신약 및 백신 개발만을 위한 공-사 동반관계("파트너십")라는 멋들어진 모임과 같은 자선단체가 등장한 지고작 십 년 만에 세계보건기구WHO 같은 다자간 기구들의 영향력은 그 빛을 잃고 있다. 〈게이츠 재단〉은 전 지구적 공중 보건이라는 분야를 재규정하는 한편 오랫동안 방치되었던 감염병 시장에 대한 상업적인 흥미를 다시 북돋우었다. 이는 열대 의학의 지리학으로의 역설적인 귀환을 알리는 전조였다. 〈게이츠 재단〉은 개발도상권의 상업적 약품 시장에 보조금을 지급하는 프로그램을 마련했다. 그러나 또한 재단은 특허로 보호받는 선진국 내에서의 약값 상승에는 영향을 미치지 않을 범위로 약값 인하를 제한했다. 그 결과 21세기로의 전환점을 특징지었던 특허법과 HIV/AIDS 약품 간의 격렬한 갈등은 어느 정도 완화되었다. 이제는 특허법과 약값 갈등보다는 공중 보건 시장을 위한 약품의 개발 및 상업화라는 새로운 목표로 관심이 집중되고 있다.

지난 십 년 동안, 〈게이츠 재단〉이 생명공학 거품이 꺼진 이후의 장기적인 발전을 위하여 새로운 기회를 제공한 덕분에 제약 분야 연구개발의 지형은 완전히 뒤바뀌었다. 〈게이츠 재단〉이 관여한 공-사 간의 제품 개발 동반관계에서는 정부 및 자선기금으로 백신, 항균 및 항바이러스제의 임상 시험 비용을 충당하는 한편 임상 개발의 마지막 단계에서 제약 기업의 특허권 또한 확고히 보장해 주었다. 동시에 재단의 대량 치료 프로그램은 인도주의적 원조를 활용해 저렴한 비용의 복제 약품 및 특허 약품을 소비하는 대규모 시장을 창출하기 위한 보조금을 지급했다. 이렇게 다양한 보조금 덕분에 제약 산업은 오랜 기간 등한시했던 백신·항균제·열대 질병 등의 치료제와 더불어, 그간 이익을 얻기 힘들어 피해 왔던 기존의 제품(결핵·말라리아·HIV)을 위한 대규모 시장에도 관심을 보이게 되었다. 여기에 아마도 전통 제약 부문이 오랫동안 추구해 왔던 발전의 새로운 장기 파동이 자리하고 있을 것이다.

이 책이 출간된 이후 내 작업은 상당히 변화했다. 나는 생의학 및 제약 시장에서 꾸준히 확장되고 있지만 평범하고, 그다지 인정받지도 못하며, 종종 폄하되곤 하는 작업에 점차 관심을 두게 되었다. 실험실-기반의 새로운 혁신 창발을 형성하는 축적의 투기적 양식을 자세히 탐구하면서, 나는 생의학적 가치의 생성에 필수적인 순간들인 매일매일의 "생체 내" 노동, 즉 약물 시험, 조직 추출, 임신, 사정, 그리고 혈액 채취로 관심을 돌렸다. 동료인 캐서린 월비와 함께 나는 최근 이러한 가치 생성의 경제를 다루는 『임상 노동 : 지구적 생명경제에서의 신체조직 기증자와 인간 연구 피험자』(2014)를 출간했다. 이 책에서 우리는 신체조직 "기증자"·대리모·인간 대상연구 피험자가 제공하는 서비스를 살펴보고, 그러한 활동들을 포스트 포드주의 서비스 경제를 특징짓는 고위험 저임금 노동의 다른 형태들과 비교할 수 있는, 그러나 나름의 독특한 측면을 지닌 노동의 형태들이라고 주장했다. 이러한 활동의 형태들은 대부분 생명윤리의 틀에서 다루어지고 있다. 그러나 우리는 생명윤리라는 틀이 대리모 행위와 약물 실험의 경제를 포스트 포드주의적인 서비스 노동의 친숙한 동학으로부터 인위적으로 분리해, 이들 경제와 관련해 우리가 물어야 할 질문의 종류를 사전에 제한해 버리고 있다고 비판했다.

이 임상 노동에 관한 연구에서 나는 지난 십여 년간 남미, 동유럽, 인도, 중국 및 한국을 포함한 여타 아시아 경제들로 대규모의 외주가 진행 중인, 최근 임상 시험 산업의 점증하는 초국가적인 지평에 초점을 맞추었다. 나는 특히 인도와 중국이 전 지구적 생명경제의 연구 집약적인 부문에서 경쟁력 있는 참여자가 되고 있으며, 동시에 임상 시험의 제공에서 또한 핵심적인 장소가 되고 있다는 점에 주목했다. 양국 모두, 한편으로는 세계적으로 경쟁력 있는 일군의 학술 노동자들을 보유하려는 야심 찬 계획을 세웠지만, 다른 한편으로는 저임금 서비스 부문에서 점차 더 많은 인구가 고용되고 있다는 점에서 저임금 서비스 부문의 실용적인 측면을 인정하고 있다.

인간 대상 연구 피험자의 "임상 노동"에 대한 위의 작업을 통해 나는 투기 경제에서 일어나는 위험의 분산에 대해 더욱 명료한 사고를 하게 되었다. 신약을 투여받게 되는 인간 연구 피험자들은 예상 불가능한 위험을 보험도 없이 무릅쓰면서 생의학적 혁신의 생산에서 핵심적인 투기적 역할을 담당하고 있다는 것이 내 주장이다. 기실, 그저 추상적인 위험에만 관련되거나 혹은 내기에 져서 손해를 보면 파산을 신청하게 될 상업 투자가들과 달리, 연구 피험자들은 훨씬 더 즉각적이면서도 직접적인 방식으로 투기적 위험에 노출

된다.

　『잉여로서의 생명』이 한국에서 어떻게 받아들여지고 어떤 질문을 끌어낼지 나로서는 미리 알 수 없다 ─ 이는 번역이 주는 기대이자 위험이다. 생명공학의 미래에 대해 나름의 독특한 투자가 진행되고 있는 한국의 맥락에서 이 책이 이번 번역을 통해 재생되어, 책이 다시 한 번 생명을 얻는 데 도움을 얻게 되기를 희망한다.

2015년 8월
멜린다 쿠퍼

잉여로서의 생명

차례

3장 | 선제적인 출현 : 테러와의 전쟁, 그 생물학적 전환

4장 | 뒤틀림 : 신체조직 공학과 위상학적 몸

잉여로서의 생명

:: 서문

　1980년대 초반, 생명과학과 그 관련 학문은 개념적, 제도적, 그리고 기술적 창조성으로 가득한 새 시대를 맞았다. 분자생물학·세포생물학·미생물학에서의 발견 덕분에 새로운 기술적 가능성이 창출되었을 뿐만 아니라, 20세기 생명과학의 기반이 되었던 많은 가정 또한 재검토의 대상이 되었다. 이 시기는 또한 정치·사회·경제 부문에서도 극적인 전환이 일어난 "신자유주의적 혁명"의 시대이기도 했다.[1] 영국과 미국에서 시작된 신자유주의적 실험으로 당시 존재하던 경제 성장, 생산성 및 가치의 기초는 약화된 반면 국가가 지원하는 연구, 신기술 시장, 그리고 금융 자본 간의 그 어느 때보다 강고한 동맹이 구축되었다. 특히 이러한 개입은 미국 생명과학 분야에서 대단한 반향을 불러일으켰다. 로널드 레이건 대통령은 생명과학, 공중 보건, 그리고 생의학에서의 "혁명"을 이끌기 위해 고안된 일련의 개혁을 단행했는데, 이를 통해 그 후 모든 정부가 원했던 추동력이 촉발되었다. 이 책 전반에 걸쳐 나는 미국 신자유주의라는

---

1. 이 책 전체에 걸쳐 나는 "자유주의적" 그리고 "신자유주의적"이라는 용어를 각각 고전적인 자유주의, 그리고 신자유주의적 정치경제학의 특정한 의미로 사용하고 있다. 따라서 이 책에서 "자유주의"는 미국에서 일상적인 대화에서 사용하는 자유주의에 대한 이해와는 물론이고 도덕적인 담론으로서의 자유주의와 연관된 여러 철학적 흐름과도 구별되기를 바란다. 비록 "신자유주의"는 비영어권 서유럽 국가들에서 일찍이 사용되기 시작했지만, 지금은 영어 사용자들에게도 익숙한 용어가 되었다.

프로젝트가 생명과학 및 인접 학문의 새로운 가능성과 결정적으로 연관되어 있다는 점을 주장하고자 한다.

생물학적 (재)생산과 자본 축적의 영역이 서로 긴밀하게 맞물려 움직이면서 이제 생명과학을 이야기할 때 정치경제학의 전통적 개념들, 즉 생산, 가치, 성장, 위기, 저항, 그리고 혁명을 피해 가기가 어려워졌다. 그러나 동시에 영리 목적의 사업이 "생명 그 자체"의 영역으로 확장되면서 전통적인 경제학적 범주들의 자명함은 퇴색했고, 덕분에 우리는 경제학적 범주들의 범위를 생명과학과의 관련 속에서 다시 생각할 수밖에 없게 되었다. 이제 생명공학 시대는 경제학적 성장과 생물학적 성장 간의 연관에 대한 도전적인 질문들을 제기하고 있다. 그리고 이로 인해 근대 정치경제학의 탄생과 동반된 질문들이 때로는 예기치 않은 방식으로 다시금 우리 앞에 부활하고 있다. 어디서 (재)생산이 끝나고 기술 발명이 시작되는가, 그리고 언제 생명은 미생물 혹은 세포 수준에서 작동하게 되는가? 생명의 분자 단위(생물학적 특허)부터 생물권biospheric 규모의 재해(대재해채권catastrophe bonds)에 이르기까지 모든 것을 아우르는 재산법의 확장에서 관건이 되는 내용은 무엇인가? 생물학적 성장, 복잡성, 그리고 진화에 대한 새로운 이론들과 최근의 신자유주의적 축적 이론은 어떻게 관련되어 있는가? 그리고 신근본주의적인 생명의 정치학(이를테면 생명권the right-to-life 운동 혹은 생태학적 생존주의survival-ism)의 함정에 빠지지 않고 이들 새로운 교조주의에 어떻게 맞설 수 있는가?

지금은 생물학적 영역과 경제적 영역 사이의 밀접한 교류에 그 어느 때보다도 더욱 주목할 필요가 있다. 그러나 한 영역을 다른 영역으로 환원한다거나 한 영역을 위해 다른 영역을 고정된 것으로 치부하는 일은 피해야 한다. 이 책은 과학사 및 과학철학, 과학기술학, 이론 생물학, 그리고 정치경제학을 넘나들며, 현재의 생명과학이 그런 만큼이나 여러 분야에 다리를 걸친 연구를 시도했다.

이 책은 특히 북미의 상업적 생명과학을 출발점으로 하고 있으며, 최근 생명공학 역사 전체를 포괄하거나 혹은 세계 곳곳에서 새로운 생명공학 기술이 어떻게 서로 다른 방식으로 전개되고 규제됐는지를 설명하지는 않는다. 이 분야의 최근 연구 결과들이 분명히 보여 주듯, 미국, 영국, 독일 등과 같은 경제적 경쟁국 간의 차이점만 해도 면밀한 비교 분석의 대상으로 차고 넘칠 만한 주제이기 때문이다(Jasanoff 2005). 또한, 고유의 약품 생산 및 특허법의 역사를 보유한 인도와 같은 국가에서의 정치적 결과에서 볼 수 있듯, 21세기의 새로운 생명경제bioeconomy가 제국주의적 승자와 탈식민주의적 패자로 뚜렷하게 구분되어 조직되리라는 전망은 무색하게 되었다(Sunder Rajan 2006). 새로운 생명과학의 연구 및 투자에서 중심적인 허브로서 동아시아가 주목받게 되면서 생명 자본의 전 지구적인 권력 동학은 예측하기 어려운 상황에 놓이게 되었다.

그러나 북미에서의 생명과학은 그 발전이 보여 준 어떤 특수성 때문에 그 자체에 대한 분석이 필요하다. 세계 경제 및 제국주의적 권력의 핵심이라는 미국의 현재 지위에서뿐만 아니라 미국 경제 위기의 최근 역사에서도 그 특수성을 찾을 수 있다. 1장에서 보여 주듯, 1980년은 미국 연구 개발 정책의 전환점이었다. 그 이후 생명과학은 경제적, 그리고 제국주의적 자기-재발명을 위한 미국의 전략에서 지도적인 역할을 담당하게 되었다. 지난 수십 년간 미국 정부는 자국의 의약품, 농산업, 그리고 생명공학 산업에 유리하도록 전 지구적 무역 규칙과 지적 재산권 법을 재편하고자 하는 시도의 중심에 서 있었다. 게다가 세계 금융 흐름에서 미국이 차지하고 있는 독특한 지위 덕분에 미국 생명과학 기업 중 가장 투기적인 회사들도 유례없는 규모의 자금을 끊임없이 유치할 수 있었다. 따라서 제국주의에 대한 내 관점은 세계 권력관계에서 국가적 중심은 없다는 후기 자율주의적 맑스주의자인 안또니오 네그리와 마이클 하트 (2001)의 주장과는 다르다. 오히려 비록 불안정한 지위라 할지라도 미국은 전 지구적인 채무의 구성에서 핵심을 차지하고 있다. 이러한 미국의 위치는 새로운 생명과학에 대한 미국의 관여와 불가분의 관계에 있다.

정치경제와 생물학 : 계보들

이론적인 입장들과 그에 대한 반론이 오가는 전체적인 논전의 장을 피해 오늘날의 생명정치biopolitics를 논의하기란 사실상 불가능하다. 나는 여전히 많은 긴급한 질문들이 제기되지 않은 채 남아 있는 만큼, 이 책이 생명정치에 대한 기존의 이론적 저술들에서 반복되고 있는 토론은 피하고자 했다. 다만 이 긴급한 질문들을 구체화할 때 나는 정치철학자 미셸 푸코가 자신의 저작에서 보여 준 두 가지 중요한 지점들로부터 도움을 받았다. 첫 번째로, 푸코는 저서 『말과 사물』(1973)에서 근대 생명과학과 고전 정치경제학의 발전은 병렬적으로 일어난 상호 구성적인 사건들로 이해해야 한다고 주장했다. 그리고 푸코는 부에 대한 고전 과학(중상주의자들에서부터 중농주의자들까지)이 정치경제에 대한 근대 과학(애덤 스미스와 데이비드 리카도)으로 대체되고, 고전 시대의 자연사(조르주-루이 르클레르 드 뷔퐁 백작과 카롤루스 린나이우스)가 자비에르 비샤와 조르주 퀴비에 남작의 생명 그 자체의 과학, 즉 근대 생물학에 자리를 내준 시기인 18세기 후반에서 19세기 초반의 시기를 결정적 전환점이라고 설명했다. 푸코는 그 이전에는 근대적, 그리고 생물학적 의미의 "생명"이란 없었으며, 화폐의 교환 이면에 자리한 근본적인 생산력으로서의 "노동" 개념 또한 존재하지 않았다고 주장했다.

푸코가 인정했듯, 고전 시기의 분류학자들은 아리스토텔레스를 따라 자연을 광물·식물·동물로 나누었지만 유기물과 무기물 사이의 구분에는 별다른 관심을 두지 않았다. 만약 "생명"이 고전 시기 분류의 한 범주로 존재했다 해도, 생명은 당시 척도상 어느 지점엔가 위치할 수는 있었을지 몰라도, 새로운 형태의 지식, 과학, 그리고 실험이 시작되는 어떤 명징한 출발점을 구축하지는 못했을 것이다(같은 책, 160쪽). 푸코에 따르면 이러한 측면에서 근대 생명과학은 생기론자와 기계론자를 막론하고 자연에 대한 고전 과학으로부터의 급진적인 이탈을 의미했다. 1775년에서 1800년 사이에 유기물과 무기물의 대립이 근본적인 것으로 인식되기 시작하면서 낡은 3계kingdom 질서를 압도하는 한편 닮음과 차이에 입각한 범주가 완전히 바뀌었다(같은 책, 232쪽). 비샤에서 퀴비에에 이르기까지, 생명체가 "분류의 개념들에 묶여 있다는 가정에서 벗어나", 또 겉모양이 비슷한가, 다른가에만 주목하는 분류의 방식을 벗어나 유기체의 생리학적 차원과 신진대사적 차원에 주목하게 되면서 근대 생물학의 조건이 확립되었다(같은 책, 162쪽).

　푸코는 근대 정치경제학의 기반이 되었던 저술들, 즉 모든 가치의 필수불가결하고도 근원적인 원천으로서의 노동 개념이 최초로 명확히 표현된 글 속에서 이와 유사한 이행 과정을 보았다. 푸코는 특히 (애덤 스미스보다는) 리카도의 저작에서 이러한 이행의 완전한 구체화를 볼 수 있었는데, 고전 시대의 경제학자들이 가치를 거래, 교환, 그리고 유통의 한 기능으로 보고 정교한 경제학 표의 구성에서 이러한 움직임을 도표화 할 수 있었던 반면, 리카도는 가치를 "그것의 표상성representativity"에서 분리해 내어 교환의 표면적 효과 이면에 감추어진 모든 부의 원천을 노동력, 노동, 그리고 피로의 시간적 과정에 재위치 시킴으로써 근대 과학으로서의 경제학을 시작할 수 있었다(같은 책, 254쪽). 가치는 리카도의 저작에서 처음으로 표상의 평면적인 세계를 순환하는 등가의 단순한 신호의 역할에서 벗어나 가치 자신이 아닌 다른 무언가, 즉 시간에 따른 노동력의 지출, 곧 "자신의 생명을 소모하고 닳아 없어지게 하고 낭비하는 인간"을 측정하거나 혹은 그에 의해 측정되는 개념이 되었다(같은 책, 257쪽).

　리카도에서 맑스에 이르기까지 경제학은 생산이야말로 이후 교환의 영역에서 어떤 왜곡을 거치게 되건 간에 모든 가치의 궁극 원천임을 알게 되었다. 푸코에 따르면 표상에서 생산으로의 변천은 보다 일반적으로, 토지로부터의 이득이 아니라 인간의 생물학적 생명이 지닌 창조적 힘 속에서 부wealth를 찾을 수 있게 된 변화를 반영한다. 이는 또한 애덤 스미스의 저작에서도 잘 드러나며, 경제학과 근대 생명과학이 접합되는 최초의 지점 또한 여기에 있다. 푸코는 근대 생물학자들이 "유기적 구조" 개념에서 "경제적 영역에서의 노동에 해당하는" 원칙을 발견했다고 지적한다(같은 책, 227쪽). 생명이 진화와 개체 발생의 과정으로 이해되기 시작한 바로 그때, 19세기의 경제는 처음으로 성장하기 시작했다. "유기물은 살아 있는 것으로서, 살아 있음으로 인해 생산하고, 자라고, 재생산한다. 무기물은 살아 있지 않은 것으로서, 발생하지도, 재생산하지도 않는다. 무기물은 생명의 경계선에 있고, 불활성이며, 불모인 것으로, 곧 죽음이다"(같은 책, 232쪽).[2] 맬서스와 맑스는 각자 다른 방식으로 인구 증가 문제가 경제 성장 문제와 분리할 수 없게 된다는 점을 명확히 밝혔다. 그 후 정치경제학은 노동 과정과 생산 과정을 인간의 과정, 즉 생물학적 재생산, 그리고 이 재생산을 제약하는 조건인 성 및 인종과 연계하여 분석했다. 이 분석은 권력의 생명정치적 전략의 심장부에 자리하게 되었다.[3]

---

2. 강조는 인용자

3. 이는 맑스나 푸코가 재생산 개념을 충분히 분석했다고 말하고자 함이 아니다. 이 점과 관련하여 과학철학자 루드밀라 조르다노바(Ludmilla Jordanova)는 1995년 저작에서, 18세기 재생산 개념에 대한 기존의 불충분한 접근을 바로잡고 있다. 조르다노바는 18세기 후반 생명의 발명에 대한 푸코의 가설을 이어나가, 이 시기가 또한 최초로 "재생산" 개념의 근대적 형성이 눈에 띄게 이루어진 때임에 주목했다.

생명정치 : 뉴딜에서 신자유주의까지

　내 주장의 두 번째, 그리고 더욱 직접적인 참조점은 바로 국가 생명정치의 발흥에 대한 푸코의 세미나 연구에서 찾을 수 있다. 2003년 출간된 푸코의 1975~76년 강의록에서 그는 18, 19세기 동안 재생산, 질병, 그리고 사망률의 시간적 과정을 체계적으로 정리하는 방식으로 국가가 발명한 다양한 전략을 살펴보고 있다. 푸코는 집단적 수준에서 미래 우연성의 출현을 표준화하고 통제하는 방식으로서 종형 곡선 혹은 정상분포가 활용되는 것처럼, 위험에 대한 수학 및 통계적 표준화의 발전이 국가의 그러한 전략과 불가분의 관계에 있다고 보았다. 결국, 푸코가 추구한 것은 경제 성장과 인구통계를 동시에 성공적으로 관리한 입헌 정치 형태인 20세기 중반의 복지 국가 혹은 사회 국가에 대한 계보학이다.

　프랑수아 에왈드는 푸코의 작업의 이러한 측면을 가장 잘 분석한 역사학자이다. 그는 1986년 출간된 그의 저서 『복지 국가』*L'etat providence*에서 복지 국가, 혹은 뉴딜 사회 국가는 위험 사회화risk socialization의 보험계리적 전략이 정부의 핵심에 자리 잡은 최초의 정치 형태라고 주장했다. 복지 국가는 그 법리적 형태를 **생명보험**에서 차용하여, 상호적 위험 교환의 원칙을 전체 국민을 대상으로 일반화했다. 자신의 자유주의적 선구자들과는 달리, 복지 국가는 인간 생명의 전체 기간, 탄생에서 죽음까지를 맡아 책임지겠다고 약속한다. 복지 국가는 노동자의 생산적 생명뿐만 아니라 국가 전체의 재생산적 생명에도 관여한다. 복지 국가가 수립한 계약은 상호적 의무 계약으로, 이는 국민의 집합적 삶의 체제 중 생물학적인 것의 상호화이다. 이렇게 에왈드(1986, 326쪽)는 복지 국가 계약이 집합적인, 사회적 세대의 형태를 제도화한다고 보았다 : "사회와 개인의 관계는 세대, 친족, 그리고 상속의 관계"이며, 이에 따라 생명의 보호는 국민의 재생산, 미래로의 연속성과 동등한 정치적 문제가 되었다.[4]

따라서 복지 국가는 의무를 즉각적으로 사회적, 집산주의적 용어로 이해한 최초의 정치 형태일 뿐만 아니라 채무 관계를 생물학적인 차원에 각인한 최초의 정치 형태이기도 하다. 복지 국가는 일하지 못하는 사람들을 포함하여 시민 전체에게 국가의 부를 재분배함으로써 생명을 보호한다. 그러나 그 조건으로 상호적 의무가 부과된다. 즉 계약자는 그들의 생명을 국가^{the nation}에게 바쳐야 한다. 복지 국가의 초기 주창자들인 윌리엄 베버리지나 프랭클린 루스벨트의 철학은 국가의 경제적 생존은 필연적으로 생물학적 재생산이라는 심층적 경제에 기반을 두고 있다고 본다.[5] "복지 국가는 살아 있는 것의 보호라는 발상을 중심으로 통합되어 있다. 만약 경제가 복지 국가에서 핵심적인 우선 사항이라면, 자유주의 국가로서의 복지 국가에서 경제란 물질적 부의 경제가 아니라 바로 생명의 경제이다"(같은 책, 375쪽). 에왈드(같은 책, 327쪽)는 또한 20세

---

4. 프랑스어 원본을 인용자가 직접 번역했다.
5. [옮긴이] 여기서는 nation을 국가로 옮겼으나 문맥에 따라 국가보다는 국민 혹은 민족이 더 나은 번역어일 수 있다. 따라서 이 책의 다른 곳에서는 별도 표기 없이 nation을 국민, 혹은 민족으로 번역하는 예도 있다.

기 중반 인권 담론과 이에 담긴 기본적인 생명권에 대한 호소는 복지 국가의 생명경제에 대한 이상화된 표현에 불과하다고 보고 있다. "생명권 개념은 존재의, 즉 영혼과 신체의 일반화된 사회화의 원칙이며, 그 존재를 영원히 사회에 빚진 자가 되도록 하는 방식일 따름이다. …… 생명권, 혹은 생존권 개념은 자유 경제와는 매우 상이한 의무의 경제economy of obligations와 연계되어 있다. 의무의 경제는 권리보다는 의무의 형태로 공식화를 요구한다. 사회는 생명을 주고 생명의 보호를 서약한다. 그 반대급부로 사회는 무엇을 요구하는가? 그 사람은 자신의 생명을 사회에 준다. …… 생명권의 대응물은 오로지 자신의 생명을 제한조건 없이 건다는 약속이다. 권리의 새로운 언어의 근거는 바로 헌신이다."

이 책에서 복지 국가의 생명정치나 그 식민지 혹은 발전주의적 '아바타'는 주요한 관심의 대상이 아니다.[6] 오히려 나는 여기서 미국

---

6. 그렇다고 푸코와 에왈드가 복지 국가의 생명정치를 이미 속속들이 파헤쳤다는 뜻이 아니다. 반대로, 그 연구는 케인스주의 및 포드주의적 성장 전략의 계산 내에서의 사회적, 그리고 생물학적 재생산의 역할을 지나치게 무시하는 듯 보인다. "가족 임금"이란 것은 그저 케인스주의적 사회 국가가 여성 인구 전체 부문을 (여전히 선진국의 중간 계급이기는 하지만) 대략 강제적으로 국가가 지원하는 재생산 노동의 역할로 격하시키는 방식에 대한 또 다른 표현일 따름이다. 여성에 대한 이 "선물", 즉 2세대 여성주의 이론가들이 효과적으로 해체했던 이 재생산 노동은 기실 복지 국가의 "생명의 경제학"에서 초점의 대상이다. 그 역할은 준비은행의 역할과 유사한데, 왜냐하면 준비은행은 생산적 노동과 상품 교환의 공간 외부에서 유지될 필요가 있는 (생물학적인) 부를 비축해 두나, 또한 필수 조건으로 기능하여 모든 교환 관계의 가치를 결정한다. 나아가 탈식민주의 이론가 로라 스톨러(Stoler 1995) 같은 학자들은 푸코의 국가 생명정치 분석이 탈식민주의 시대의 권력관계는 고사하고 식민주의의 실행에 대해서 아예 관심을 거의 보이지 않는다고 비판한다. 인종과 우생학에 대한 푸코의 저작은 많지 않으며, 그 대부분이 나치의 우생학적 국가에 대해 다루고 있을 뿐 유럽의 국가 인종주의와 제국주의가 서로 조응하고 있다는 점에 대한 통찰은 거

이 지난 30여 년간 국내외적으로 추구해 온 신자유주의적 생명정치의 특수한 전략들을 묘사하고자 한다. 따라서 푸코가 1978~79년 강의 『생명정치의 탄생』*La naissance de la biopolitique*(2004)에서 멈추었던 지점, 즉 그가 처음이자 마지막으로 신자유주의의 발흥에 주의를 기울였던 그곳에서 분석을 시작하고자 한다. 푸코를 따라, 복지 국가와 사회적 재생산을 위한 뉴딜 모델에서 이미 확립된 생명의 가치를 신자유주의가 재구성한다는 전제에서 출발하고자 한다. 신자유주의의 독특한 점은 생산과 재생산, 노동과 생명, 시장과 생체 조직의 영역 사이의 경계, 즉 복지 국가의 생명정치와 인권 담론을 구성하는 바로 그 경계선들을 지워 없애려는 신자유주의의 의도에서 찾을 수 있다.[7]

영국 사회학자 리처드 티트머스가 1971년 예언했듯, 혈액의 경우가 대표적인 사례이다. 인간의 혈액이 시장의 변동과 격리된 국가

의 없다. 마지막으로, 국민국가 생명정치 그 자체에 관한 상세한 연구는 20세기 동안 개발된 생의학적인 그리고 재생산 과학을 탐구할 때 푸코와 에왈드를 넘어 더 나아갈 필요가 있다. 캐서린 월비(Catherine Waldby)와 로버트 미첼(Robert Mitchell)은 공저 『신체조직 경제학』(*Tissue Economies*, 2006)에서, 리처드 티트머스(Richard Titmuss)의 공공 혈액은행과 혈액의 무료 재분배를 복지 국가 민족주의의 수립 원리로 제시하고 있는 헌혈에 대한 고전적인 1971년의 저작을 이와 관련된 핵심 저서라고 주장한다. 다시 말해, 티트머스의 저술은 케인스주의적 국민국가의 성장 전략 내에서 인간 생물학적인 것의 근본적인 역할을 밝히고 있다고 주장할 수 있겠다. 티트머스는 선물이라는 표현의 사용을 선호했지만 [그의 저서 제목은 『선물 관계 : 인간 혈액에서 사회정책까지』(*The Gift Relationship : From Human Blood to Social Policy*)이다 ─ 옮긴이], 좀 덜 이상주의적인 독해를 해 보면 복지 국가는 여성의 비급여 재생산 노동을 필요로 하는 것과 매우 유사한 방식으로 혈액의 기부와 재분배를 국가의 생물학적인 비축물로 구축했다. 공공의, 국가 기반의 혈액은행은 생물학적인 국립 준비은행이라 할 수 있다. 이 비축은 모든 교환 관계의 근저에 자리한 내재 가치를 구성하는 한에서만 오로지 "교환의 외부"에 자리한다.

적 비축물로 취급되지 않게 될 때에 재생산의 공간 전체를 잠재적으로 상품화할 수 있게 된다. 그러므로 신자유주의가 자본화하기를 원하는 것은 단순히 공공 영역이나 그 제도가 아니라 국민의 생명, 복지 국가에서의 국가적 보호 대상이자 기반적 가치인 사회적·생물학적 재생산이다. 이를 통해 신자유주의는 케인스주의적인 사회 국가의 구성적인constitutive 중재를 무효로 하고 재생산 영역을 경제적 계산이라는 땡볕 아래 드러내게 된다.

그러나 바로 이 지점에서 신자유주의적 생명정치에 대한 내 분석은 푸코의 분석과 관점을 달리한다.『생명정치의 탄생』강의는 시장 균형에 대한 신고전학파의 가정을 자연법인 양 여겨온 시카고 경제학파의 이론가들에게 초점을 맞추고 있다. 이러한 신고전학파적 편향은 "인적 자본"에 대한 시카고학파의 이론에 반영되어 있으며, 신자유주의에 대한 푸코의 비판 근거로 작용한다(2004, 221~44쪽, 249쪽). 그러나 내 연구는 신고전파적 균형 모델에 대한

---

7. 이 점에서 나는 푸코의『생명정치의 탄생』에 나오는 다음과 같은 진술과 의견을 같이한다. "미국의 신자유주의에서 요점은 …… 시장의 경제적 형태를 일반화하는 것이다. 요점은 사회적 신체 전반은 물론, 보통은 화폐 교환의 영역에 포함되지 않거나 구속되지 않는 전체 사회 체계를 관통해 시장의 경제적 형태를 일반화하는 것이다. 이러한 절대적 일반화, 시장 형태의 무제한적 일반화는, 이를테면, 몇 가지 결과를 수반하게 된다. …… 첫째로, 시장의 경제적 형태를 화폐 교환의 영역 너머로 일반화하면 이는 미국 신자유주의에서 명료함의 원칙으로, 그리고 사회관계 및 개인행동을 해독하는 원칙으로 기능한다. 이는 시장 기반의 분석, 수요 공급 측면의 분석이 비경제적 영역에도 적용될 수 있는 도식으로 쓰이게 되었다는 점을 의미한다. 이러한 분석 도식과 명료함의 눈금선 덕분에, 비경제적인 것에 대한 일종의 경제적 분석이 없이는 명백하게 알 수 없었을 비경제적 과정과 그 관계에서 작동하는 몇 가지 명료한 관계를 밝히는 일이 가능해질 것이다"(2004, 248~49쪽, 인용자의 번역)

비판을 발전시켜온 신자유주의 이론 내의 흐름, 카오스 및 복잡성 이론의 발흥 및 조지프 슘페터의 진화 경제학(1934), 그리고 프리드리히 폰 하이에크(1969)가 제안한 자기 조직하는 복잡 모델로의 회귀와 밀접하게 연관된 흐름에 더욱 중점을 두고 있다. 이를테면 1장에서 나는 경제 이론에 대한 〈산타페 연구소〉 학회들에서 발전해온 합리적 기대와 시장의 균형 모델 비판을 다루고 있다. 바로 이러한 비균형적 접근들이 신자유주의의 정치적, 사회적 형태에 가장 큰 영향력을 행사하고 있다. 그리고 이러한 이론들이야말로, 그 이론들이 비록 착각이라 하더라도, 신자유주의 시대의 자본 축적과 노동의 실질적 조건에 가장 정교하게 맞춰져 있다.

따라서 성장에 대한 케인스주의적 이해와 신자유주의적 이해는 근본적으로 다르다.[8] 사회 국가의 성장 전략이 제도적인 보호 구역institutional reserve 혹은 기반적 가치foundational value의 구축을 요구한다면, 신자유주의는 모든 국가적 기반을 없애고 그 축적 전략을 투기적 미래에 내맡긴다. 케인스주의적 경제 전략에서의 핵심은 생산, 재생산, 그리고 자본 축적의 성장주기를 잘 조정하여 되풀이되는 자본의 파국적 위험들, 즉 노동의 폭동과 금융 위기(그리고 이에 더해 규범적인 재생산을 거부하는 페미니즘과 성 소수자 정치)를 회피할 수 있다는 구상에 있다. 사회 국가 경제학은 조정된 성

---

8. 프랑스 사회학자 장 가드레(Gadrey 2003)는 경제 성장 개념이 케인스주의와 대량 생산 방식, 포드주의 생산 방식의 등장과 함께 비로소 진가를 발휘하게 되었다고 주장했다. 또한, 이와 유사하게 발전 이론사가들은 그들의 1, 2, 3세계라는 표현을 통해 성장의 제국주의적 정치는 20세기 중반 국제 관계 담론에서 자신을 완전히 드러냈다고 지적했다. 이 점에 관해서는 리스트(Rist 2004)를 보라.

장의 과학으로서, 사회 분열과 재정 거품을 동시에 피하기 위한 방책으로 준비은행reserve bank에서부터 고정 환율제, 가족 임금제 등에 이르는 제도적 도구와 기반적 가치를 구축한다. 복지 국가 생명정치가 정규 곡선과 정규화 가능한normalizable 위험을 동원해 발화한다면, 경제 성장에 대한 신자유주의 이론은 정규화 불가능한 사고non-normalizable accident와 프랙털9 곡선 개념에 더 관심을 기울인다. 케인스주의 경제학이 금융 자본의 유동에 맞서 생산 경제를 보호하고자 노력한다면, 신자유주의는 생산의 핵심에 투기를 위치시킨다. 즉, 신자유주의는 20세기 중반 복지 국가에서 제도화된 채무와 생명 사이의 관계를 완전히 재구성한다. 또한, 생물학적 세대 개념이 이와 유사하게 극한으로 내몰리고 있는 생명과학과의 생산적대화에서도 신자유주의의 작용은 마찬가지이다.

따라서 신자유주의에 대한 푸코의 비판에 몇 가지 단서를 달고자 한다. 첫째, 신자유주의에서 가장 중요한 정서는 이익이나 합리적 기대가 아니라 집합적인 믿음, 신념, 그리고 불안함의 본래 투기적인, 그러나 생산적인 운동에 있다. 신자유주의가 도입하고자 하는 것은 일상생활의 전반적 상품화, 즉 경제 외적인 교환 가치 수요의 감축이라기보다는, 그것의 금융화에 가깝다. 신자유주의에 있어 긴요한 과업은 생물학적 시간에 대한 측정이라기보다는 그 시간을 금융 자본 축적의 측정 불가능한, 비非연대기적인 시간성에 통합시

---

9. [옮긴이] 자기 유사성과 순환성을 보이는, 부분이 전체를 끝없이 닮아 있는 수학적 특성.

키는 일이다.[10]

　이런 의미에서 신자유주의적 생명정치는 보험 통계적인 사회 국가의 강화 이전 시기인 19세기 당시 뚜렷했던 집합적 위험 평가의 형태로 나타난다. 비비아나 젤라이저는 1979년에 출간한 저서 『도덕과 시장』에서 18세기 후반에서 19세기 초반 유럽과 북미에서 널리 보급된 매우 투기적인 형태의 생명 "보험"에 대해 탁월한 연구 결과를 선보였다. 투기와 위험 회피('리스크 헤징'risk hedging)의 차이가 불분명하던 상황에서, 빈민과 노인들의 생명 보험 증권들은 정당한 투자의 형태로 여겨졌으며, 난파 사고의 피해자나 새로 도착한 이민자들의 생존 확률은 대중적인 도박에서 정기적으로 내기 대상이 되었다. 오늘날 이러한 행위는 그저 충격적이라는 반응을 유발할 뿐이다. 생물학적 격변론biological catastrophism에 대한 기득권과 함께, 신자유주의는 생명 기회의 "규제되지 않은" 분배에서 더욱 극단적인 이윤을 얻고자 한다. 둘의 차이는, 역설적으로 신자유주의적 격변론이 보다 조직화되어 있다는 점이다. 게다가, 신자유주의는 그 고전적인 자유주의 선조들보다 실질적으로 훨씬 유능하다.

　이 책에서 다루고 있는 영역은 최근 생명공학 시대, 즉 재조합 DNA의 발전에서부터 더욱 최근의 세포 기반 치료, 재생 의학, 그

---

10. 이 점에서 랜디 마틴(Randy Martin)의 2002년 저술 『일상생활의 금융화』(*Financialization of Daily Life*)는 후기근대적 심리학과 위험관리의 투기적 전략이 수렴하는 현상에 대한 분석을 통해 여기서 내가 시도하고 있는 것과 유사한 비판을 수행하고 있다.

리고 줄기세포 과학까지 포괄한다. 첫 세 장은 재조합 DNA, 분자생물학, 그리고 미생물학에 초점을 맞추고, 나머지 세 장에서는 떠오르는 분야들인 줄기세포 과학과 신체조직 공학에 집중한다. 이처럼 문제점들은 개별 생명과학 분야로 국한되지 않는 만큼, 특정한 생명과학 기술의 역사를 상세히 파고들기보다는 생명과학의 정치학의 파노라마를 보여 주는 데 보다 무게를 두고자 한다.

1장은 레이건 시대의 "생명공학 혁명"을 "신자유주의 혁명" 및 미국 경제를 탈산업주의의 선상에서 재조직하려는 시도라는, 더 넓은 맥락 아래에서 이해할 필요가 있다고 주장한다. 특히 이 장에서는 성장, 위기, 그리고 한계에 대한 신자유주의 이론들과 새로운 생명과학 기술의 개발 와중에 전개된 투기적 성장 전략들의 교차를 탐색한다. 신자유주의와 생명공학 산업은 산업주의적 생산의 종말과 연관된 성장의 생태학적이고 경제학적인 한계를 미래의 투기적 재발명을 통해 극복하려는 야심을 공유하고 있다. 1990년대 첨단 기술 예찬의 정점에서, 생명공학 산업은 기아·공해·생물다양성의 상실·폐기물 문제의 극복을 약속했지만, 산업 자본주의와 연관된 생태학적이고 생명정치적인 문제들은 악화 일로를 걸었다. 이 장에서는 생명공학과 관련된 영구적인 성장의 수사학을 비판적으로 살펴보고, 신자유주의는 산업 폐기물 문제를 해결하지 못하고 그저 다른 시간과 공간으로 옮겨놓았을 뿐이라고 주장한다. 또한, 산업주의의 문제를 해결하기 위한 생명기술적 방법들인 기름 먹는 박테리아, 살충제 및 제초제 저항 곡물, 생물적 환경 정화 등에서부터 화성에서 생명을 재창조하려는 시도 같은 더욱 극단적인 기획들에 이르는 구체적인 사례들을 검토한다. 나는 "망상"delirium 개념을 통해 한계를 넘어 생명을 재발명하려는 생명기술적 기획을 이해해 보고자 한다. 아울러 망상은 채무 제국주의의 최근 동학과 그 속에서의 미국의 역할과 분리 불가능하다는 점을 밝힌다.

2장에서는 인간 잉여, HIV/AIDS의 확산, 그리고 현대 제약 산업의 구조적 폭력에 초점을 맞추며, 특히 사하라 이남 아프리카의 관점에서 채무 제국주의의 문제에 접근하고자 한다. 이 지역에서는 혹독한 부채로 인한 고통과 더불어, 세계무역기구(이하 WTO)의 새로운 특허법과 미국 및 유럽 제약 거대 기업들의 가격 전략이 전체 인구의 삶의 기회에 치명적인 영향을 주고 있다. 여기서 나는 HIV/AIDS 문제의 전개는 최근 채무 제국주의의 생명정치적 형태의 징후라는 점을 주장한다. 이것은 바로 더 많은 삶, 그리고 더 나은 삶에 대한 신자유주의적 약속을 유지하기 위해 폭력이 반드시 요구된다는 당위에서 드러난다. 신자유주의적 폭력의 수사학적 형태는 최근의 담론들인 생물학적 안보, 그리고 "복합적 비상사태"complex emergency라는 인도주의적 개념 속에서 발견할 수 있다.

그러나 이는 제국주의적 중심과 주변부 사이의 단순한 적대적 관계를 설정하려는 의도도, 혹은 미국의 채무 제국주의가 오로지 외부로만, 통칭 "비-서구"로만 향한다는 주장도 아니다. 오히려 반대로 국제통화기금(이하 IMF)과 세계은행이 지원하는 신자유주의적 제국주의의 기획, 소위 〈워싱턴 컨센서스〉는 미국과 개발도상국들의 하층 계급들을 동시에 억압하는 전략으로 이해해야 한다고 본다. 한편 아파르트헤이트[11] 철폐 이후 남아프리카공화국 음베키 정권의 비난받을 만한 정책에 관해서도 관심을 기울이고자 한다. 타보 음베키 대통령의 정치는 전 지구적 제국주의에 대한 신新 민족주의적 반응의 위험 징후이다.[12]

3장에서는 테러와의 전쟁의 "생물학적 전환"을 다룬다. 조지 W. 부시 대통령 재임 동안 새로운 감염 질환에 대한 미국 공중 보건 정책은 소위 새로운 위협에 대한 미국의 군사적 정책 기조와 구분하기 어려워졌고, 생명과학 연구의 미래는 군사적 응용을 위해 재조정되었다. 어기서 문제가 되는 것은 바로 군사적 영역과 생명과학 연구로까지 확장되고 있는 금융 자본의 투기적 논리이다. 더구나 부시 시대의 감염 질환 및 생물학적 전쟁 관련 정책은 인도주의적 전쟁 전략 내부로까지 향하여 "복합적 비상사태"는 미국적 토양에서 재발견되었다. 이 장은 특히 경제학과 생명과학이 만나는 곳에서 발생하고 있는 선제성preemption, 창발emergence, 그리고 재해 위험catastrophe risk 개념에 주목한다.

이 책의 후반부는 줄기세포 과학과 재생 의학의 과학과 정치학에 관한 연구로 방향을 돌린다. 4장은 신체조직 공학의 최근 실험들을 깊이 있게 분석하고, 장기 이식과 보철 같은 20세기 초반 신체 기술과 최근의 새로운 기술을 비교한다. 우선 "기초" 줄기세포 생물학과 관련된 이론적 발전보다는 기술이 발전을 이끄는 신체조직 공학 분야에 대한 논의에서 시작하는 이유는 신체 변환transforma-

---

11. [옮긴이] 남아프리카공화국의 인종차별주의와 그 정책을 고유하게 의미하는 표현인 만큼, 번역하지 않고 그대로 썼다.

12. [옮긴이] 음베키 대통령은 1999년부터 2008년까지 집권했으며, 임기 중 사임했다.

tion 실험들이 그 자체로 세포의 잠재성, 가소성, 그리고 변형 가능성이라는 새로운 개념들을 잘 보여 주기 때문이다. 신체조직 공학은 은연중에 변형의 위상학적 방식에 의존하고 있다. 20세기 초반의 장기 기술과 비교하면 신체조직 공학기술은 발생이 중단된 활기 없는 상태가 아니라 영구적인 배胚 발생 과정과 더욱 깊은 관련이 있다. 여기서도 생물학과 경제학적 인식론 사이의 복합적인 교류가 작동하고 있는데, 왜냐하면 생산의 포스트 포드주의적 양식들이 그와 유사하게 위상학적 변형의 가능성과 동조화되어 있기 때문이다.

신체를 다루는, 새로이 출현한 포스트 포드주의적 기술에서 작동하는 신체 변형의 양식들에 관하여 개략적인 설명을 한 후, 5장에서는 줄기세포 과학이 재구성하고 있는 신체 생성bodily generation에 대한 보다 구체적인 질문들이 제기된다. 그리하여 이 장에서는 재생산 의학reproductive medicine과 줄기세포 과학 사이의 상호작용에 주의를 기울인다. 5장은 이 두 분야에서 작동하고 있는 서로 다른 신체 생성의 개념과 기술들에 대한 윤곽을 그리고, 새로운 재생산 경제의 일부로서 이들이 함께 작용하는 방식에 관해서 서술한다. 줄기세포 과학의 발생을 동반한 상업화의 독특한 형태들, 그리고 기존의 여성화된 재생산 노동 경제의 전환이 내 관심사이다. 나는 당대 자본의 가장 극단적인 망상이 자기 재생적인, 줄기세포 과학의 배양체에서 드러나고 있으며, 이는 (재생) 정치경제학의 새로운 비판을 요청하고 있다고 본다.

6장에서는 당대 신자유주의적 생명정치에서 가장 보수적이고 근본주의적인 충동으로 주의를 돌린다. 여기서 나는 미국 복음주의 우파와 생명정치 문화의 발흥에 대해 다룬다. 개인적인 거듭남, 신앙, 자본의 복음주의적 교리와 최근 낙태 반대-생명권 운동의 정치학은 어떻게 관련되어 있는가? 그리고 신자유주의적이고 신근본주의적인 생명정치 간의 복잡한 발화들을 어떻게 이해할 수 있는가? 여기서 다시, 나는 이미 1장에서 논의한 부채 제국주의와 미국이라는 국가의 문제로 되돌아가 미국 채무의 약속 및 폭력, 그리고 세계 경제에서의 미국 채무의 역할과 복음주의적인 생명권 정치는 불가분의 관계임을 주장한다.

각각의 장은 신자유주의 시대 생명과학 정치의 특정한 측면을 조명하고 있다. 어떤 장에서는 최근 생명과학의 비전, 혁신, 그리고 치료적 측면에 우선 관심을 기울이지만, 또 다른 장에서는 발흥하고 있는 생명경제를 둘러싸고 있는 폭력, 의무, 그리고 부채의 굴레의 형태를 밝히는 데 보다 집중하고 있다. 그러나 이러한 생각의 배열들이 선형성을 띤다거나 고정되어 있다고 볼 수는 없다. 아마도 가장 강렬한 대비는 3장과 4장 사이, 즉 생명과학 연구의 군사화에서 줄기세포 과학 및 신체조직 공학으로 인한 재생 의학의 가능성으로 초점이 이동하는 데 있을 것이다. 그러나 여기서조차도 명백한 대비에는 조건이 붙는데, 왜냐하면 생물학적 방어biodefense 연구에 쏟아 붓고 있는 대규모 자금이 예상치 않았던 치료적 발견으로 이어질 확률은 매우 높다고 하지만, 아무튼 줄기세포 과학은 군사적 목표(뚜렷한 사례인 세포 바이오센서 생산 등)를 위해서도 개발되고 있기 때문이다. 각 장의 구성과 일련의 생각을 통해 최근 생명과학 생산으로 인해 가능해진 생명정치적 미래에 대한 내 망설임이 독자들에게 전달되길 희망한다. 최근 생물학에서조차 주장하듯, 이 미래는 결코 미리 예단할 수 없다.

1장

한계 너머의 생명

생명경제의 발명

정상적인 것은 한물갔고, 극한적인 것이 최신 유행이다. 아리스토텔레스가 "모든 것을 적당히"라고 주의를 환기하였지만, 부절제함으로 널리 알려진 로마인들은 "엑스테르"(exter, 외부에 존재하는)의 최상급인 엑스트레무스(extremus)라는 말을 만들어냈다. "익스트림"(extreme, 극한적)이라는 표현은 중세 프랑스어를 거쳐 15세기가 되어 영어로도 전파되었다. 21세기의 여명에서 우리는 태양계는 물론 지구 또한 19세기 "고대인"들은 상상할 수 없었던 극한 환경을 포함하고 있다는 사실을 알게 되었다. 또한, 놀랍게도 극한 환경에서 번성하고 있는 생물들을 발견했다. [생물학은] 이들 극한 환경 애호가들에게 "호극성균"(extremophiles)이라는 이름을 붙였다.

— 린 로스차일드·로코 만치넬리, 「극한적 환경에서의 생명」

최근의 생명공학 산업은 미국 과학기술의 미래에 대한 치열한 예측의 와중에 탄생했다. 미국은, 2차 세계대전 후 수십 년간 국제적인 경제 성장의 견인차로 기능한 후, 세계 경제 관계에 대한 자신의 영향력이 뚜렷해지던 그때 침체기를 경험하게 되었다. 대략 1960년대 후반에서 1970년대 중반에 이르는 이 시기에 미국 및 미국의 경쟁국들이 마주할 경제적·정치적 미래를 점치는 미래학 문헌들이 엄청나게 쏟아져 나왔다. 지구 수준에서 예측하는 분야 또한 출현하여 지구의 미래가 컴퓨터 기반 시스템 분석의 대상이 되었다.[2]

1972년 〈로마클럽〉의 '세계 미래 보고서'(Meadows et al. 1972)는 너무나 당연히도 당시 산출된 가장 영향력이 큰 위기 문헌 중 하나로 꼽을 수 있다. 매사추세츠 공과대학에 자리 잡은 한 시스템 분석가 집단(〈메도우즈 팀[team]〉이라는 명칭으로 유명함)의 주도로 작성된 이 보고서는 포드주의 제조 방식은 이제 불가역적인 쇠퇴기에 접어들었다는 널리 알려진 의견을 활자화했다. 그러나 또한 완전히 새로운 의견도 분석에 추가했다. 머지않아 위기가 닥친다면 그 위기는 전통적인 경제학 용어, 즉 생산성의 위기나 경제 성장률의 위기 같은 개념으로 측정할 수 없을 것이며 오히려 재생산 영역의 총체적 위기일 것이라고 보고서는 주장했다. 〈로마클럽〉에 중요한 것은 바로 지구 생물권의 재생산, 즉 지구에 사는 생명의 미래였다. 공해 수준의 상승에서부터 기아 및 멸종률의 증가에 이르기까

---

1. Rothchild and Mancinelli 2001, 1092쪽.
2. 이 시기 및 미래 분석 장르의 이해에 도움이 되는 참고문헌으로 Ross 1991, 169~92쪽, Buell 2003, 177~246쪽.

지 모든 종류의 생태학적 불균형, 고갈, 그리고 파괴 현상이 나타나 위기가 임박했다는 명백한 신호를 주었다. 시스템 이론의 최신 성과를 활용하여 〈메도우즈 팀〉은 인구 증가, 산업화, 식량 생산, 재생 불가능한 자원의 고갈, 환경오염의 추이 등 다섯 개의 기본 영역과 각 영역 간의 상호작용을 분석함으로써 지구의 가능한 미래를 모사하려 했다.

물론 〈로마클럽〉 보고서는 정확한 예측이 불가능하다는 점을 강조했지만, 정도의 차이는 있을지언정 시뮬레이션 프로그램을 수차례 돌려도 변하지 않는 결과가 있었다. 농업 생산, 에너지 공급과 공해 배출 등의 변수에 내재된 고유의 특성과 충돌하지 않고 인구와 산업의 기하급수적 증가를 무한정 지속할 수 없다는 점이다. 농업을 포함해 산업 생산의 97%는 천연가스·석유·석탄 같은 화석연료에 의존한다는 사실을 지적하면서, 보고서는 계속된 경제 성장은 곧 극복할 수 없는 한계에 직면하게 되리라고 예측했다. 이 한계에는 두 종류가 있는데, 하나는 재생 불가능한 자원의 고갈이고 다른 하나는 독성을 가진 비생물분해성 폐기물의 꾸준한 집적이다. 〈로마클럽〉에게 경제 성장이란 곧 산업 생산과 같은 의미로, 그들에 의하면 지구는 지구화학적 한계에 도달하기 전에 난관에 봉착하게 될 것이었다. 1970년대 초반에 이미 대기 중 이산화탄소의 증가가 지구의 기후 및 생태계를 심각하게 교란할 수 있다는 신호가 포착되었고 당시 이 현상은 "열 공해"로 명명되었다(Meadows et al. 1972, 73쪽). 〈메도우즈 팀〉은 그러한 징후들이 하나의 "단순한 사실", 즉 "지구는 유한하다"는 점을 가리킨다고 보았다. 비록 성장의 상한을 엄밀하게 계산할 수는 없다 해도 그 한계는 분명히 존재했다(Meadows et al. 1972, 86쪽).

20년 후, 더욱 정밀한 모델링 도구로 무장한 〈메도우즈 팀〉은 미래에 대해 좀 더 미묘한 차이를 살린 예상을 제시했다. 그들은 성장의 한계가 공간적이라기보다는 시간적이라고 주장했다. 즉 석유 같은 필수 자원을 앞으로도 지속 가능하게 소비할 수 있는 한계인 어떤 임계점이 있는데, 우리가 실제 자원의 고갈을 알아차리기 훨씬 이전에 그 문턱을 지나버렸는지도 모른다는 뜻이다. 보고서의 저자들은 우리는 이미 그 한계점을 지나, 우리에게 되돌아올 부메랑을 천진스레 기다리는 지연된 위기 상태 속에서 현재 살고 있을 확률이 높다고 지적했다. "시간은 기실 세계3 모델[3]에서 절대적 한계이며, 우리가 보기엔 '실제 세계'에서도 그러하다. 성장, 특히 급격한 성장에 주의해야 하는 까닭은 그것이 효과적인 대처에 필요한 시간을 은밀히 갉아먹기 때문이다. 또한, 성장은 체계에 더욱더 빠른 속도로 부담을 주어서, 이전의 느린 변화를 다루어 왔던 대응 메커니즘은 결국 실패하기 시작한다"(Meadows 1992, 180쪽). 1992년 보고서의 결론은 그 본질에서 이전 보고서와 같다 : 지구 위의 생명을 지속시키기 위해 경제 성장은 생태학적이고 생물학적인 평형을 존중할 필요가 있다. 현재의 급격한 성장 경향은 평형을 유지하는 '정상'^{定常} 상태의 경제로 대체될 필요가 있을 것이다.

---

3. [옮긴이] 〈로마클럽〉 보고서에서 활용한 이 컴퓨터 시뮬레이션 모델(World3 model)은 이후 지구 미래 예측 모델링에 많은 영향을 주었다.

〈로마클럽〉 보고서는 정치적으로 큰 반향을 불러일으켜 지미 카터 미국 대통령은 후속 연구를 지원했고, 이에 따라 생명이 더 불안정한 상황에 놓일 것으로 예상되는 2000년까지의 미래에 대해 예측한 『글로벌 2000 보고서』가 출간되었다(Council of Environmental Quality and U.S. State Department 1980). 미국의 다양한 정부 부처와 기관들이 산출해 낸 정밀한 통계에 의존하고 있는 이 보고서는 당시 살충제의 사용 금지에서부터 반 ^{反}공해법 통과, 그리고 미 환경보호청의 탄생에 이르기까지 환경 문제를 둘러싼 전례 없는 법제화의 맥락 속에서 완성되었다.

　그러나 1970년대에 이미 〈로마클럽〉은 일부 신우파의 매서운 비판을 받고 있었다. 신우파적인 탈산업주의 경제의 대표적 선지자였던 대니얼 벨은 〈로마클럽〉 보고서가, 증명하려는 내용을 이미 가정하고 있다는 점이 문제라고 지적했다. "단순 양적 계량" 및 "폐쇄 체계"에 의거한 〈로마클럽〉 보고서의 모델에서 성장은 언제든 한계에 도달할 수밖에 없다. 또한, 벨에 따르면 이 모델은 자본의 연속적인 진화 단계들을 특징짓는 체계적인 "질적 변화"를 충분히 고려할 수 없다(Bell 1974, 464쪽). 벨은 그러한 질적 변화야말로 산업 경제에서 탈산업경제로의 전환에서 요구된다고 보았다. 1970년대 내내 신우파 이론가들은 미국 경제의 급진적인 구조조정을 요구했다. 세계 지배권을 다시 확립하기 위해 신우파 이론가들은 미국이 유형 상품을 대량 생산하는 중공업에서 벗어나 혁신 기반 경제로, 즉 한계가 없는 자원인 인간의 창의성이 중요한 경제로 전환해야 한다고 주장했다.

그러나 탈산업주의 문헌들이 혁신에 기반을 둔 경제 성장의 비물질적인 측면에만 관심을 기울인 것은 아니다. 이 문헌들에 대한 논의에서 지금까지 간과되어온 점은 바로 경제 침체뿐만 아니라 환경 위기에 대한 해법도 찾았다는 탈산업주의 저술들의 주장이다. 레이건 대통령이 그러한 목적으로 채용했던 우파 미래학자들에 따르면 탈산업 경제는 한계를 넘어 경제 성장을 이끌 수 있을 뿐 아니라 〈로마클럽〉에서 공들여 상세히 밝힌 생태학적이고 생물권적인 한계들 또한 하나하나 공박할 수 있었다(Simon and Kahn 1984). 특히 탈산업주의 이론가들은 산업주의의 폐기물에서부터 지구의 유한성에 이르기까지 모든 성장의 한계들을 내부화하고 극복할 방안으로서 생명공학이 주는 희망을 지목했다. "각 시대에 따라 관련된 자원 시스템의 범위가 변화됐다. 매번 이 범위 내에서 이루어진 '한계'에 대한 낡은 생각과 '유한한 자원'에 대한 계산은 논파되었다. 이제 우리는 대양을 항해하기 시작했는데, 여기에는 우리가 알고 있는 대지 매장량이 미미해 보일 정도로 엄청난 양의 금속 자원이 매장되어 있으며 아마도 에너지 자원 또한 그러할 것이다. 그리고 우리는 달을 탐사하기 시작했다. 자원을 획득하는 시스템의 경계가 과거부터 계속 확장되어 온 것처럼 앞으로도 계속 확장되지 않을 이유가 있는가?"(Simon 1996, 66쪽). 고갈 상황이 미래로 다가오고 있다는 〈로마클럽〉의 준-우주론적인 경고에 대응하여 탈산업주의자들은 물리학자 프리먼 다이슨의 저작을 인용해 시간에는 한계가 없다고 단언했다(Simon 1996, 65쪽). 그리고 우주론적 시간에 한계가 없다면, 물질에 내재적인 것이 된 시간은, 지구를 재생시킬 것이다.

지구 및 그 너머에서 얻어낼 미래의 잉여에 대한 희망과 함께, 탈산업주의 문헌은 레이건 시대의 과학 정책 또한 구상했는데, 이는 지독한 반환경주의와 재분배적 성격의 공중 보건 예산 삭감 및 새로운 생명과학 기술 및 그 상업화에 대한 대규모 연방 투자의 배합으로 이루어져 있었다. 그러나 레이건 행정부의 책동을 정당화하기 위해 고안된 유토피아적 논의로 시작된 것이 신자유주의적 정통의 주축으로 자리 잡게 되었고, 신우파 정책두뇌집단이나 레이건주의자들이 아닌 이들에게로 전파되었다. 특히 클린턴 대통령 재임 기간에, 그리고 1990년대 후반 주식 시장의 활황 동안 미래에 대한 신자유주의적 약속은 자유시장 생기론자生氣論者인 자유지상주의자Libertarian들과 만나게 되었다. 이 시기 동안 "생명경제" 개념은 형태를 갖추었고, 주요 정책 사업을 출범시키기로 한 경제협력개발기구(이하 OECD)의 결정으로 그 전성기를 맞았다(OECD 2004).

이 장의 목적은 생명경제의 약속을 가능하게 만든 발상과 제도들의 계보를 밝히는 것이다. 그리고 이미 서론에서 설명했듯 생명공학 산업의 출현은 오늘날 지배적인 정치철학으로서의 신자유주의의 발흥과 동떨어진 현상이 아니라는 점을 전제로 한다. 따라서 성장의 생명공학적 미래상과 경제 성장에 대한 신자유주의적 이론의 역사는 동시에 탐구되어야 한다. 나는 1970년대 초반 미국을 괴롭힌 국내의 경제위기와 그 위기에 대한 어떤 대응을 촉발하는 데 있어 생명과학 산업이 수행한 역할의 특수한 접합에 주의를 기울이고자 한다. 생명공학 혁명은 유전적·미생물적·세포적 수준에 경제 생산을 재배치하려는 일련의 입법 및 규제적 수단에 따른 결과이며, 이에 따라 생명은 문자적 의미 그대로 자본주의적 축적 과정에 부속되었다고 할 수 있다. 이 장의 일부에서는 이를 가능케 한 특정한 형태의 재산권, 규제 전략 및 투자 모델을 상세히 밝힌다.

이러한 의문들을 좇아 이 장의 후반부에서는 1970년대 후반 이후, 특히 1979년에서 1982년에 이르는 통화주의적 반혁명 이후 나타난 세계 제국주의적 관계의 중대한 변화를 다룬다. 조반니 아리기와 마이클 허드슨 등 정치경제학자들에 따르면 이 시기에 민족-국가 제국주의와 그 속에서의 미국의 역할이 일련의 극적인 변형을 겪게 된다(Arrighi 2003; Hudson 2003, 2005). 여기서 나는 더 나아가 세계 제국주의적 관계의 변형과 자본주의적 축적 전략에서 생물학적 생명의 중요성 증대 사이의 연계에 대해 더욱 심층적으로 파고들고자 한다. 이 장에서뿐만 아니라 책 전체를 관통하여 나는 2차 세계대전 시기 확립된 세계 제국주의의 지정학이 오늘날 새롭고 상대적으로 변화무쌍한 생명정치적 관계의 집합으로 대체되고 있으며, 이에 대한 상세한 이론화는 아직 이루어지지 않았다고 주장한다.

여기서 몇 가지 방법론적이고 개념적인 질문이 긴요하다. 언제 자본은 생물학적인 것을 동원하는가, 돈의 창출(부채로부터의 잉여, 약속으로부터의 미래)과 생명의 기술적인 재창조 사이의 관계를 어떻게 이론화할 것인가? 한쪽이 다른 한쪽을 포섭했는가? 자본주의는 언제 지구화학적 한계와 마주치게 되며, 그로부터 자본주의는 어디로 움직일 것인가? 후기 자본주의의 시공간 혹은 세계란 무엇이며, 그 경계는 어디까지인가? 생물학적·경제적·생태학적 미래가 이토록 긴밀하게 뒤얽힌 시대에 정치경제학 비판은 어떻게 될 것인가? 그리고 언제 미래 그 자체가 모든 종류의 투기 대상이 되는가?

이러한 측면의 연구를 위해 자본 축적에서 신자유주의 시기의 독특한 특성이 무엇인지를 판별해야 하며, 그러기 위해 나는 위기, 한계, 그리고 성장에 대한 칼 맑스의 여전히 풍요로운 성찰로 되돌아간다. 내 출발점은 어찌 보면 고전적인 맑스주의이다. 나는 자본주의 세계의 주기적인 재창조에 뒤이어 언제나 그리고 필연적으로 자본주의의 한계가 다시 나타난다고 본다. 자본주의적 약속은 고의적인 손실로 상쇄되어 버리고, 가능한 미래의 풍부함이 현실화되기보다는 언제나 고갈의 경계에서 균형을 잡는 빈곤하고 황폐해진 현재가 또 다시 현실화된다. 그러나 나는 분석 범위를 맑스가 상대적으로 관심을 기울이지 않았던 영역으로까지 확장하여 넓은 의미의 생명과학을 그 대상으로 포함한다. 따라서 최근 생물학, 환경과학 및 진화론의 이론적·기술적 발전 또한 살펴보고 있다. 요즘의 생물학은 지금의 자본주의만큼이나 지구 위 생명의 한계와 출현 가능한 미래에 관심이 있다. 그런 만큼 생명경제에 대한 비판에서는 요즘의 이론 생물학과, 경제 성장에 대한 신자유주의적 수사 간의 긴밀한 의견 교류를 간과해서는 안 된다.

이 비판에서 필요한 것은 시장 물신주의, 시뮬라크르 혹은 환영phantasm에 대한 분석보다는 오히려 자본주의적 망상에 대한 분석이다. 프로이트는 정신병적 망상은 신경증적 환상과 반대로 무엇보다 전 세계의 붕괴 및 재창조와 관련이 있다고 말한다. 망상은 표상적representative이지 않고 체계적systemic이다. 망상은 세계를 해석하기보다는 개조하기를 추구한다. 이러한 망상의 개념적 측면은 자본의 자기-전환적이고 세계 팽창적인 경향에 대한 맑스의 성찰과 분명히 유사하다.[4] 그리고 지구 상 생명의 미래에 대한 추측과 숙고가 자신의 중요한 의제인 생명공학 혁명의 수사법에서 망상은 뚜렷이 드러난다. 그러한 수사법은 생명과학 산업 분야의 실제 사업에서 단순히 주변적인 요소가 아니다. 오히려, 최근 자본주의의 망상은 지구 상 생명의 한계 및 살아 있는 미래의 재생과 긴밀하고도 본질적으로 연관되어 있다 ─ "한계를 넘어."

이런 점에서 〈로마클럽〉과 그에 대한 비판 측이 밝혔던 문제들

---

4. 잘 알려져 있듯, 철학자 질 들뢰즈와 펠릭스 가타리는 자본주의와 욕망을 재사고하기 위한 출발점으로 망상을 택했다. 이에 대한 들뢰즈와 가타리의 대담은 Guattari 1995, 53~92쪽. 그러나 맑스의 저술에서 망상 개념에 대한 정밀한 문헌적 분석을 보기 위해서는 더욱 정통적인 맑스주의 이론가인 다니엘 벤사이드의 1995년 저작 『시대의 불화 : 위기, 계급, 역사에 대한 수상록』(La discordance des temps : Essais sur les crises, les classes, l'histoire)도 참조하라. 맑스에게 망상의 문제는 자본주의의 위기 및 전환의 순간과 밀접히 연관되어 있었다고 벤사이드는 지적했다. 맑스에 대한 최근의 독해들은 『자본』 1권([1857]1993)과 상품 물신성 분석에 초점을 맞추곤 하지만, 『요강』([1857] 1993)과 『자본』 3권([1894]1981)이 부채 창출과 과잉생산의 위기와 더욱 직접 관련되어 있다. 나는 물신주의보다는 망상의 관점에서 맑스 읽기를 택했는데, 왜냐하면 이를 통해 시간과 돈에 대한 표상적 이론들에서 벗어날 수 있기 때문이다. 이제 문제는 기호(돈)가 내재가치로서의 노동의 사용가치를 적절하게 표상하고 있는가가 아니라, 그보다는 어떤 조건에서 집합적 노동의 세계-전환적 가능성과 실현력이 구분되는가가 문제이다. 달리 말하자면, 망상 개념을 통해 우리는 시간이 물질에 내재하는 전환적 힘과 다를 바 없게 되는, 시간의 창조적 철학에 더욱 가까워진다. 이런 점에서 맑스에 대한 내 독해는 안또니오 네그리 등과 같은 이탈리아 자율주의 사상가들과 밀접하게 연결되어 있다. 맑스에 대한 네그리의 접근법의 함의에 대해서는 내 논문 「맑스 너머의 맑스」(Cooper 2007)를 참조할 수 있다.

은, 각자의 방식을 통해 서로 충돌하며 망상을 북돋우는 경향을 보여 주고 있다. 이러한 망상은 미 항공우주국(이하 NASA)의 우주생물학 프로그램에서 가장 두드러지게 나타나는 것 같다. 그러나 의아하게도 이 프로그램이 생명공학 혁명에 미친 개념적이고 경제적인 영향력은 그간 무시되어 왔다. 미 항공우주국장의 말을 빌리면, 우주생물학 프로그램의 과감한 목적은 바로 "이곳의 생명을 개량하고…… 저곳으로 생명을 확장하며…… 저 너머의 생명을 발견하는 것이다"(Dick and Strick 2004, 230쪽에서 인용). 이 프로그램의 영향은 생명과학 연구에 대한 실질적인 응용으로 올수록 더욱 그 존재감이 뚜렷해지는데, 이를테면 2005년 OECD 생명경제 보고서와 2005년 미국 〈에너지법〉에 포함된 내용에서 그러하다. 우주생물학이 열어 놓은 우주적 미래와 산업적·영리적 생명공학 정책의 현실적 세계를 오가면서 나는 후기 자본주의의 망상이 어떻게 실용주의적인 방식을 통해 정부와 과학의 일상적인 하부 구조로 번역되는지를 보여 주고자 한다. 이러한 접근의 장점은 자본주의적 동학에서 전 지구적인 규모의 체계를 만들어 내는 힘과 그것을 구체화하는 미시 정치적 결정에 대하여 즉각적으로 비판을 모색해 나가는 데 있다. 이를 통해 실천적인 수준에서 어떻게 자본의 망상에 도전할 수 있는지에 관한 시사점 또한 찾을 수 있다.

위기에 대응하기 : 폐기물의 재생

1960년대 후반 미국 경제 위기의 전말은 다른 저술들에서 이미 상세히 논의됐다. 1970년대를 거쳐 미국은 스태그플레이션으로 시작하여 두 번의 석유 위기를 겪으면서 제조 산업의 생산비용 급증으로 경기 후퇴를 경험하게 되었다. 일본 및 유럽의 수출로 해외 및 국내 시장 경쟁이 격화되면서 미국 산업의 수익은 감소하기 시작했다. 1970년대 후반 미국 다국적 기업들은 잉여 자금을 본국으로 들여오기보다 해외 금융 시장에 투자하는 쪽을 선택했고, 위태위태했던 미국 산업의 부^{fortune}는 금융 위기로 인해 더욱 위험에 처하게 되었다.[5] 그러나 이 위기의 순간이 어떻게 미래 생명과학 산업을 형성하는 데 결정적인 영향을 끼쳤는지에 관한 연구는 드물었다.

경제 위기는 플라스틱, 직물, 그리고 비료와 제초제 등의 농업 제품 같은 포드주의 대량 제조 및 단일 경작의 핵심 물자에서부터 제약 산업에 이르기까지 화학 생산의 전 영역에 특히 충격을 주었다. 바로 이들 산업이 상업적 모험으로서의 분자 생명공학의 탄생에 주도적인 역할을 담당했다. 미국 석유화학 산업은 1950년과 60년대 동안 유형 제품의 대량생산자로서 번영을 누렸으나, 1970년대 들어 급격한 이윤 감소를 겪게 되었고 상황은 1973년 및 1979년 석유 가격 파동으로 더욱 나빠졌다.[6] 더구나 녹색 혁명[7]의 대량 단일 경작을 개발도상국에 수출하면서 얻은 이윤 또한 줄어들기 시작했

---

5. 특히 조반니 아리기의 논의(Arrighi 2003, 62~69쪽)를 참조하라.

6. Kenny 1986, 191~193쪽, 그리고 Dahos and Braithwaite 2002, 154~55쪽.

7. [옮긴이] Green Revolution. 1960년대에 개량된 농산물 품종 및 화학 비료, 살충제, 개간 기술 등의 보급 및 확산으로 인하여, 개발도상국을 중심으로 식량 생산량이 전 세계적으로 크게 증가한 현상을 일컫는 표현이다.

는데, 그 이유 중 하나는 바로 녹색 혁명으로 인해 환경이 황폐해졌기 때문이었다.[8] 미국 내에서도 정부의 규제가 증가하면서 환경 운동으로 인한 부담이 증가하기 시작했다. 즉 화학 산업은 자신들이 생산한 폐기물의 처리 비용을 스스로 감당해야 했다.

제약 산업의 경우 침체의 시기는 조금 늦게 찾아왔으나, 다른 산업과 마찬가지로 상업적 전략을 재정립해야만 했다.[9] 그러나 석유화학 산업과 달리 제약 산업의 자산은 오랜 기간 특허 보호 및 독점적 혁신에 기반을 두고 있었다. 화학 특허로 보호받았던 미생물학과 유기화학은 2차 세계대전 이후 유행했던 약품 혁신을 이끈 바 있었다. 그러나 1970년대 후반에 이르러 제약 혁신의 속도는 극적으로 감소한 반면, 저렴한 비용의 복제 약품generics이 시장을 빠르게 잠식해 나갔다. 대중들이, 임상 시험에 대한 규제가 없는 상황(그중 일부는 감옥에서 시행됨)과 특정한 신약의 독성에 대해 점차 더 많은 우려의 시선을 보내기 시작한 것도 이 하락기를 설명할 수 있는 한 이유이다. 탈리도마이드[10] 등과 같은 처방약으로 인한 재앙을 겪은 후 정부 규제는 예전보다 훨씬 엄격해졌고 임상 시험 기간은 상당히 연장되었다. 이런 점에서 석유화학 및 제약 부문의 재편은 (생태학적 한계라기보다는) 규제로 인한 상업적 한계에 대응

8. Buttel, Kenney, and Kloppenburg 1985.
9. Pignarre 2003, 26~62쪽 그리고 Drahos and Braithwaite 2002.
10. [옮긴이] Thalidomide. 1957년에서 1961년 사이에 임산부의 입덧 방지용으로 판매되었으나 그 부작용으로 40여 개국에서 1만 명이 넘는 기형아들이 태어났다. 이 비극의 발생으로, 이후 약물의 약효 및 부작용을 모두 파악하기 위한 검증 및 임상 시험 중 부작용 보고가 의무화되는 등 신약 허가 절차상의 기준이 보다 강화되었다.

하기 위해서였다고 볼 수 있다. 대니얼 벨의 처방대로, 이들 산업은 엄연한 한계와 마주해서도 머뭇거리지 않고 오히려 산업 생산의 한계를 넘어 분자생물학이 열어 놓은 새로운 공간으로 이동하는 방식으로 대응해 나갔다.

1980년대에 미국 석유화학 및 제약 산업은 새로운 무공해의 생명과학 기술의 공급자로 ─ 지금은 아니지만 미래에는 ─ 탈바꿈하기 위해 극적인 자기 개조를 시작했다. 1980년대 초반 모든 주요 화학 및 제약 기업들은 생명공학 신생 기업과의 특허사용계약 혹은 기업 내부 연구 조직의 확장을 통해 새로운 유전학 기술에 투자했다.[11] 독성 폐기물 배출로 악명 높던 몬샌토를 비롯해 포드주의 경제의 호황기를 이끌었던 추출식의 석유화학 산업은 새로운 포스트포드주의 바이오생산bioproduction 패러다임 안으로 포섭될 운명임이 자명해 보였다. 최근 몬샌토 같은 기업들은 유전자 재조합 기술의 성공과 새로운 특허법을 활용하여 석유화학 공정에 대한 이전의 투자를 생분자 과학 분야로 통합시키기 위해 가능한 모든 새로운 방식을 시도하기 시작했다.

상업적 셈은 복잡하지 않았다. 농업 분야 사업은 화학 비료와 제초제의 대량 생산에 따른 이윤 대신, 식물 자체를 생성하는, 즉 생물학적 생산을 잉여가치의 창출을 위한 수단으로 전환하는 발명 쪽으로 선회하고자 했다. 더구나 생명공학은 건조한 토지에서도 생존하거나 산업화한 농업으로 인해 황폐해진 환경에서도 잘 자라

---

11. Kenney 1986, 197~98쪽.

는 식물을 창조하여, 상업적인 농업을 위한 지리학적 공간 확장을 기대했다.[12] 화학 오염 물질에서 방사성 낙진에 이르는 모든 종류의 산업 폐기물을 정화하기 위한 작업에 생명 그 자체가 곧 투입되리라는 예측도 있었다(소위 생물적 환경 정화). 요약하자면 포드주의적 산업 생산을 지배하던 지구화학적 법칙은 더욱 온건한 생분자적 생산의 재생적 가능성으로 대체될 것이었다.

이러한 전환 과정에서 두 가지 경향이 작동했다. 한편으로 제약 및 석유화학 산업은 상업적 생명과학의 모든 측면을 놀랄 만큼 내부적으로 통합하며 위기에 대응했고, 그 결과 (미국이나 유럽연합에 기반을 둔) 소수의 초국적 기업들이 세계 식품과 의약품 생산의 모든 단계를 효과적으로 통제하게 되었다.[13] 다른 한편으로 이들 기업은 또한 생명과학 생산의 신흥 시장을 장악하기 위해 선제적으로 움직여 소규모 생명공학 기업들과 전략적 연합을 구축했다. 생명공학 기업 창업의 유행 현상은 금융 자본 및 투자의 금융적 방식에 체계적으로 의존할 수 있었던 덕분에 가능해졌다.

당시 포드주의 석유화학 제품 생산자들에게 자신을 스스로 재창조해야 한다는 명령은 곧 생산의 새로운 공간, 즉 당시까지 기초과학 연구로 남아 있었던 분자생물학으로의 이동뿐만 아니라 포드주의 경제보다 금융 투자에 크게 의존해야 하는 새로운 축적 체제로의 이동을 뜻했다. 정치경제학자 미셸 아글리에타와 레지스 브르

---

12. Buttel, Kenney, and Kloppenburg 1985, 39쪽.
13. 이 원고 집필을 끝낼 무렵까지의 인수합병에 대한 개괄은 Razvi and Burbaum 2006 참조.

통은 2001년 저술에서 금융 자유화는 적어도 미국의 경우 미래 이윤의 평가가 가격 결정의 결정적 요소로 등장하는 새로운 "금융 지배적 축적 체제"를 출범시켰다고 주장했다. 이 의견의 세세한 측면에 대한 수용 여부와는 무관하게, 이들의 주장은 벤처 자본^{venture} ^{capital} 금융과 주식 시장 기업공개^{IPO}의 조합이 신생 기업의 표준적인 사업 모델이 된 미국의 생명공학 분야의 경우와 잘 들어맞는다.[14] 금융 시장이 생산을 가능하게 하는 조건이 되면서, 투기의 위험 및 약속과 소위 말하는 경제적 기초 여건('펀더멘털')은 구분 불가능하게 되었다. 기실 "약속"^{promise}은 포스트 포드주의 생산의 핵심이라 할 수 있다. 가장 예측 불가능한 환경에도 대응할 수 있는 능력으로 포스트 포드주의 생산을 무장시켜 성장의 어떤 잠재적 "한계"가 미처 현실화되기도 전에 그를 예측해 회피할 수 있도록 함으로써, 약속은 생산이 영구적인 자기-변형 상태에 머물 수 있도록 한다.

그 결과 생물학적 생산은 포스트 포드주의적 사업의 다른 영역들과 마찬가지로 극적인 탈표준화를 겪게 되었다. 포스트 포드주의는 상품의 대량 생산과 연계된 규모의 경제보다 혁신, 범위, 그리

---

14. 이 자금은 단독으로, 혹은 더욱 큰 법인의 일부로 운용되며, 사업 계획의 후반부, 그리고 주식의 신규 상장을 통해 공개되기 바로 직전까지나 혹은 업자 간 거래를 통해 더 큰 기업에 팔리기 전까지의 자금 융통에 특화되어 있다. 이들의 투자 결정은 해당 사업의 본질보다는 대중적인 분위기와 연동되어 있는데, 왜냐하면 이들은 유형 자본이 거의 혹은 아예 없는 기업들에 투자하며 이들이 시장으로 진입하자마자 그 벤처기업에서 이익을 실현한 후 철수하는 경향이 있기 때문이다. 벤처 자본은 과학의 약속에 대한 대중의 믿음이 대단할 때 활약한다. 어떤 계획의 약속에 대한 대중의 신뢰가 높을수록 기업 공개 시 더 높은 가치 평가를 받게 된다.

고 선제성 — 다음 물결을 예측하고 그 변화에서 앞서 있을 수 있는 능력 — 의 경제에 훨씬 더 크게 의존하고 있다.[15] 여기서 중요한 것은 수없는 생명 형태가 생성될 수 있는 변화무쌍한 암호의 원천이지, 생명 형태 그 자체는 아니다. 생물학적 특허는 실제 생물 개체를 굳이 소유할 필요 없이 그 생물체의 생성 원리를 소유할 수 있도록 해준다. 탈기계론적 재생산의 시대의 요체는 표준화된 포드 T 모델을 재생산하는 것이 아니라 모든 새로운 가능성을 통해 생산 그 자체를 생성하고 포획해 내는 데 있다. 그 성공은 표준화된 생식질 germplasm의 대량 배양이 아니라, (재)생산의 끊임없는 변형, 새로운 생명 형태들의 빠른 출현과 퇴화, 그리고 DNA의 새로운 재조합에 달려 있다.

이는 재조합의 시대에 대량 재생산이 쓸모없게 되었다는 주장이라기보다는 대량 재생산이 잉여가치의 기본적 원천의 지위에서 강등되어 보다 높은 차원의 생산 양식에 포섭되었다고 보는 견해다. 이후 이윤은 재생 불가능한 자원의 추출과 유형화된 상품의 대량 생산보다는 생물학적 미래의 축적에 의존하게 될 것이다. 그러나 바이오생산으로의 이동이 이루어져도 생태학적 한계는 해결되지 않는다. 새로운 생명과학 거대 기업들은 폐기물이나 자원고갈 문제를 포함해 지구 상 생명에게 재앙적인 어떤 한계도 극복하지 못하고 있으며 그저 부담을 회피하고 있을 뿐이다. 포스트 포드주의는 산업 생산 없이 불가능하며 다만 생산의 장소를 바꿔놓을 뿐

15. 이 점에 대해서는 Jessop 2002, 100~1쪽을 참조하라.

이다. ['장소 이동'이라는 말의] 문자적 의미 그대로 산업 생산을 해외로 이전하거나, 혹은 법적 의미로 탈규제를 위한 투쟁을 벌이면서 말이다. 그 과정에서 포스트 포드주의는 폐기물 생산의 영향을 완전히 무시한다. 정보 경제가 폐기물로 쏟아낸 엄청난 컴퓨터 하드웨어들, 그리고 유전자 조작 제초제 저항 곡물을 보호하기 위해 투입될 만한 다량의 화학물질이 잘 보여 주듯, 포스트 포드주의 생산양식은 산업공해의 증가와 보조를 맞춘다. 생명과학이 약속하는 미래의 시기를 조정함으로써, 포스트 포드주의는 일시적으로나마 석유화학 생산과 연관된 이윤율 저하를 극복해 왔다.

한계를 극복하고자 하고 한계의 극복을 불확실한 미래에 재위치시키는 움직임은 맑스에 따르면 자본의 성격을 잘 보여 주는 운동이다. 그러나 자본주의가 결코 극복하지 못하는 한계가 하나 있다. 바로 이윤을 획득하라는 명령, 따라서 특정 재산 형태 내에서 "새로움"을 다시 찾아내야 한다는 명령이 그것이다. 맑스는 자본주의를 본질상 반反생산적이라고 보았다.[16] 자본주의는 자신의 실제 한계를 벗어나 새로운 축적의 시공간으로 확장해 나갈 때도 언제나 이 내부적인 한계를 짊어지지 않을 수 없다. 따라서 자본주의가 무척이나 홀연하면서도 예기치 않았던 미래로 이동하는 듯 보일 때조차도 자본주의가 창조해 낸 바로 그 잉여에서 무언가를 빼야 할 필요가 있을 것이다. 오로지 이 조건에서만 잉여 생명이라는 약속은 수익성이 있게 된다. 의도적인 폐기물 산출은 산업 시대와 탈산

---

16. 자본의 반생산성에 대해서는 Marx, [1857] 1993, 414~23쪽을 참조하라.

업 시대 모두에 걸쳐 공통된 자본주의적 명령이다. 이때 둘은 그저 시간성에서 차이를 보일 뿐이다. 산업 생산은 과거 유기체(탄소 기반 화석연료)라는 지구의 매장된 자원을 고갈시키는 반면, 탈산업 바이오생산은 생명의 미래 가능성이 지닌 잠재력을 없앨 필요가 있는데, 심지어 탈산업적 생산이 그 잠재력을 활용하고 있는 경우에도 그러하다. 이러한 반反논리counterlogic를 가장 잘 보여 주는 사례는 아마도 단종 기술 특허, 즉 식물의 재생산을 막는 기술의 사용일 것이다. 여기서 식물의 재생산 능력은 노동의 근원으로서 동원되는 동시에, "공짜로" 재생산이 이루어지지 않도록 의도적으로 제거된다.[17] 이러한 반反논리는 자본주의화된 바이오생산 사업 전반의 특징이기도 하다.

규칙과 규제 : 생명공학 혁명을 창조하다

미국에 기반한 생명경제의 출현을 필연적이라 보거나 심지어는 자본 진화의 구원적 순간이라고 보는 관점은 솔깃해 보인다. 많은 신자유주의적 신경제 문헌들이 바로 이 관점을 채택하고 있다. 그러나 미국 생명공학 산업은 위로부터의 일련의 매우 의도적인 입법적·제도적 결정들이 적극적으로 기르고 키워서 마침내 만들어 낸

---

17. [옮긴이] 소위 '터미네이터 기술'이라고 불리는 이 특허화된 단종 기술은 지속적인 종자 판매를 위해 씨앗의 재생산 능력을 1회로 제한하는 유전자 변형 기술에 기반을 둔다.

결과물이다.[18] 1970년대 중반 새로운 기술적 가능성이 생명과학 분야, 특히 분자생물학에서 출현하고 있었으나 당시 기술은 (많은 경우 현재까지도) 임상 혹은 현장 시험 및 상업화 단계까지 이르지 못했다. 이런 점에서 북미 생명공학 산업의 발명은 다분히 투기적인, 그러나 확고한 연방 정부 차원의 미래 예측으로 뒷받침된 전략의 결과로 이해할 필요가 있다. 실제로 생명공학 경제가 띄고 있는 약속이라는 특성은 그 자체로 레이건 시대 추진된 모든 개혁의 결과이다. 레이건 시대의 개혁들이 생명과학 연구의 본질을 변형시켰기 때문에, 미래의 생물학적 산출물에 대한 희망만으로도 생명공학 산업에 대한 투자는 계속될 수 있었다.

미국 경제가 위기이며 전환이 필요하다는 논의가 늘어났고 위기론에 대응하는 각 행정부의 반응이 생명공학 산업의 등장 과정에 반영되었다. 카터 행정부의 말기에 미국의 수익 저하 이면에 자리한 이유를 진단하기 위한 사립 기관 또는 정부 보고서들이 대거 출간되었다.[19] 전반적으로 이 보고서들은 침체의 원인을 이전의 두 정부가 과학 분야 지원을 소홀히 한 탓으로 돌리고 있다. 첫째, 필요한 지적 재산권 법의 부재로 일본과 같은 신흥 공업 경쟁국이 너무 쉽게 미국의 연구 개발 성과를 복제했고, 일본의 "포스트 포드주의"가 북미 포드주의 모델을 제압했다는 지적이다. 산업주의 황금기의 정점에서, 경쟁국들은 미국에서 유래된 발명품들을 낮은 비

---

18. 이 점은 Loeppky 2005에서 가장 강력하게 개진되고 있다.
19. 위기 담론에 대한 개괄 및 이 담론이 미국 과학 정책에 미친 영향에 대해서는 Dickson 1984 참조하라.

용과 더욱 높은 효율로 대량생산할 수 있게 되었고, 이 제품들은 다시 북미 국내 시장으로 물밀 듯 빠르게 쏟아져 들어왔다.

이러한 결과를 두고, 개혁의 지지자들은 그간 과학에 대한 연방 정부의 연구비 지원이 기술적 응용이나 상업적 결과물이 아니라 기초 연구를 지나치게 강조했다고 비판했다. 이들은 학술 과학과 개인 부문, 공공 연구 지원, 그리고 상업적 이해가 긴밀히 협력할 수 있도록 여러 부문 간 관계에 대한 발본적인 재정비가 필요하다고 보고, 특히 국가가 향후 과학 연구를 위해 어떤 역할을 해야 하는가에 관하여 다음과 같은 구체적인 권고를 제시했다. 정부는 연구 개발 부문에 대한 공공 연구비 지원을 과거처럼 높은 수준으로 되돌리되 연구 방향의 결정에는 간섭하지 않아야 한다. 동시에 정부는 사립 기관–대학 협력에 유인책을 마련해야 하며 상품 개발의 마지막 단계와 수익 창출 단계에 영리 기업이 참여하도록 장려해야 한다.

이에 대한 반응으로, 보고서들이 출간된 직후인 1980년에 출범한 레이건 행정부는 향후 수십 년간 미국에 기반을 둔 생명과학 연구를 위한 무대를 세우게 될 일련의 개혁을 실행에 옮겼다. 이후 즉각적으로 생명과학에 대한 연방 지원이 극적으로 증가했고, 덕분에 생명과학은 국방을 제외하고 미국 기초 과학 연구 분야 중에서 가장 많은 연구비를 받게 되었다. 미국은 현재 여타 OECD 국가들보다 더 많은 연방 예산을 과학 연구에 투입하고 있다. 그리고 전체 과학 연구 예산의 최대 60%가 생명과학 연구 사업 대다수를 지원하는 미국 국립보건원에 돌아가고 있다. 레이건 이후 생명과학에 대한 연구비 지원은 꾸준히 증가했다. 그러나 생명과학에 대한 이러한 관심 때문에 공중 보건이나 비영리적 의료 서비스로 재분배되어야 할 지원이 상업적 목적을 우선으로 하는 연구나 보건 서비스 그리고 영리 목적의 응용 분야에 사용됐다.[20]

연구 개발, 투자, 산업 정책은 1980년대 내내 개혁이 됐는데, 그 중 생명과학의 미래 방향을 형성하는 데 결정적인 영향을 끼친 몇몇 개혁을 추려낼 수 있다. 우선 1980년, 특허 및 상표권 수정법 (혹은 〈베이–돌Bayh-Dole 법〉)이 통과되어 이후 수십 년에 걸쳐 생명과학 연구 전체를 특징짓는 공공–사립 기관 간의 기업가적 동맹을 위한 무대가 마련됐다는 사실을 꼽을 수 있다. 그 후 공공 연구비가 투입된 과학 연구소나 실험실들은 연구 결과를 특허 등록할 수 있게 되었을 뿐만 아니라 특허를 내는 것이 거의 의무가 되었다. 처음에는 공적인 지원을 통해 이루어진 연구가 사적으로 이용 가능하게 되어, 특허권자가 거대 사기업에 배타적 특허 사용권을 양도하거나 합작 투자회사를 설립하는 한편, 스스로 창업을 선택할 수도 있게 되었다. 한편 〈베이–돌 법〉 덕분에 학계에 새로운 인물들이 등장했는데 바로 과학자–기업가들이다. 학자들과 벤처자본가들이 함께 공공 연구의 결과를 상업화할 수 있는 합작 투자 창업이라는 공공–사립 기관 동맹의 새로운 형태 또한 나타났다.

이들 공공–사립 기관 생명과학 동맹의 성공을 결정지은 주요

---

20. 이 모든 점에 대해서는 Zeller 2005를, 그리고 생명과학 기금의 재분배에 대한 상세한 내용은 Estes and associates 2001, 51~93쪽을 참조하라.

요소는 바로 본래부터 불확실성을 띤 고위험 투자의 등장이다. 여기서 미국은 경쟁국보다 상당한 이점을 누리고 있었다. 1970년대에 걸쳐 이루어진 은행업과 금융 시장의 탈규제화로 고도로 유동성을 띠게 된 주식 시장, 그리고 연금의 증권화 덕분에 거대한 규모의 자금이 조성되어 새로운 고위험 창업에 투자할 수 있게 된 것이다. 이렇듯 투기적 투자를 조장하는 분위기가 마련된 상태에서 미국은 금융상의 우위를 굳힐 수 있었다.[21] 미국 노동자들의 예금으로 넘쳐나는, 사유화된 연금 기금과 같은 거대 기관 투자가들은 1980년대 동안 새로운 법이 통과된 덕분에 자신의 보유 자산의 일부를 고위험 지분, 하위등급 채권("정크 본드"), 그리고 (생명공학에서 가장 중요한) 벤처 자본 자금에 투자할 수 있게 되었다.

첫 번째만큼 중요한 두 번째 개혁은 벤처기업들의 증권 시장인 미국 장외증권 시장, 즉 나스닥의 설립이다. 지난 수년간 손실을 낸, 내세울 만한 성과가 없거나 담보도 없는 고위험 신생 기업들이 전통적인 거래소가 아닌 나스닥에는 상장될 수 있었다. 이들 무수익 기업들에는 아직 상품화되지 않은 특허권 목록 등 넓은 범위에 걸친 무형의 투기적 자산까지도 기업 재무제표에 포함하는 것이 허용되었다. 이렇게 특허법은 생명과학의 혁신 분야에서 특히 미래의 약속에 근거한 시장을 제도화했고, 주식 시장 비즈니스 모델은 특허법의 진화와 발맞춰 작동하게 되었다. 유형의 자산이나 현실의 수익이 없는 상태에서 생명공학 신생 기업들이 내놓을 수 있는 것은

---

21. 이 모든 점에 대해서 Coriat and Orsi 2002, 그리고 Zeller 2005를 참조하라.

자신들이 아마도 만들어 낼 수 있는 미래 생명 형태에 대한 소유권 주장과 그로부터 발생할 추산 수익이었다. 결국, 이 개혁은 생명과학 투기를 − 사실은 합리적인 − 고수익 사업으로 탈바꿈시켜 약속의 장래 가치에 실질적인 형식을 부여했다.[22]

모든 종류의 생물학적 산출물 및 공정을 특허 신청이 가능한 발명의 범위로 통합시킨다는 장기적인 목표에 따라 기존의 지적 재산권 법 개혁이 이루어졌다. 바로 레이건 행정부 때였다. 그 이후 전 세계적으로 다양한 국가 및 지역적 수준에서 생물학적 산출물에 대한 특허법이 제정되었는데, 그중 미국의 특허법 모델이 가장 자유주의적이다.[23] 그런데 여기서 주의해서 살펴봐야 할 점은 WTO 같은 포럼들에서 추진된 국제 무역의 조건을 신자유주의화하려는 노력에 저항하여 위의 다양한 [미국 외 국가들의] 국내 개혁들이 이루어졌다는 사실이다. 법 이론가 수잔 셀(Sell 2003)도 말했듯이 미국 내에서, 자유화된 특허법을 위한 압력을 꾸준히 행사했던 사기업 이해관계자들은 이러한 국제적 상황에 맞서 자신들에게 극히 유리한 새로운 법을 국제적으로도 강제하기 위한 캠페인을 1980년대 내내 펼쳤으며, 1986년 〈무역 관련 지적 재산권 협정〉(이하

---

22. 생명과학의 약속에 대한 놀랍도록 대단한 분석으로 Fortun 2001이 있다.
23. 이는 부분적으로 발명과 발견에 대한 뚜렷한 구분이 미국 관습법 전통에는 없다는 점에 기인한다. 그러나 이는 또한 미국 정부의 노력 덕분이기도 한데, 레이건 시절부터 정부는 지적 재산권을 미국의 미래 경제에서 핵심 요소로 보고 열렬히 장려했다. 이를 위하여, 특허 및 상표권을 위한 특수 항소법원이 1982년 설립되었다. 이 기구는 지난 수십 년간 생물학적 특허의 홍수 현상에 꽤 책임이 있다. 이 점은 Coriat and Orsi 2002를 참조하라.

TRIPs 협정)으로 그 결실을 얻었다.

TRIPs 협정은 2장에서 다루는 만큼, 여기서는 다른 경쟁국들이 연구비를 줄이는 동안 미국이 생명과학 산업을 대대적으로 진흥할 수 있었던 특수한 상황에 대해서만 언급하고자 한다. 많은 논평가는 지난 수십 년에 걸친 전 지구적 금융 흐름에서 미국의 독특한 지위에 주목했다. 대부분 국가에서 투자의 결정, 특히 연구 개발 투자는 전 지구적 자본의 통제하에 놓이게 되었지만, 미국은 무엇보다 국방과 생명과학 연구 분야에서 씀씀이가 헤픈 국내 지출 프로그램을 홀로 추구했기 때문이다. 대부분의 OECD 국가들이 1990년대 동안 연구개발 기금 수준을 축소했으나 미국은 이와 반대로 움직였으며, 엄청나게 늘어난 연구비의 많은 부분이 NIH, 즉 생명공학과 제약 연구 예산 집행의 대표 기관에 쓰였다.[24] 세계 금융 흐름의 중심이자 세계에서 가장 큰 채무국이라는 그 독특한 지위 덕분에 미국은 1980년대 초반 이래로 생명과학 연구에 대한 지원을 아끼지 않을 수 있었다.

세계 경제 : 부채의 창출, 한계, 그리고 지구

지난 30년에 걸친 세계 제국주의의 기반 변화에 대한 저술에서 경제학자 마이클 허드슨(2003, 2005)은 미국이 금본위제를 폐지한

---

24. 이 점들에 대해서는 Chesnais and Serfati 2000을 참조하라.

후 어떻게 미국 국채, 곧 미국 정부가 발행한 부채를 국제 통화의 표준, 곧 미국의 권력이 보증한 증서로 변환하여 모든 국가의 은행이 일정 금액을 여기에 투자할 수밖에 없게 되었는지 설명하고 있다. 1971년 이전에 석유-달러-금본위제는 무한대의 국제 수지 적자를 감내할 수 있는 미국 정부의 능력을 보이는 증표로 기능했고, 외국 중앙은행들은 이 세계의 은행(미국 정부)에 남는 달러를 금으로 교환해 달라고 언제나 요청할 수 있었다. 그러나 금이 본위 화폐로서의 자격을 잃게 되자 모든 제도적 표준 또한 운명을 함께했다. 외국 은행들은 자신의 달러를 금으로 교환할 수 없게 되자 미국 재무부 채권 구매 이외에는 다른 대안을 찾을 수 없었다. 즉 달러를 잉여로 보유한 국가들이 남는 달러로 할 수 있는 일이란 오로지 한 가지, 바로 미국 재무부 채권을 구매하여 미국 정부에 대한 대출을 늘려나가는 그다지 반갑지 않은 처지를 받아들이는 것이었다. 허드슨 (2003, xv쪽)의 주장처럼 이 대출은 세계 경제 관계에 구조화되어 "영구히 상환 연장"을 요구하는, "상환할 필요가 없게 될" 채무가 되었다.

조반니 아리기(2003, 62~66쪽)는 미국이 이자율 정책을 도입해 전 지구적 금융 흐름을 달러 및 미국 시장으로 되돌린 1979년~1982년 통화주의자들의 반혁명으로 이러한 경향이 보다 강화되었다고 주장한다. 1990년대 미국의 경제 회생과 생명과학에 대한 막대한 연구개발 투자 실현은 이 변화를 통해 설명할 수 있다. 이에 따라 북미의 제국주의적 권력은 새롭고 역설적인 기반 위에서 재구축되었다. 2차 세계대전 직후에는 세계 최대 채권국으로 기능했던 미국이 이제는 최대 채무국이 되어, 끊임없는 외국 자본 투자의 유입에 기대어, 급상승하는 재정 적자를 지탱하고 자본 시장을 팽창시켰다. 이 과정에서 미국의 부채는 "세계사에 전무후무한" 수준으로 늘어났다(Arrighi, 같은 책, 70쪽). 1970년대 초반 시작된 이 과정에서 미국은 유효한 부채 제국주의의 중심, 즉 유형 준비금이나 담보가 지독히도 없는 세계 제국, 약속의 끊임없는 재생산이 주요한 관심인, 영구히 갱신되는 채무의 영원할 수 없는 중심으로서 자신을 지속시키는 제국으로 변화했다.[25]

채무가 세계적 차원에서 형성될 때 화폐는 어떻게 되는가? 세계에서 가장 강력한 권력이 영구적으로 갱신되는 부채의 유입을 통해서 자금을 충당한다면 제국주의는 또 어찌 될 것인가? 맑스의 입장에서는 부채로부터의 신용 창조는 자본주의적 망상의 가장 정신나간 형태이다. 맑스는, 바로 이 지점에서 자본은 자기 자신을, 자기증식하는 가치로 – 자기 재생력이라는 특징을 지닌 생명력으로 – 상상하기 시작한다고 지적했다.[26] 허드슨은 최근 미국의 부채 제국주의가 이러한 망상을 논리적 극한까지 끌고 갔다고 주장했다. 미국

---

25. 이 특유한 형태의 제국주의가 언제까지, 어떤 대가를 치르며 계속될 수 있을지는 의견이 분분할 논쟁 주제이며, 이 책은 이에 대한 어떤 예측을 해 보려는 시도는 아니다. 그러나 수출 과잉 국가들과 미국 예산 및 무역 적자 사이의 동반 상승효과가 세계 경제 관계에 구조화되었다는 점에 대해서는 일반적으로 합의를 이루고 있는 듯하다. 즉, 현 상태에서의 어떤 변화도 세계 체계적 차원의 결과로 이어질 수 있다.
26. 자본주의적 망상에 대해서 Marx, [1894] 1981, 466, 470, 515~17쪽을 참조하라. 국가 부채에 대해서 맑스는 다음과 같이 논평하고 있다. "심지어 부채의 축적이 자본 축적으로 나타날 수 있다는 점에서, 우리는 정점에 도달한 신용 체계가 수반하는 왜곡을 본다"(같은 책, 607~8쪽).

채권이 국제적인 화폐 표준으로 자리 잡게 된 것은 "자산 형태에서 차입 형태로의 화폐 진화의 정점"이라고 허드슨은 보았다(Hudson 2005, 17쪽).

맑스에게 이러한 진화는 생산의 자본주의적 양식에 애초부터 내재해 있던 경향의 연대기적 발전이 아니다. 채무의 역사적 재생산에는 온갖 종류의 제도적 제약이 있었지만, 자본은 부채 형태가 시공간 상의 모든 매개체로부터 자유로워지기 위해 분투하는 생산 양식을 대표한다. "화폐로서, 즉 부의 대표적인 일반적 형태로서, 자본은 그에 한계를 부과하는 장벽을 넘어서려는 끝없고도 무한한 충동이다. 모든 경계는 장벽이며, 또한 그래야만 한다"(Marx, [1857] 1993, 334쪽).[27] 다만 만약 최근의 부채 형태에 독특한 점이 있다면,

---

27. 여기서 나는 자본의 세계-팽창적 경향에 대한 맑스의 논평에 기반하여 추론하고 있다. 예컨대 『요강』에서 맑스는 "세계 시장을 창출하려는 경향은 자본의 개념 그 자체로부터 직접 주어진다"고 쓰고 있다([1857] 1993, 408쪽). 세계 질서에 대한 체계적인 맑스주의 이론은 없다. 그러나 맑스에게 세계 체계가 있다면, 이는 마르틴 하이데거(Heidegger, [1938] 1977), 로자 룩셈부르크(Luxemburg 1973), 그리고 칼 슈미트(Schmitt, [1950] 2003)가 각각 제시한 바 있는 훨씬 익숙한 세계의 이미지, 계량적인 제국주의적 공간, 그리고 전 지구적인 선형적 공간의 개념들과는 명백히 다르리라는 점은 분명하다. 부채로서의 자본의 맑스주의적 이해를 극단화하여 최대한 간략히 요약할 때 비계량적이고 비표상적인 시공간 개념화가 필요하다. 부채의 순간성은 표상적이라기보다는 창조적, 자동생산적이다. 더구나 『요강』에서 명백히 밝힌 바대로, 자본주의적 부채 형태는 모든 한계와 조정을 회피하는 경향이 있다. 부채의 자기 분화 양식은 변증법적이라기보다는 프랙털적이다. 따라서 이를 위해서는 시간과 물질에 대한 또 다른 철학이 요구된다. 대안적 철학에 대한 암시들은 맑스의 저작 속에서, 특히 루크레티우스와 에피쿠로스적 유물론에 대한 맑스의 변치 않은 관심에서 찾을 수 있다. 내가 보기에 부채에서 영감을 얻은 시간-물질의 철학은 앙리 베르그손과 질 들뢰즈, 그리고 일리야 프리고진과 이사벨 스텐거스 같은 과학철학자들의 저작에서 열매를 맺은 듯하다. 그리고 이들의 작업은 거부할 수 없이 매력적이면서 동시에 현상기술적인 방식이 아니고서는 활용하기가 (불가능하지는 않더라도) 어렵

그것은 단순히 미국의 제국주의적 권력과 부채 형태의 역설적인 연관만이 아니라 그 권력이 작동하는 생산의 수준에서 또한 발견된다. 오늘날 자본의 축적에서 중요한 것은 생물권, 즉 지구 그 자체 한계의 재생이다.

그렇다면 이는 단순히 경제적 현상이 아니라, 생태학적 현상이기도 하다. 정치경제학자들의 말을 빌리자면 우리는 지금 부채의 형태가 현재 과학으로 봤을 때 지상의 매장 자원이라고 할 만한 어떤 것과도 무관한 세상에서 살고 있다고 볼 수 있다. 자본의 약속의 현재 형태는 석유와 강하게 결합하고 있기 때문에 여전히 이 지질학적 비축물의 가치를 중요시하고 있기는 하지만, 이미 우리는 한계를 넘어 여분의 시간에 살고 있다.[28] 미국의 부채 제국주의는 석

게 되었다. 맑스의 창의적인 세계-시간 개념화에 대한 최근 논의는 장-뤽 낭시의 놀라운 2002년 연구에서 찾아볼 수 있다. 그는 "세계는 이제 표상으로부터, 그 고유의 표상으로부터, 그리고 표상의 세계에서 벗어났으며, 우리가 세계의 가장 최근의 결정(determination)에 도달했음은 부인할 수 없는 사실이다. 이미 맑스는, (비록 그의 저술에서 '생산'은 의심할 나위 없이 여전히 표상의 특성을 간직하고 있긴 하지만) 사람의 자기 생산의 전개로서의 세계에 표상으로부터의 탈출 처방을 내린 바 있다"(Nancy 2002, 38쪽, 프랑스어 원문으로부터 인용자의 번역). 그러나 내가 보기에 맑스 저작에서의 자기 생산 혹은 자동 가치증식이라는 문제는 부채와 부채가 지닌 폭력의 힘에 대한 보다 많은 연구를 필요로 한다. 낭시의 경우는 이러한 연구 없이 마치 부채 생산이 자기 자신을 해방하고 있는 양 최근 부채 생산에 관한 서술 비슷한 것을 제시하고 있다. 맑스와 거리를 두려는 낭시의 시도는 따라서 축적의 (헤겔적인 의미로) 악무한적인 개념과 "비등가적인, 혹은 축적 불가능한 것"의 집합적 생산 사이의 구분에 달려 있게 되었다(같은 책, 43쪽). 낭시의 항변에도 불구하고, 생산에 대한 후자의 이해야말로 잉여가치에 대한 맑스의 사고와 가장 밀접하게 부합한다. 맑스의 수학은 헤겔적이지 않다. 따라서 저항에 대한 질문은 훨씬 복합적인 특징을 띠게 된다.

28. [옮긴이] 미래에 실현 가능할 수익의 가치를 현재 상황에서 평가할 때 여전히 석유는 가치 평가의 참조점으로 중요하게 작동하고 있다는 지적이다. 그러나 또한 〈로마

유 매장량이 급박하게 고갈되고 있음이 명확한 상황에서 자신을 재생산하고 있다. 이렇게 불안한 상황을 부채질하는 것은 적어도 한동안은 자본이 지구의 실질적인 한계를 초과해 순전한 약속의 영역에서 자신을 재생산할 수 있도록 하는 부채 형태의 망상이다. 망상은 조증의 과잉생산과 극도의 피로, 과잉의 약속과 때 이른 노화의 극단을 오가며 작동한다. 채무는 결코 최종적으로는 이행되지 않으며 영속적으로 갱신되어야 하므로, 망상은 살 만한 현재를 최저한도로, 분기점으로, 곧 존재할 미래와 앞으로 실현될 과거 사이에 서 있는 지점으로 격하한다. 따라서 망상은 반드시 피해야 할 절대적인 한계로서의 현재와 충돌한다.

그러나 부채 형태가 항상 투기적 국면에만 머물러 있는 것은 아니다. 부채는 이미 약속이 현실화된 듯 보이기 위해 어느 순간에는 약속된 미래를 이행할 필요가 있기 때문이다. 이렇게 하여 부채 형태는 그저 약속이나 현실도피일 뿐 아니라 몹시 유물론적이기도 한데, 왜냐하면 부채 형태는 물질, 힘, 그리고 사물의 생산에서 자신의 약속을 물질화하고자 하기 때문이다. 결국, 그것이 하고자 하는 일은 현실로 돌아와 부채 형태의 축적된 약속 속에서 생명 그 자체의 재생산을 포섭하여, 부채의 갱신을 지구 위, 그리고 지구 밖 생명의 재생과 일치시키는 것이다. 부채 형태는 생물학적 자기 생산의 형태로 부채의 자기 가치 증식을 재생산해 내려는 꿈을 꾸고 있다.

클럽)의 보고서에서 우려했던 내용으로, 현재 우리는 지속 가능한 석유자원 소비 수준을 넘은 상태에서 살고 있다고 저자는 보고 있다.

한계 너머의 생물학 : 생명을 비표준화하기

이와 같은 시기에 생물학 그 자체 내에서 무엇이 생물학적인 재생산을 구성하는지에 대한 묵시적 이해가 빠르게 확장된 것은 우연이 아니다. 그 과정에서 생명의 재생산에서의 기술적 가능성 또한 극한까지 탐색 되었다. 20세기 전반부에 발전된 생물학적 재생산에 대한 지배적인 양식과 20세기 후반 및 21세기 초반에 새로이 떠오른 기술들 사이에는 비록 연속성이 있기는 하나 대략적인 구분은 가능하다. 모종 선택과 교배에서부터 동물 번식 의학에 이르기까지 현대 생명공학은 표준화된 생명 형태를 산업적 규모에서 재생산하는 데 우선적인 관심을 보였다(Kloppenburg 1988, Clarke 1998). 이들 과학은 유기체의 본질은 유성 생식을 통한 재조합을 거쳐 세대 간 대물림 된다고 보는 바이스만의 생식질 전달 패러다임으로부터 어떤 식으로든 영향을 받았다. 멘델 유전학의 통찰 및 인구 유전학에서 영향을 받은 공정 규모의 확장과 더불어, 바이스만 식 접근은 포드주의 경제의 여타 영역처럼 생물학적 재생산 또한 표준화된 대량 생산 요구에 부응할 수 있다고 보는 듯했다. 그러나 동시에 생명과학보다는 지화학적 과학 (석유 및 화학 기반 농업)의 가능성에 더욱 주목한 산업 생산의 주요 부문들에 비하자면 생물학적 재생산 그 자체는 주변부로 남아 있었다.

이러한 맥락 아래에서, 최근 생명과학의 놀라운 측면은 (1973년 재조합 DNA[rDNA]의 발명을 대략적인 전환점으로 삼자면) 바이스만-멘델주의 패러다임 및 생물학적 재생산의 산업양식 양측에서 부과하는 한계에 도전하고 있다는 점이다. 종종 표면화되곤 하는 쟁점은 바로 생명의 재생산 및 재생, 때로는 최소한의 생존의 한계에 대한 의문이다. 바이스만주의나 멘델주의에서 아마도 생물학적 세대 발생의 기본 원칙이라고 간주하는 유전 물질의 세대 간 수직적 이동은 참인가? 계통 발생적으로 봤을 때 미생물은 종간 경계와 유성생식을 약속해 주는 어떤 개체의 발달 초기 단계보다 열등한가? 아울러, 생명 번식의 생태학적 경계는 어디쯤인가? 생명은 지구의 표면, 정상적인 대기 및 생화학적 조건들, 그리고 특정한 온도 및 기압 수치 하에서만 살 수 있는가? 생명은 지구에만 한정되어 있는가?

당연하다면 당연하게도 생물학의 경계부, 혹은 생물학 경계 밖의 학문인 물리학, 지질학, 그리고 우주론 등도 이러한 질문들을 제기한다. 생명은 지구의 지화학적 한계에 제한되는가, 아니면 진화의 과정을 근본적으로 바꿈으로써 이들 조건을 변경하는 것도 가능한가? 물리 법칙은 생명이 전개될 수 있는 변수들을 온전히 지배하는가? 신진대사 및 환경을 변환시킬 수 있는 생명의 역량에 대한 인식이 높아짐에 따라 물리 법칙들, 특히 열역학 제2법칙은 어떻게 될 것인가? 산업 생산에 대한 함의는 무엇인가? 그리고 좀 더 추측을 더해, 진화와 지구의 미래를 이해하는 데 있어서의 함의는 무엇인가? 지구의 역사를 더욱 정확히 재고하려면 지화학적 용어 대신 생물권적 용어를 사용해야 하는가? 한 과학 비평에서 예리하게 지적했듯, 생명과학이 생물학적 존재의 일반 표준보다는 극단적인 현상에 더 많은 관심을 보이는 경우가 늘어나면서 생명 개념 자체가 극적인 탈표준화 과정에 놓이게 되었다(Rothchild and Mancinelli 2001, 1092쪽). 이러한 생명의 새로운 이론화는 생명을 기술적 자원으로서 동원하는 새로운 방식과 크게 다르지 않다는 사실이 중요하다.

유전학적 혁명을 이끌었다고 평가받고 있는 기술인 재조합 DNA의 발명에서 위와 같은 탈표준화의 과정을 가장 뚜렷하게 관찰할 수 있는 듯하다. 기본적으로 재조합 DNA 혹은 유전 공학을 통해 생물학자들은 박테리아 재조합의 과정을 유기적 생명 전체로 일반화할 수 있게 되었다. 박테리아는 움직이는 유전 정보의 요소들을 서로 교환할 수 있는데, 유전 공학이 키메라 개체를 창조할 때 바로 이 요소들(혹은 벡터들)을 사용한다. 전통적인 교배 방식은 생식 적합성 규칙에 따른 한계가 있지만, 재조합 DNA를 사용하면 종간, 그리고 속간 경계를 넘어 유전 정보의 서열들을 전달할 수 있다. 그 덕분에 식물과 동물의 DNA를 박테리아로, 그리고 그 반대로도 이전할 수 있다.[29]

재조합 DNA는 여러 측면에서 이전의 생물학적 생산 양식과는 다르다. 첫째, 생물학적 생산 방법 중 기록상 가장 오래된 사례 중 하나가 발효 같은 미생물학적 생명기술들인데, 재조합 DNA는 새로운 생명 형태를 창출하는 방법으로 박테리아의 특정한 재생산 과정을 활용한 첫 번째 사례이다.[30] 게다가 재조합 DNA는 유전 정

29. 재조합 DNA와 전통적인 육종 기법의 차이에 대한 논의는 Sapp 2003, 234~51쪽을 참조하라.
30. 이런 방식으로 재조합 DNA는 생물학적 과정, 즉 19세기 생물학에서는 병리학적인

보의 수직적 이전이 아니라 박테리아 재조합의 횡단적인 과정을 동원한다는 점에서 식물과 동물의 산업적 생산 양식과도 다르다. 재조합 DNA는 전통적인 식물 육종으로는 불가능한 정도로 포스트 포드주의적 생산의 특수한 요구, 즉 유연성과 변화의 속도에 적합한 기술이다.

또한, 실현 가능한 생명 형태로의 유전자 이식 개체의 생산은 미생물과 맹아적germinal, 혹은 유기체적organismic 생명 사이의 관계에 관한 이론적 이해에 흥미로운 영향을 미치고 있다. 유전자변형 곡물의 대규모 재배는 박테리아 재조합에 관한 새로운 연구 주제에 대한 흥미를 유발했고, 그 연구 결과 유전자의 수평적 이동이 생각했던 것보다 훨씬 광범위하게 자연에서 일어나는 현상이라는 점이 밝혀졌다(Miller and Day 2004). 이론 생물학자 린 마굴리스와 제임스 러브록, 도리언 세이건은 박테리아의 횡단적 재생산 과정을 무척이나 중요하게 여겨, 소우주의 관점에서 생명의 진화에 대한 재해석을 제안했다(Lovelock 1987, Margulis and Sagan 1997). 이들 이론가는 미생물이 살아 있는 개체의 가장 생명스러운lifelike 점을 대표한다고 보는 듯한데, 왜냐하면 미생물은 유기체 전체의 재생산을 제약하는 제한들에 그다지 속박되지 않기 때문이다.

생명과학의 다른 분야들 또한 지금까지 생명의 한계라고 믿었

관점을 통해서만 사고했던 감염을 활용하고 있다. 1960년대 초반, 미생물학자 르네 뒤보는 이러한 발전의 중요성을 예감하고, 질병의 세균 원인설이 몇 가지 지점에서 **창조적 감염론**으로 보완되리라고 예상했다. 달리 말하면 새로운 생명과학은 정상적인 것과 병리적인 것, 그리고 불모와 다산성 간의 경계를 근본적으로 재정의하는 변화를 초래한다고 본 것이다. Dubos 1961을 참조하라.

던 조건의 범위를 보다 확장해야 한다는 점을 밝혀내고 있다. 미생물 생산의 새로운 방식에 관한 연구에 더해 과학자들은 유기체들, 특히 고세균류^{archaea} 혹은 박테리아 같은 미생물들이 한때 유기체적 생명에게는 생존 불가능한 것으로 보이던 극한적인 환경에서도 살아남을 수 있다는 사실을 발견했다(Ashcroft 2001, Rothchild and Mancinelli 2001). 소위 호극성 균은 극한적인 지화학적, 물리적 환경을 견딜 수 있을 뿐만 아니라 심지어 그런 환경에서 번성하는 미생물들이었다. 지구의 지각 아래 깊은 곳, 심해, 그리고 이전에는 생명이 살 수 없다고 보았던 공간에서 미생물들이 발견되었다. 또 다른 생물들이 극한의 압력, 온도, 염도, pH, 그리고 심지어 방사능 환경 아래에서 발견되었다. 게다가, 생명은 산소와 빛에 의존한다고 가정되었지만, 이제는 어떤 미생물은 산소와 빛이 없어도 살 수 있다는 사실이 명확해졌다. 이들은 그 대신 망간, 철, 황을 사용해 암석을 분해하여 영양분 공급원으로 삼는다.

호극성 균의 발견으로 유기화학 분야에 새로운 연구 방향이 열리게 되었다. 예컨대 특정 미생물의 단백질 구조가 어떻게 끓는점에 가까운 온도에서도 유지되는지는 그간 알려진 바가 없었다. 한편 생물학적인 것과 지화학적인 것의 관계에 대한 기존 지식에도 의문이 제기되었다. 만약 미생물이 물질대사를 통해 무기물을 유기화합물로 전환할 수 있다면, 지구의 지질학적 진화에서 미생물의 역할에 관한 연구가 필요하게 된다. 생명은 환경적 니치^{niche}에 적응하는가, 아니면 그에 능동적으로 통합되어 환경을 변형시키는가? 이러한 이론적인 질문에 대한 답이 나오지 않은 상태임에도 앞질러 호극성 균 연구를 상업적 산출물로 연결하려는 움직임을 보이는 것이 최근 생명공학 산업의 전형적인 모습이다. 이 분야에서 쏟아져 나오고 있는 많은 문헌은 호극성 균 연구가 생물적 환경정화(미생물을 사용해 독성 폐기물질을 줄이거나 변환시키는 정화방식)의 2세대 기술을 위한 기반을 마련하게 되리라고 예상한다(Watanabe 2001).

이러한 작업 대부분의 지적인 맥락은 러시아 과학자 블라디미르 베르나드스키(1863~1945)가 최초로 제안하고 영국 대기화학자이자 가이아 가설의 주창자인 제임스 러브록이 1960년대 NASA의 우주 프로그램에 참여하던 당시 사용했던 "생물권"biosphere이라는 개념에서 찾을 수 있다. 베르나드스키는 생명이야말로 지구 및 대기의 진화에 가장 중요하고도 결정적인 영향을 미쳤다고 보았다. 따라서 지구 화학 및 그 법칙에 관한 연구는 종합적 시각으로 통합될 필요가 있었다. 바로 생물지구화학 말이다. 또한, 베르나드스키는 생명을 생명과학의 통상적인 정의보다 더욱 포괄적인 무언가로 이해했다. 그에게 생명은 생물권적인 것이었다. 생명은 미생물에서 인간에 이르기까지 지구에 거주하는 생물상쎄의 총체를 아우른다. 따라서 생명은 외부적인 지화학적 조건에 적응한다기보다는 자가 조절, 혹은 자가 반응적이며, 모든 생명 형태의 진화는 무엇보다 다른 생명 형태와의 관계에서 결정된다. 생물권적 수준에서 고려할 때, 생명을 규정하는 특성은 지구에 이미 존재하는 화학적 매장 자원을 능가하는 무지막지한 "공짜 에너지"의 잉여를 축적하는 능력, 다시 말해 태양 복사 에너지를 새로운 화학 합성물로 변환시키는 능력에 있다(Vernadsky [1929] 1998, 50~60쪽).

따라서 생물권적 진화의 시간적 방향을 특징짓는 것은 차이들의 점진적인 소멸이 아니라, 생명이 지구의 화학적 불균형을 불러일으켜서 발생하는 지질학적·화학적·대기학적 평형의 지속적인 교란이다. 이러한 관점에서 생명이란 본래부터 팽창적이다. 즉 생명에 있어 안정성의 장이란 엄밀하게 확정되지 않으며, 항구적이지도 않다(같은 책, 113쪽). 진화의 법칙은 엔트로피 감소가 아닌 복잡성의 증가이며, 진화가 보이는 특수한 창조성은 적응적이라기보다는 자기생산적이다.

미생물학자 마굴리스와의 공동 작업에서 러브록이 생물권이라는 논제를 꺼내 들었을 때, 이 두 학자는 진화의 원동력이 식물이 아니라 미생물의 세계에 자리한다고 재규정했다. 미생물 간 결합에 관한 최신 연구와 마굴리스 자신의 공생 이론에 기대어, 마굴리스와 러브록은 생물권적 진화의 일차적 원동력은 "소우주"microcosm라고 주장했다. 생물권이 자신을 조절하는 역량은 미생물의 대사 과정에 절대적으로 의존하고 있다는 것이 이들 작업의 핵심 명제(소위 가이아 가설)이다. 여기에서 출발해 마굴리스와 러브록은 성장의 생태학적 한계 명제와 깊게 연관된 폐기물과 재생에 대한 철학을 발전시켰다. 더욱 강한 환경오염 규제 요구에 대한 응답으로, 러브록은 폐기물의 생산은 생명의 에너지 변환 주기에 따른 필연적인 결과라고 주장했다. "오염은 종종 주장하듯 비도덕적 행위의 산물이 아니다. 그것은 살아 있는 생명의 필연적인 결과물이다. 열역학 제2법칙에 따르면 낮은 엔트로피 상태와, 생명 체계에서의 복잡하고 역동적인 조직화(이 또한 낮은 엔트로피 상태이다)는 오로지 외부 환경으로 저급한 산출물과 저급의 에너지를 배출함으로써만 기능할 수 있다."(Lovelock 1987, 27쪽).

러브록의 공저자인 마굴리스는 폐기물의 생산이 불가피하므로 미생물 진화의 역사는 파멸적인 공해 사건의 연속으로 바라보아야 하며, 그중 많은 경우가 최근 산업 폐기물로 인한 위협보다 훨씬 심각했다고 주장했다(Margulis and Sagan 1997, 99~114). 폐기물 축적은 특정한 생명 형태에게 치명적일 수는 있더라도 **생명 그 자체의 진화를 중단시킬 수는 없을 것**이라고 이들 이론가는 생각했다. 기실 생명의 계속된 진화는 — 생명의 혁신하는 능력은 — 환경 위기의 주기적인 파동에 깊이 의존하고 있다. 생명은 언제나 자신이 창출했던 이전의 성장 한계를 뛰어넘어 왔다. "과거의 격렬한 지질학적 사건이 **결코** 생물권의 총체적 몰락으로 끝나지 **않았다**는 점에서 '소우주'microcosm의 분명한 독특함이 드러난다. 마치 어떤 예술가에게는 고통이 아름다운 예술작품을 끌어내는 촉매가 되듯 광범위한 재난은 곧바로 주요한 진화적 혁신으로 이어지는 듯 보인다. 지구상 생명은 위협과 위해, 그리고 손실에 대해 혁신과 성장, 그리고 재생산으로 응답하고 있다…… 위기 때마다 생물권은 한 발 후퇴하고, 애초 문제의 경계를 타고 넘는 진화적 해답을 통해 두 발 전진하는 듯하다."(같은 책, 236~237쪽).

마굴리스, 러브록, 세이건의 저작에서 생물권 과학은 상당 부분 주장과 직관의 영역에 머무르고 있다. 그러나 다른 이론가들, 특히 복잡성 과학과 관련된 이들의 경우 자기 조직적인 체계의 동학을 사고하기 위한 보다 수학적으로 엄밀한 틀을 발전시켜 오고 있다. 일리야 프리고진과 이사벨 스텐거스는 1979년, 1984년, 그리고 1992년의 저술에서 물리-화학적 자연법칙과 생명 특유의 일시성 사이의 관계를 이해하기 위해 생물권 과학의 함의를 누구보다 면밀히 탐구했다. 이후 프리고진과 스텐거스는 좀 더 철학 지향적인 연구를 함께 수행했는데, 이 연구는 물리적 체계의 진화를 서술할 때 엔트로피 법칙의 보편성에 의문을 제기하고자 했던 프리고진의 이전 작업인 소산消散, dissipative 구조에 관한 연구에 뿌리를 두고 있었다. 프리고진은 열역학 제2법칙은 자연의 보편 법칙과는 달리 외부 세계와 물질 및 에너지 교환이 차단된 닫힌계에서만 유효하다고 보았다.

열린 구조, 혹은 소산 구조의 진화로 관심을 돌려, 프리고진은 물질과 에너지의 낭비적 소모(소산 혹은 쓰레기 생산)가 제2법칙이 서술하듯 가능성의 비가역적인 소모가 아니라 오히려 고도로 조직화되고 복잡한, 진화하는 구조의 탄생으로 이어진다는 점을 보여주려 애썼다. 그의 작업은 구조의 복잡화가 열린계의 예외가 아니라 오히려 규칙이라고 제안하고 있다. 엔트로피 법칙은 닫힌 세계에서는 여전히 유효하지만, 점증하는 복잡성은 소산 구조에서 지배적인 경향이다. 실험 환경을 충분히 넓힐 수 있다면, 복잡화에는 정해진 한계란 없다. 소산 구조는 연속적인 비평형의 문턱을 통과하며 진화하는데, 이 문턱을 지날 때마다 조직이 갈 수 있는 여러 경로 중 하나로의 분기가 강제로 일어나며 이 과정은 최초의 조건만으로는 예측 불가능하다.

프리고진의 독자적인 작업은 물리 과학, 열역학 및 화학을 배경으로 이루어졌지만, 그는 자연에서의 복잡성을 가장 잘 보여 주는 모델로 생물학적 과정을 특별히 언급하고 있다. "우리는 불안정성, 유동성, 그리고 조직화된 상태로의 진화를, 생명이 진화로 가장 극적으로 자신을 드러내는 일반적인 비평형적 과정이라고 본다"(Prigogine and Kondepudi 1998, 452쪽). 그리고 생물권 과학의 용어와 매우 흡사하게 프리고진은 지구가 열린 계, 소산적인 계로서 계속된 생명의 진화로 인해 평형과는 거리가 먼 방식으로 조절되고 유지된다고 보았다(같은 책, 409쪽).

프리고진과 스텐거스는 공저에서 물리과학과 생명과학의 관계를 재조명함으로써 복잡성 이론의 중요성을 역설했다. 19세기 과학이 다양성의 창조는 제2법칙을 거스른다며 생물학적 진화를 자연의 보편 법칙에 예외적인 경우라고 보는 경향이 있었던 반면, 복잡성 이론은 물리과학과 생명과학의 순서를 역전시켜 생명의 복잡화를 보편 법칙의 지위에 둔다. 여기서 생명의 개체 발생과 진화는 물리학 및 지화학적 자연의 일반 법칙에 대한 예외가 아니라 동적 과정 일반의 패러다임이 된다. "비가역적 과정에 대한 물리학의 맥락에서 생물학의 결과는……다른 의미와 다른 함의들을 띤다. 오늘날 우리는 생물권 전체나 그 구성 요소들, 산 것과 죽은 것들 모두가 전혀 평형적이지 않은 조건에서 존재한다는 점을 안다. 이런 맥락에서 생명은 자연적 질서의 외부에 존재하는 것과는 거리가 멀며, 자기 조직하는 경우의 궁극적인 표현으로서 등장한다"(Prigogine and Stengers 1984, 185쪽).

이때 프리고진과 스텐거스는 복잡성 과학이 19세기 경제를 추동한 산업 기계가 아니라 생물학적 발생과 진화의 법칙에 주목하는, "자연에 대한 새로운 정치경제학"을 요청하고 있다고 주장했다는 점이 중요하다(같은 책, 203~9쪽). 그들은 생물학적 과정의 생산성이 무기물적 자연의 생산성과는 근본적으로 다르다고 가정하고 있다. 산업적 기계는 소모와 수익 감소 법칙의 적용 대상인 반면, 생명은 가장 "생명스럽게도" 자기 조직화와 복잡성 증가의 법칙을 따른다. 산업 생산이 지구 상에 가용한 유한한 매장 자원에 의존하는 반면, 생명은, 마치 최근의 부채 생산처럼, 뚜렷한 시작과 끝이 없는, 계속된 자기 생산의 과정으로, 생명에서 생명을 싹틔우기로 이해할 필요가 있다. 따라서 프리고진과 스텐거스의 작업에서 생명의 시간 화살은 맬서스주의의 성장의 한계 테제에 반하여 복잡화의 일반적 원칙을 대표하게 된다. "역사의 종말은 없을 수 있다"고 프리고진은 주장했다(Prigogine and Nicolis 1989, 126쪽). 그러나 한계의 부재가 곧 프랙털 수학처럼 성장의 누진적이고 기하급수적인 연산을 의미하지는 않는다(Prigogine and Stengers 1992, 72~74쪽).[31] 즉 생명이 정해진 한계 혹은 평형점이 없이 진화한다는 점에서 생명의 복잡화에는 끝이 없다.

---

31. 프랙털 수학 및 이와 소산 구조의 물리학의 관계에 대한 유용한 소개 글은 Le Méhauté 1990을 참조하라. 프랙털은 "유한한 길이의" 곡선이 아니다. 즉, 정해진 한계가 없는 성향이 있는 곡선이다. 다른 심상을 동원한 용어로 표현해 보면, 프랙털은 끊임없이 불연속을 생산하는 곡선이다. 이러한 곡선들은 19세기 수학에서는 병적이라고 묘사되었다. 20세기 들어서 프랑스 수학자 브누아 망델브로가 이 곡선들을 정식화했다.

생명과학 전반에 걸쳐 복잡성 이론의 영향력이 증대하면서 진화론에서 격변론이 새로이 주목받는 대상으로 떠올랐다. 더디게 움직이는 지질학적 시간에 따른 다윈의 점진론을 대신해, 진화 이론가들은 대규모 멸종이라는 방식으로 진화에 간헐적으로 끼어드는 파국적 사건들에 점차 관심을 기울이게 되었다. 이 이론가들에게 생명이란 지질학적으로 극한적 환경에 거주할 뿐만 아니라 극한적인 파국적 사건의 연속에서도 생존한 존재들이다. 위기의 순간은 반드시 오지만, 언제인지 정확히 계산하기는 어렵다. 프랙털적인 불연속처럼, 위기의 순간은 통계적 사건의 표준 분포를 따르지 않는다(Bak 1996, Kauffman 1995, 2000). 기실 스튜어트 카우프만 같은 이론 생물학자는 그의 저작에서 파국적 사건은 생명의 복잡화 경향을 지속시키는 데 있어 매우 중요한 조건이라고 본다. 위기가 주기적으로 되풀이되는 가운데 생명은 진화하며, 새로운 생명의 창조나 생물학적 혁신을 위해 오래된 것들의 영구적 퇴출이 필요하다.

그렇다면 이 이론들에서 과연 "생명"이란 용어는 무엇을 의미하는지 질문할 때가 되었다. 생물권 이론가들인 마굴리스, 러브록, 세이건이 보기에 가혹하게 변화무쌍한 미생물의 세계에서야말로 생명은 가장 강력하게 자신을 드러낸다. 이들은 진화를 재독해하여 미생물적 생명은 성장의 모든 한계를 뛰어넘어, 즉 인류보다 오래는 물론이거니와 거의 아마도 지구의 종말보다도 오래 가리라는 확신에 찬 결론을 내렸다. "종의 존재 혹은 종의 소멸은 박테리아의 특성이 아니다. 비록 개별적인 박테리아의 죽음은 계속될 것이지만, 전 세계적인 유전자 교환 작용으로서 모네라 계[32]에 가해졌던 격심한 압력 덕분에, 이들은 자연적 생명공학물의 **빠른 교환**, 엄청난 인구 증가율, 그리고 가장 가혹한 행성 차원의 위기에서조차도 신진대사적 역량을 온전히 보존할 수 있는 능력을 갖추게 되었다"(Margulis and Sagan 1997, 275쪽).

궁극적으로 프리고진과 스텐거스의 작업은 한 발 더 나가 생명을 생-우주론적 원칙, 즉 보편적인 시간 화살로서 자리매김하고자 한다. 복잡성으로의 전환을 위해서는 우주론에 대한 전혀 새로운 접근이 필요하며, 그러한 새로운 접근에서는 생물학적 진화의 자기 조직화 과정을 우주적 시간의 핵심으로 보아야 한다는 주장이다. 프리고진과 스텐거스는 19세기 물리학자 켈빈 경의 쇠퇴의 우주론(우주의 열 종말로 이끄는 엔트로피의 힘인 열역학 제2법칙)을 복잡성 증가의 생-우주론적 법칙으로 대체하고 있다. 이에 따르면 우주론적 시간에는 시작도 끝도 없으며, 다만 일련의 격변론적 분기가 되는 사건들에서부터 우주들은 지속해서 재탄생한다. 프리고진과 스텐거스는 천문물리학자들은 아니어서 이들의 우주적 관점은 철학적 연역의 방식을 통해 제시되었지만, 복잡성 개념은 우주론에 실질적인 영향력을 발휘하기 시작했다. 논쟁을 몰고 다니는 우주론자 에릭 러너(Eric Lerner 1991, 394쪽)는 우주론 분야의 최근 동향을 하나하나 열거하며, "우주론적으로, 우리 우주처럼 적은

---

32. [옮긴이] 모네라 계는 세포핵이 없는 원핵생물을 통칭하는 개념으로서, 현재는 잘 쓰이지 않는 분류 개념이다.

양의 물질을 가진 우주는 절대 붕괴하지 않을 것이다. 열역학 또한 이 우주가 반드시 종말을 맞이하리라 보지 않는다. 프리고진은 우주가 도달하게 될 질서, 혹은 점증하는 에너지 흐름에는 타고난 한계가 없다는 점을 보여 주었다. 우리 우주는 총체적 평형이라는 '열 종말'에서 빠르게 달아나고 있다"고 지적했다.

이런 종류의 우주론적 사색은 아마도 예측적 과학의 바깥 궤도에 속한 것으로 보인다. 그러나 이러한 사색은 또한 NASA의 성과 중심의 우주 생물 프로그램 너머로 사고의 폭을 확장해 준다. NASA는 러브록을 고용했던 1960년대 이래로 외계 생물학exobiology에 연구비를 지원해 왔다. NASA가 화성의 생명체 탐사를 위해 1976년 두 대의 바이킹 호를 착륙시킨 일은 유명한 일화다. 1995년 NASA는 예산 삭감으로 인해 구조조정의 압박을 받고 있었지만, 이 분야의 프로그램을 "우주 생물학"astrobiology이라는 새로운 이름과 함께 중단하지 않고 유지할 수 있었다.[33] 당시 구조조정으로 인해 우주 생물학 프로그램 전체가 사라질 수도 있었던 상황이었지만, 생명공학 혁명의 가능성에 호의적인 한 관리 책임자의 도움으로 우주생물학에 다시 우선순위가 주어졌다. 그러나 삭제 새로운 상업적 기풍을 도입하고 미래 연구 방향의 야심 찬 비전을 공식화

---

33. NASA의 외계 생물학 및 우주 생물학 프로그램의 전체 역사는 Dick and Strick 2004를 참조하라. 이 프로그램에서 러브록의 역할과 가이아 가설의 착안에 관해서는 같은 책, 82~84쪽을 보라. 이 책에서 내가 주목한 이 프로그램의 최근 구조조정에 대해서는 특히 같은 책 202~20쪽을 보라. NASA 우주생물학 프로그램 내부에서 발전해 온 이론적 관점의 개괄은 미생물학자 찰스 커켈이 2003년 출간한 『불가능한 멸종』(Impossible Extinction)을 참조하라.

하라는 요구를 받기도 하였다.

1990년대 후반 일련의 회합을 통해 150여 명의 과학자가 초안을 작성한 이 미래 비전은 1999년 1월에 우주 생물학 20년 로드맵 출판을 통해 구체적으로 드러났다. 이 로드맵은 NASA의 예전 외계 생물학 프로그램이 표방한 바 있던 애초의 목표 두 가지를 되풀이했다. 바로 다른 행성에서의 생명 탐색과 지구 상 생명의 기원 이해가 그것이다(Dick and Strick 2004, 227~29쪽). 그러나 새로운 관점 하나가 추가되었는데, 이로 인해 NASA의 작업이 내포한 실천적이고 정치적인 결과들은 현저하게 변화했다. 물론 우주 생물학 프로그램은 그동안 해 왔던 대로, 자신들의 발견이 지구 상 생명의 역사에 어떤 중요한 의미를 띠고 있으리라는 희망을 품고 다른 행성에 현재 존재하는, 혹은 과거에 존재했던 생명의 발견을 추구했다. 그러나 이에 더해, 지구 및 그 밖의 곳에서 미래에 있을 생명의 진화에 대한 연구가 새로운 의무가 되었다(같은 책, 231쪽). 이를 위하여 NASA의 〈에임스 연구센터〉는 극단적인 생명 형태 및 미생물의 생물환경정화 연구에 대한 설계 및 지원에 더 많이 관여하고 있다. 추측건대 지구 상의 호극성 균에 대한 작업은 생명이 살기에 적합하지 않은 행성에서도 생명 존재의 가능성을 탐색하는 데 실마리를 제공할 것이다. 그러나 이 연구는 또한 지구 상에 생명이 계속 생존할 가능성을 탐구하는 데도 반영될 것이다. 총체적인 생태적 위기 문제가 인류의 존재는 물론이거니와 생물권 그 자체에 위협이 된다는 우려가 이 연구의 함의 중 하나다.

NASA의 연구 프로그램은 예측 방식, 즉 생존이 얼마나 가능할지에 대한 추측과 관련해서뿐만 아니라, 선제적인 기술적 개입의 관점에서도 이 문제에 접근하고 있다. 특정한 대기 및 지화학적 극한 상황 속에서 재생산할 수 있는가도 궁금하지만, 최후에는 극한 상황 속에서도 생존할 수 있는 생명을 만들어 낼 수 있는지 또한 관심사이다. 다시 말해, 어떻게 해야 한계를 넘어 생명을 재창조할 수 있을까? 우주 생물학에서는 외계 생물학의 현상을 분석해 미래를 예측하는 이전의 접근을 벗어나 기술적인 개입주의로 나아갔다는 점이 중요하다. 나아가 우주 생물학은 생명공학 혁명을 한 발 더 끌고 나가는데, 왜냐하면 이 생물학이 그저 특정한 생명형태의 재생산을 넘어서 보다 야심 차게도 **지구화하기**⎮terraformation, 다시 말해 전체 생명 세계의 창조, 혹은 생물권의 창조에도 관심을 두기 때문이다. NASA의 우주 생물학 프로그램의 역사를 연구한 스티븐 딕과 제임스 스트릭은 이러한 전환의 중요성을 다음과 같이 구체적으로 밝혔다.

> 지구, 그리고 지구 너머 생명의 미래에 대한 질문은 초기 외계 생물학에서는 제대로 제기된 바도 없으며 우주 생물학에서도 가장······미지의 영역으로 남아 있었다. 많은 과학자는 미래를 다루는 일에 익숙하지 않았다.······그런데도, 관심이 부족했다는 바로 그 사실 때문에, 새로운 의견과 중요한 발견이 제시될 가능성 또한 매우 높았다. 우주 생물학 로드맵이 발표된 만큼, NASA는 전 지구적인 문제들, 이를테면 빠른 환경 변화에 대한 생태계의 대응, 혹은 대기의 화학 및 방사능 균형과 생물권 사이의 관계를 통해 본

지구의 미래 거주성 등의 문제들에 상당히 이바지해야만 했다. 그것은 지구 너머에서 생명이 인간이 의도한 과정을 통해 진화할 수 있는지를 이해하는 데 특히 적합했다. …… 화성을 지구화하는 등의 문제는 기실 미래의 문제였지만 그렇다고 결코 덜 중요하지도 않았다. …… NASA의 미래 비전은 "이곳의 생명을 개량하기. 생명을 저곳으로 확장하기. 저 너머의 생명을 발견하기"였다(같은 책, 230쪽).

NASA의 우주 생물학 프로그램은 예측 과학과 (탈)산업주의적 응용 사이에서 중계적 역할을 맡기 때문에 중요하다. 최근 수년간 NASA는 호극성 균 과학, 생물적 환경 정화, 대체 연료기술 분야에 관한 연구 개발을 시작하고 지원하는 데 두각을 나타내게 되었다. 마굴리스가 지적했듯, 가이아 가설 또한 학계 과학 프로그램 및 연구비 경쟁의 장에서 자신의 자리를 찾아가게 되어 우주 생물학 및 지구시스템 과학이라는 더욱 존중받는 외양을 띠게 되었다(Margulis 2004).

이러한 제도화 경향을 고려했을 때 생물권 및 복잡성 과학의 정치적, 생태학적 결과는 무시하기 어렵게 되었다. 위의 이론들은 특히 지구 상의 혁명적 역사에 뿌리를 두고 있기는 하지만(Davis 1998, 15~16쪽), 최근 맥락에서 이들은 명백한 신자유주의적 반환경주의에 가담할 개연성이 높아 보인다(Buell 2003). 위와 같은 해석이 복잡성 이론가들의 의도와 상충하는 오해인지 아닌지 논의하는 일은 어찌 보면 논점과는 무관한데, 왜냐하면 정치경제학이 제공해 주는 본질적인 비판이 빠진 **생명 그 자체의**$^{\text{life as such}}$ 철학에는 **지금 이대로의 생명**$^{\text{life as it is}}$을 찬양할 위험이 그대로 남아 있기 때문이다. 자본주의적 관계가 생물학적 재생산의 영역에 집중적으로 투자해 놓은 지금의 상황에서 이러한 위험은 더 커지게 될 뿐이다. 프리고진과 스텐거스의 저술에서조차 그들이 주창한 자연의 새로운 정치경제학이란 신자유주의의 새로운 정치경제학의 다른 이름처럼 들리기도 한다. 비록 성장의 한계 이론에 대한 이들의 비판에는 논리적으로 흠잡을 데가 없지만, 생물권적, 그리고 나아가 우주적 차원의 생명 그 자체가 모든 성장의 한계를 극복하리라는 확신 이상의 실천적인 정치적 대안은 거의 제시하지 않고 있다.

제임스 러브록의 저작에서는 위와 같은 생명에 대한 확신이 모든 종류의 환경 규제에 대한 노골적인 반대 관점과 결합해 있는데, 이는 러브록이 화석 연료의 임박한 고갈에 대한 답으로 핵에너지를 공개적으로 옹호한 데서 극명하게 드러난다. 그러나 이들이 암묵적인 반환경주의자라는 점보다는 (그의 주장은 결국 국가규제에 대한 수많은 자유시장적 비판의 일부다) 그러한 견해가 생기론이라는 말로밖에 표현할 수 없는 관점에서 유래한다는 점이 더 놀라울 것이다. 우선 생명은 역엔트로피적이어서, 경제 성장은 그 종점이 없는 듯 보이기 때문이다. 그리고 우리가 시장에 대한 모든 국가의 규제를 거부해야 하는 까닭은 생명은 자기-조직화를 하기 때문이다. 이렇듯, 생기론은 생명의 진화를 자본의 진화와 같다고 보는 관점과 너무도 유사한 주장이 될 수도 있다.

이론 생물학자 스튜어트 카우프만(1995, 208~9쪽)은 자기 조절적인 경제 성장에 대한 고전 자유주의 이론을 새로이 나타난 격변론과 함께 보여 줌으로써 이 둘이 연계되어 있다는 점을 분명히 밝혔다. "애덤 스미스는 그의 저서 『국부론』에서 최초로, 보이지 않는 손이라는 생각에 대해 밝혔다. 개별 경제 행위자는 자신만의 이기적인 목표를 위해 행위하며 맹목적으로 모든 이익을 누리려 한다. 만약 선택이 오로지 개인의 수준에서만, '이기적으로' 더 많은 자손을 남기는 더 적합한 개체를 자연적으로 골라내 이루어진다면, 공동체, 생태계, 그리고 공진화^{coevolution}하는 계들에서 창발하는 질서는, 그리고 공진화 자체의 진화는 보이지 않는 안무가의 작품이라 하겠다. 우리는 바로 그 안무가를 구성하는 법칙을 찾고 있다. 그리고 우리는 그러한 법칙들의 힌트를 찾아낼 텐데, 왜냐하면 공진화의 진화로 인해, 공진화하는 종들은 내가 혼돈의 가장자리라고 부르는 구역에서 아슬아슬하게 균형을 잡아 질서와 혼돈 사이를 맴돌기 때문이다."

이어 카우프만(같은 책, 296~97)은 "더 큰 규모에서," "한 경제에서 지속적인 혁신은 아마도 이전의 핵심 특성에서 기본적으로 영향을 받는다. 새로운 상품과 서비스는 새로운 틈새를 창출하여 더욱 새로운 상품과 서비스로의 혁신을 추동한다. 각각은 성장을 촉발하는데, 바로 학습 곡선 혹은 새로이 열린 시장에서 개선의 초기 단계부터 수익이 증가하기 때문이다. 이 중 몇몇은 진정 슘페터식 '창조적 파괴의 돌풍'을 유발하여, 거대한 변화 속에서 수많은 낡은 기술들을 퇴장시키는 한편 수많은 새로운 기술을 출현시킨다. 그러한 변화는 증가하는 수익의 거대한 무대를 창출한다. …… 다양성은 다시 다양성을 낳고, 복잡성의 성장을 이끈다." 이는 파국적 생명 원칙, 즉 위기가 지배하는 무자비한 성장의 생물학적이고 경제학적인 법칙으로서의 자본주의를 찬양하는 철학이다. 카우프만과 같은 이론 생물학자들의 신자유주의적 감수성을 고려하면, 경제학자들 사이에서 복잡성 이론에 관한 관심이 늘어나는 것도 놀랍지 않다. 복잡성 이론가들이 자연의 새로운 정치경제학을 반기는 만큼, 경제학에서도 특정한 종류의 생기론이 재유행을 타고 있다.

한계 너머의 성장 : 새로운 자유방임주의

고전 역학의 평형 모델이 경제학을 지배한 지 수십 년이 지나고, 이제는 놀라운 기세로 생물학이 새로운 경제 성장 이론에 다시 그 영향력을 확대하고 있다. 진화 경제학의 새로운 학술적 접근,『비즈니스 위크』나『와이어드』같은 매체들이 신봉하고 있는 대중영합적인 신경제학 문헌들, 그리고 마이클 맨델이나 케빈 켈리, 조지 길더 같은 저널리스트들의 저술 등 다양한 맥락에서 생물학의 이러한 영향력이 뚜렷이 드러난다.[34] 일견 최근의 경향은 역학보다는 생물학 및 진화론에 더 영향을 받았다고 볼 수 있는 고전 자유주의 성장 모델의 귀환으로 해석할 수도 있다. 그러나 이

---

34. 진화 경제학 및 진화적 모델의 경제 이론으로의 귀환에 대한 개괄은 쿠르트 도퍼가 2005년 편집한『경제학의 진화적 기초』(*The Evolutionary Foundations of Economics*)를 참조하라.

전과는 다르다. 고전파 자유주의 경제학자 애덤 스미스는 경제를 하나의 평형 상태에서 다음 평형 상태로 진화하는 노동력의 다중 multitude이라고 보았는데, 이 균일론, 즉 성장이 평형 상태를 유지하며 이루어진다는 관점은 다윈의 자연의 정치경제학에도 영향을 미쳤다.

그러나 새로운 자유주의 경제학자들은 성장을 평형과 거리가 먼 상태에서의 진화 과정으로 이론화하려는 쪽이다. 이 경제학자들은 시장의 본질적인 자율성, 자기 조직화의 역량을 믿는다는 점에서 진짜 자유주의자들이다. 애덤 스미스의 평형 원칙, 자기 조절적 경제의 보이지 않는 손을 대신하여, 이들은 경제가 비평형적 조건에서 가장 생산성이 높게 진화한다고 주장한다. 신자유주의에서 '신'이 의미하는 바는 바로 자기 조직화하는 경제라는 개념에 지속적 위기의 필연성을 접붙이는 이들의 성향이다. (이 개념적 변동은 복잡성 이론과 뚜렷한 유사성이 있다.) 이러한 방향으로의 첫 걸음을 내디딘 시기는 신자유주의 핵심 이론가인 프리드리히 폰 하이에크가 1969년 무렵 자신의 자기 조직화하는 평형 모델 대신 생물학에서의 비선형적 발달 모델을 활용하기로 했을 때였다. "되먹임 (혹은 사이버네틱) 체계와 같은 생물학적 현상의 구성 요소들은, 그 안에서 물리적 구조들을 특정하게 조합하면 전체의 구조가 다른 구조와는 뚜렷하게 구분되는 특성을 띠게 된다. 그런 만큼 이렇게 상대적으로 단순한 생물학적 현상을 위해서도 역학의 일반 법칙을 서술할 때보다 훨씬 더 구체적인 서술이 필요하다"(Hayek 1969, 26쪽).

그러나 복잡성 이론과 연관된 수학적 모델의 확산 이후에야 비로소 위와 같은 생각들이 경제학자들 사이에서 어느 정도 신뢰성을 획득하게 되었다(Mirowski 1997). 그 과정에서 특히 한 민간 기관이 핵심적인 역할을 했다. 바로 〈산타페 연구소〉다. 1980년대에 〈산타페 연구소〉는 여러 종류의 성장의 과정을 밝히려는 목적으로 비선형적인 복잡계 이론을 발전시키는 데 흥미를 느낀 경제학자·이론 생물학자·진화이론가들의 치열한 의견 교환의 장이었다. 1987년 첫 학회가 "진화하는 복잡계로서의 경제"라는 주제로 개최되었고, 1990년대 후반에 같은 주제로 두 번째 학회가 열렸다(Anderson, Arrow, and Pines 1998; Arthur, Durlauf, and Lane 1997).[35] 이 학회에는 이론 생물학자 스튜어트 카우프만, 혁신 경제학자 브라이언 아서와 케네스 애로우 등을 포함해 소속 학과가 서로 다른 경제학자들, 자연과학자들이 모였다. 분과 학문의 차이에도 불구하고 학회 논문집의 내용은 상당한 의견 일치를 보였다.

이 모든 이론가에게 경제적, 그리고/혹은 생물학적 진화에 대한 복잡성 이론을 통한 접근은 몇 가지 기본적인 추정들을 수반하고 있는 듯 보인다. 첫째, 복잡한 체계는 평형과 거리가 먼 상태 혹은 카우프만의 용어를 빌리자면 혼돈의 가장자리에서 가장 잘 진화한다. 또한, 그러한 체계는 외부의 규제에서 자유로울 때 가장 생산적

---

35. 이 학회와 경제학 이론에 미친 학회의 영향에 대한 심층 분석은 Mrowski 1996을 보라. 또 산타페 인공 생명 이론과 새로운 경제학 사업 모델의 관계에 대해서는 Helmreich 2001을 보라.

으로 진화한다. 즉 복잡계는 자기 조직화를 선호한다. 마지막으로 비록 개별 복잡계에서는 추가적인 분화의 가능성이 결국 고갈되고 말지만, 복잡성 그 자체의 경우 진화의 본질적인 한계란 없다. 경제학에서처럼 자연에서도 복잡성 법칙은 위기의 주기적 순간에 의해 중단된 다음, 증가해서 되돌아오는 성과 중 하나다.

아마도 자연과학 및 경제학의 복잡성 이론가들이 가장 일반적으로 참조하는 내용은, 생물학적 모델이 그다지 유행하지 않던 시절에 혁신 경제학의 진화론적 이론을 발전시킨 오스트리아 경제학자 조지프 슘페터의 저술일 것이다. 1934년 슘페터는 오로지 생물학적 성장 모델들만이 경제학자들이 경제적 역동성의 역사성을 고려하고자 할 때 필요한 도구를 제공해 줄 수 있다고 보았다. 하지만 진화에 대한 그의 관점은 당대의 지배적인 균일론적 이론과는 거리를 두고 있었다. 슘페터의 예상에 따르면 생명과 자본의 진화는 폭력적이지만 동시에 궁극적으로는 그가 "창조적 파괴"라고 서술한 생산적인 위기의 순간들로 인해 단속적인punctuated 특성을 띤다. 기실 창조적 파괴 명제는 많은 점에서 그 후 진화론의 새로운 격변론을 예상케 하며, 또한 격변론을 이미 경제적 삶의 영역으로 전치시키고 있다. 슘페터는 혁신의 시간 화살은 필연적으로 "발작적"이라고 보았는데, 속박에서 자유로운 자본 주체의 성장은 난폭한 호황과 불황을 겪기 때문이다. 그런 만큼, 프리고진과 스텐거스(1984, 207~8쪽)에서 카우프만(1995, 296~7쪽)에 이르는 자연과학의 복잡성 이론가들이 마치 슘페터가 생명의 진화론 그 자체에 모델을 제공했다고 할 정도로 그의 작업을 참조한 것도 이렇게 보면 놀랄 일이 아니다.

한계 너머의 산업주의 : 생물적 환경정화, 에너지 미래, 그리고 생명경제

비록 복잡한 생물학 및 경제학적 성장에 대한 이론들이 학술적인 평행 우주들에서 발전되기는 했지만, 이들을 하나로 묶어내는 담론이 있다. 바로 생명경제학 담론이다. 2005년 OECD에서는 "생명경제학에 대한 정부의 광범위한 정책 의제 초안 마련"을 목표로 한 2개년 연구 사업을 출범시켰다(OECD 2005, 1쪽). 생명경제학이 "새로운 개념"이라며, OECD는 생물학적 생산성과 잉여가치 추출의 가능한 동맹을 잘 이끌기 위한 개념 정의를 시도했다. 여기서 생명경제는 "생물학적 과정 및 재생 가능한 생명 자원에 잠재해 있는 가치를 포착해 건강을 증진하고 지속 가능한 성장과 개발을 산출하는" 경제적 활동의 부분으로 정의된다(같은 책, 5쪽). 그러나 생명경제 개념은 OECD 보고서의 의견보다 더 오래된 역사가 있으며, 이 역사는 생명경제에 영향을 미친 특정한 정치적 이해관계를 잘 보여 준다.

생명경제 주장의 전제가 처음 마련된 분야 중 하나는 환경 과학이다. 『환경 담론의 정치 : 생태학적 근대화와 정책 과정』이라는 저술에서 마르턴 하여르는 규제주의적이고 반성장적인 〈로마클럽〉의 권고에 대한 대안을 제시하기 위하여, 생태학적 위기를 사고하는 새로운 방식의 출현을 그려내고 있다. 생태학적 근대화 주장은, 예방적인 규제를 할 필요도 없이 "경제적 성장과 생태적 문제의 해결은…… 조화를 이룰 수 있다"(Hajer 1995, 26쪽). 대신, 다양한 장려 시책을 펼침으로써 기업들이 생태학적 한계를 자신들의 회계 부문 전략에 내부화하도록 유도하여, 환경적인 해결책이 경제학적으로도 매력적인 답이 되도록 해야 한다고 제안한다. 이때 "자연 과학에서 비롯된 담론적 요소들"을 금전적인 신호들로 번역하여 그 두 가지가 상호 전환이 가능하도록 해야 한다(같은 책). 특히 생태학적 근대화는 공해 배출 거래 혹은 시카고 주식 시장에서의 생태학적 선물 판매 등처럼 우리가 그간 봐온 종류의 미래 지향적인 투자를 보다 장려한다.[36] 한 분석에 따르면 그러한 혁신에서의 관심사는 "무에서 유로의 가치 창조"인데, 이는 마치 부채의 발행이 "미래의 가능성보다 현재의 수익에 낮은 가치를 매겨" 무에서의 창조로 기능하게 되는 것과 같은 방식이다(Daily and Ellison 2002, 22쪽).

일군의 환경 과학자들은 나아가 생물학적 성장을 바로 생산의 기반구조와 통합시키는 전략의 채택을 추천한다. 대단한 대중적 주목을 받은 저술 『자연 자본주의』*Natural Capitalism*(1999)에서 폴 호큰, 에이머리 로빈스, 그리고 헌터 로빈스는 생명의 특별한 능력, 즉 자기-재생하고 "쓰레기를 새로운 생명으로" 탈바꿈시키는 능력

---

36. 이러한 혁신 및 그와 관련된 제안들을 보다 구체적으로 설명해 놓은 Dily and Ellison 2002, 그리고 Chichilnisky and Heal 1998을 참조할 수 있다.

이 산업 생산의 폐기물 문제를 해결하기 위한 수단으로 활용되는 경제적 미래에 대한 자신들의 비전을 그려냈다. 물론 이 논리는 석유화학 및 제약 생산을 생물화하기 위해 모든 종류의 방법이 시도되었던 재조합 생명공학의 초기 시기부터 이미 뚜렷했다. 화학 물질의 제조를 위해 변형된 미생물을 사용하거나, 인간에게 의료적으로 유용한 단백질을 혈액 및 우유에서 추출할 수 있도록 만들어진 약품용 생물 공장, 식물을 원료로 하는 플라스틱 생산, 생물적 환경 정화(변형된 미생물을 사용하여 유출된 석유 및 독성 폐기물을 정화) 등의 방법이 이미 시도되었다.

그러나 『자연 자본주의』에서 구상한 것은 이러한 바이오생산의 개별 사례가 전체 생명경제의 일부분을 이루며, "생체모방 bio-mimicry이……그저 특정한 제조 공정의 설계뿐만 아니라 경제 전체의 구조와 기능에까지 영향을 미치는" 미래상이다(같은 책, 73쪽). 여기서 새로운 경제학이 내놓는 성장의 정언명령과 함께하는 생물권 이론의 통찰은, 산업 폐기물조차도 잉여가치의 원료로 바꾸는 생명경제를 통해 우리는 모든 한계를 넘을 수 있다고 말한다. 『자연 자본주의』의 저자들의 간결한 표현에 따르면, "[자원resource이라는] 이 말)은 라틴어 레수르게레resurgere, 즉 '다시 일어나다'에서 나왔다"(같은 책, 196쪽).

생태학적 위기에 대한 이토록 어림짐작 식의 해법이 클린턴/고어 시대의 산물이라고 여긴다면 오산이다. 실제로 대부분의 미래학적 권고들이 명시적인 정책 목표로 번역된 때는 반환경주의로 악명 높은 부시 체제 당시였기 때문이다. 2004년, 미 에너지부의 과학국은 20개년 전략 연구 계획에서 환경의 정화 및 보호와 새로운 에너지원 창출을 위해 생물학적 공정이 빠른 속도로 개발되리라 예측했다(U.S. Department of Energy 2004; Carr 2005). 이 보고서는 생태학적 근대화에 대한 보다 경제학적인 계산만큼이나 가이아 가설 또한 상기시키는 표현을 채택하고 있었으며, 심각해진 에너지 위기에 대한 미래 해법의 자원으로서 미생물 및 생물권 진화의 역사를 지목했다. "진화의 수십 억 년 동안 분자, 미생물, 복잡한 유기체에서부터 생물권에 이르기까지 자연은 효율적으로 에너지를 포획하고 화학 반응을 정확히 통제하는 뛰어난 역량을 보유한 자신의 기계를 창조해 왔다. 이러한 체계에서 자연의 적응적인 과정이 현재 우리가 마주한 가장 어려운 몇몇 문제들에 대한 해답의 구상에 중요한 단서를 제공한다. …… 그러한 능력들은 에너지 생산, 환경 관리, 그리고 질병 진단 및 치료에 새로운 통로를 마련할 전무후무한 기회를 제공할 것이다"(U.S. Department of Energy 2004, 33쪽).

보고서는 특히 호극성 균의 잠재적인 산업적 응용에 대해 주목했다. 이 분야 연구를 통해 지금까지의 효소 기반 생물학적 공정은 세제 첨가제 같은 평범한 상품에서부터 중합효소연쇄반응PCR처럼 기초 생의학 연구 및 진단에서 중요한 기초 분야 기술까지 성과를 내고 있다. 또 독성 폐기물 정화용으로 호극성 균의 사용에 대한 예측도 많이 나왔다. 최근 이 분야는 과학 연구의 주변부에서 중심부로 상당히 이동하고 있으며, 미국 국립과학재단에서부터 에너지부와 NASA에 이르기까지 여러 기관이 여기에 적지 않은 연구비를 투입하고 있다. 셀레라 지노믹스[37] 설립자 크레이그 벤터 같은 인물도 에너지부가 지원하는 변형 호극성 균을 이용한 대안 에너지 원천 연구에 관여하고 있을 정도다.

그러나 생명경제라는 문제의식을 확고한 정치적 의제로 자리 잡게 만든 것은 바로 2005년 미국 〈에너지 정책법〉이다(Carr 2005). 얼핏 부시의 외교 정책의 전체 취지와는 충돌하는 듯 보이게도 이 법은 석유 공급에 대한 대외 의존도를 줄이고 대안적인 바이오 연료의 생산을 위한 국내 연구개발을 촉진해야 한다는 내용이었다. 이는 산업 생명공학 기술 분야에 의미 있는 부양책으로 해석되었다. 석유 회사들은 새롭게 확인된 석유 매장량이 감소 추세에 있다고 보고하고 산업 분석가들은 석유 생산이 이미 최대치에 도달했다고 예측하던 시기에 제정된 2005 〈에너지법〉은 석유 고갈이라는 산업 성장의 절대적 한계를 현실로 받아들인 미국 정부의 때늦은 노력을 상징한다.

이는 그저 석유 의존의 (맑스에 따르면 자본주의적 계산으로는 도저히 알 수 없는) 생태학적 결과에 대한 갑작스러운 깨달음 때문이라기보다는, 석유 의존의 전략적이고 경제적인 비용이 점차 가시화된 데 따른 대응이라고 볼 수 있다. 그리고 의심의 여지 없이, 연방정부 예산 투자 중 적어도 일부의 흐름을 화석 연료에서 바이오

---

37. [옮긴이] 인간 게놈을 최초로 해독하기 위한 사업에 뛰어들어, 30억 달러 규모의 공공 연구비가 투입된 인간 게놈 프로젝트 컨소시엄과 경쟁 및 협력한 것으로 유명한 민간 기업. 창립자 크레이그 벤터는 인간 게놈 프로젝트가 시작된 1990년대 초반 NIH 소속 과학자였고, 1998년에 셀레라 지노믹스 사를 설립해 당시까지 진행된 공공 부문의 지원을 받은 연구 결과를 활용할 수 있었다.

연료로 돌린 이 계획은 긴급한 여러 경제적 문제들로부터의 유력한 탈출로를 제공해 주었다. 중동에서 계속해 안정적으로 석유를 공급받는 데 드는 비용의 상승, 이미 세계 석유의 주요 소비자로 등장한 인도와 중국으로부터의 경쟁 압력 증가, 그리고 유전자 조작 식품 생산의 상대적 실패와 미국 농업에 수출 보조금을 유지하는 데 드는 외교적 비용 등이 바로 당면 문제들이었다. 더구나 미국의 농업을 장기적으로 연료용 곡물 생산 쪽으로 바꾸려는 목표는 떠오르는 중국의 경제력을 능가할 가능성이 있는 한 가지 방안이었다.

여기서 미국의 산업 및 외교 정책은, 미국이 지화학적 패러다임의 한계와 점증하는 고갈의 뚜렷한 신호를 극복하고 제국주의적 세계를 말 그대로 개조하게 될 방안들을 NASA 우주 프로그램의 맥락에서 발전된 예측성 방안과 함께 제시했다. 레이건의 "우주전쟁" 프로그램과 생명공학의 출발에 관해 보자면, 세계 금융 흐름의 중심지라는 미국의 위치 덕분에 가능했던 거대한 지렛대 효과로 인해 그와 같은 망상이 상상의 범위 내에 들어올 수 있었다. 이렇게 해서 생명이 새로 자기-재생하게 되리라는 꿈은 위태위태한 상태로 유지되어야 하는 미국 부채 사이클의 동력이 되었다.

그러나 환경 전략의 일환으로서 발의된 2005 〈에너지법〉에는 근본적으로 모순이 있다. 이 법은 창발하는 탈산업주의적 생명경제라는 대의를 옹호한다고 주장하고 있으나 동시에 온실가스 배출 감축이나 화석 연료에 대한 의존 문제에 대해서는 별로 하는 일이 없다. 에탄올과 원자력 발전의 이면에 자리한 강력한 사업적 이해에 대해서는 보상을 하지만 지열, 태양열, 그리고 수력 등 대안 에너지 연구의 지원은 삭감했다. 게다가 자신의 환경적 깨달음이 무색하게도 부시는 〈교토 의정서〉에 서명하기를 거부했다. 결국, 이는 생태학적 고갈의 비용을 만회하기 위해 미래에 기대를 걸고 있지만 동시에 현재에서는 폐기물을 더 많이 생산하는 전략이다. 바이오 기반 경제가 폐기물조차도 재생한다는 약속으로 산업주의와 연관된 모든 한계의 해결책을 제공하는 만큼, 현재의 경제는 아무런 걱정 없이 폐기물 생산을 계속 늘려나갈 수 있게 된다. 다시 말하면 부시의 〈에너지법〉은 생태적 위기의 극복만큼이나 위기의 영속화를 위해 설계된 것으로 보인다.[38]

그러나 이 모두가 그저 부시의 정치적 무능 때문은 아니다. 생명과학 생산이 자본주의적 축적의 대상이 된 만큼, 생명의 잉여라는 약속은 이에 상응하는, 생명의 가치를 하락시키는 움직임에 입각하게 될 것이다. 자본주의적 망상의 두 측면 – 결핍scarcity의 형태로, 한계를 넘기 위한 운동 그리고 한계를 다시 부과하고자 하는 요구 – 은 상호 구성적인 관계로 이해해야 한다. 어찌 보면 이 말은 자본주의의 반反생산적인 긴장에 대한 맑스의 설명을 달리 표현했을 따름이다. 오늘날 새로운 점이라면 자본주의의 긴장이 "그저" 전 지구적, 생물권적 규모로 발생하고 있는 만큼 지구 상 생명의 미래가 그 긴장에 연루되어 있다는 점이다. 자본주의적 생산 양식이 역사상 처음으로 문자 그대로 지구의 한계를 시험하기 시작한 때와 지구화하기terraformation의 꿈이 나타난 때가 일치한다는 사실은 그저 우연

---

38. 〈에너지 정책법〉에 대한 구체적인 대응을 보려면 Goozner 2006을 참조하라.

이 아니다. 멸종률이 증가하고 있는 때에 생명과학이 새로운 형태의 생명을 발명하리라고 약속하고 있는 상황 또한 그러하다. 정치적 문제는 두 층위로 이루어져 있다. 우리는 어떻게 다가오는 잉여 생명에 대한 대대적인 자본주의화를 거부하면서 고갈, 멸종, 그리고 생존 가능성의 평가 절하에 맞설 수 있을 것인가? 그리고 어떻게 결핍의 정치[39]를 용인하지 않고도 지구의 실질적 한계 너머로 움직이려는 집요한 압박에 대응할 수 있을 것인가?

현재 우리는 예정된 석유 고갈과 생물학적 재생의 약속, 석유화학적 축적 양식과 생물권적 축적 양식 사이의 접점에서 살아가고 있다. 따라서 효과적인 생태학적 저항 정치는 둘 모두에서 이루어져야 한다. 미국에는 이미 석유 의존의 정치를 둘러싸고 많은 조직이 설립되어 있다. 동시에, 현재 생물학적 재생 경제의 약속 안에 자리하고 있는 결핍의 새로운 형태를 찾아내 선취하기 위해서는 한 발 앞서나가는 대응이 긴요하다. 오늘날 국제관계 이론가들은 환경적 결핍이 갈등과 난민 운동의 주요한 원천을 구성하게 될 미래에 대해 심사숙고 중이다. 석유 고갈의 절박성은 이슬람과 복음주의 근본주의자들 모두를 고무하는 천년왕국설과 연결되기도 한다. 그런 만큼, 기술 유토피아론자나 생존주의자에게 해답을 구하지 않는 생태학적 논쟁의 정치를 공식화하는 일이 시급하다.

---

39. [옮긴이] 여기서 결핍의 정치(the politics of scarcity)는 자원의 결핍을 이유로 삼아 지구의 한계를 극복하는 성장으로 나아가야 한다는 주장을 펼치는 경우를 가리키는 듯하다. 다만 '결핍의 정치'라는 표현 자체는 자원의 고갈이 현재의 정치 체제의 변동을 필수적으로 요청하게 된다는 사유 또한 포함하고 있다.

최근 성장의 생물권적 한계에 대한 앞의 주장이 다른 주장으로 대치되는 현상을 볼 수 있다. 〈로마클럽〉이 지구 상 생명에게 임박한 한계를 경고하고 진화이론가들이 인류의 종말에 대해 추측했지만, 같은 현상이 이제는 인간적·생물학적·환경적 안보의 용어로 공식화되곤 한다.[40] 즉, 생물학적 결핍에 대한 관리가 경제적 계산에서 군사적 관심의 영역으로 이동하고 있다. 이 장에서 나는 생물권의 생태학적 문제와 관련된 최근 자본주의의 동학을 살펴보았다. 다음 장에서는 감염병, 생의학, 그리고 약품의 정치학을 다룰 텐데, 왜냐하면 생명의 잉여에 대한 신자유주의적 약속은 이와 상응하는 생명의 가치 절하에 근거하고 있다는 점이 가장 명확하게 드러나는 곳이 바로 전 지구적 공중 보건 영역이기 때문이다. 또한, 이 영역에서 안보 담론에의 호소가 점차 뚜렷해지는 경향을 볼 수 있다.

---

40. 이 점에 관해서는 Pirages and Cousins 2005를 보라.

2장

제약 제국에 관하여

AIDS, 안보, 그리고 악령 쫓기 의식

정확히 언제부터 그것이 **복합적인 인도주의적 비상사태**로 규정되었는지, 누가 그러한 명명을 했는지는 명확하지 않지만, 1990년 들어 이미 많은 재난 전문 관리자들이 그 용어를 사용하기 시작했다.

— 앤드루 나치오스, 『미국의 대외 정책과 인류의 4대 재해』[1]

1980년대 동안 국제 정치계에서는 새로운 합의가 서서히 나타나게 되었다. AIDS의 대유행은 (조녀선 만이 이끌던 유엔 AIDS 위원회의 의도와는 달리) 전 지구적 공중 보건 문제라기보다는, 다가올 21세기의 두드러진 안보 위협으로 인식되었다. 그 모든 성적^{性的}·사회적 복잡성에서 AIDS는 군사적 비상사태로서 다루어지게 될 것이었다. 이러한 방향으로 AIDS를 재구성하게 된 첫걸음은 2000년, 과거에는 보건 문제에 둔감했던 유엔 안전보장이사회에서 아프리카에서 점증하는 AIDS의 충격을 새천년의 첫 회의 의제로 다루면서 시작되었다. 이때를 즈음해, 자국의 이해에 따라 미국에서는 감염병의 국가 안보적 함의에 대한 두 편의 보고서가 발간되었다. 그중 한 보고서에서 국가정보위원회는 "새로운, 그리고 다시 출현한 감염병은 전 지구적인 보건 위험으로 떠올라, 향후 20년 이상 미국과 지구적 안보 문제를 복잡하게 만들 것"이라고 경고했다(National Intelligence Council 2000, 1쪽). 한편 화학 및 생물학적 무기통제연구소와 전략적 국제학 센터가 공동으로 발간한 보고서는 탈냉전 시대에는 국경을 넘나드는 전염병이 제1의 국제 안보 위험으로 등장할 것이라 예측했다(CBACI and CSIS 2000).[2] 두 보고서 모두 HIV/AIDS가 사하라 이남 아프리카 지역에서 급속하게 퍼지고 있다는 점을 특히 강조했다.

되돌아보면, AIDS의 안보 문제로의 전환은 갑작스레 이루어

---

1. Natsios 1997, 1쪽.
2. AIDS의 안보화에 대한 구체적인 비판적 반응들은 Elbe 2005를 보라.

지지는 않았다고 반박할 수 있다. 1990년대 동안 전쟁과 인도주의적 개입, 공중 보건 위기와 군사적 긴급 상황이 서로 융합되는 경향 속에서 이루어진 전략의 광범위한 재정의가 AIDS의 안보 문제화와 궤를 같이한다. 이러한 발전에서 중요한 사실은 이제 주권 국가 간의 선전포고가 아니라 소위 복합적 비상사태로 탈냉전 시대의 군사적 위협의 패러다임이 전환했다는 공감이 퍼졌다는 데 있다. 내부로부터의 국가 붕괴, 필수적 공공 기반구조(위생시설·물·전력·식품 공급)의 와해, 감염병의 유행으로 특징지어지는 자연재해 혹은 인재가 바로 그러한 복합적 비상사태들이다.[3]

현대적 제약 산업 덕분에 새천년이 시작할 즈음이면 감염병으로 인한 사망은 거의 모두 사라지리라던 오래된 믿음에도 불구하고, 감염병은 다시 돌아왔다. 생의학의 약속과 설명하기 어려울 정도로 집요한 감염병의 영속성 사이의 엄연한 불일치는 AIDS의 경우에서 가장 잘 드러난다. 1980년대 후반 AIDS 치료제가 처음 개발된 후, 1990년대 중반에는 강력한 항레트로바이러스ARVs 치료제가 개발되어 이 최신 감염병 또한 기적의 약물로 대표되는 거침없는 진보에 굴복하리라는 인상을 주었다. 이제 소득 수준이 높은 국가들에서 AIDS는 다른 많은 질병처럼 평생 제약 산업에 의해 관리되는 만성질환으로 변모했다. 그러나 이제는 AIDS 치사율을 상당히 감소시킬 수 있음에도 불구하고, AIDS를 사망 선고에서 만성

---

3. "복합적 비상사태"의 정의 및 미국 대외 정책에서의 함의에 대해서는 Natsios 1997을 보라.

질환으로 바꾸겠다는 약속은 많은 개발도상국에서 현실화되지 못했다. AIDS에 걸리는 사람이 점차 늘어나고 있는 사하라 이남 아프리카의 경우 특히 그러하다. 남아프리카공화국의 경우 15세에서 40세 사이 인구 중 5백만 명이 HIV/AIDS 감염자로 추정되는데, 이는 단일 국가로는 최대의 감염 규모이다. 이들 중 극히 소수만이 새로운 항레트로바이러스 치료를 받을 수 있다.

그러나 위와 같은 자명한 현실과 자국 안보 자문가들의 권고에도 불구하고, 미국은 남아공 정부가 AIDS 유행을 비상사태로 규정하는 것을 막는 데 최선을 다했다. 1990년대 중반부터 아파르트헤이트의 종말과 항레트로바이러스 치료제의 도입이 시작된 분수령의 10년 동안 미국은 남아공 정부가 비상사태 법 조항을 활용하지 않도록 설득했다. 왜냐하면 비상사태 선포 시 정부는 저렴한 비용의 복제 약품의 수입에 관한 WTO 규정을 무효로 할 수 있기 때문이다. 1990년대 중반 이후 의약품 거래에 대한 국제법을 효과적으로 감독해 온 WTO는 AIDS 확산 같은 복합적인 비상사태의 예외성을 인지하고는 있다. TRIPs 협정의 31조에 따르면 특허가 있는 약품의 사용은 "국가적 비상사태의 경우, 혹은 여타 극히 긴급한 상황에서" 허용된다.[4] 이러한 종류의 예외 조항은 특허법 제정 시 드물지 않게 도입된다. 미국 정부만 해도 훨씬 광범위한 강제 실시권을 보유하고 있으며, 사실상 임의로 시장 독점을 무효로 할 수 있다.[5] 그러나 미국 및 유럽 여러 나라의 정부들의 전폭적인 지원으로

---

4. WTO, 1996 (http://www.wto.org/english/tratop_e/trips_e/t_agm3_e.htm)을 보라.

1998년 41개 제약 기업들이 넬슨 만델라를 피고로 남아공 정부를 제소했다.

이 재판에서 제약 기업들은 보건부 장관의 재량으로 병행 수입이나 강제 실시권을 통해 예산에 맞는 약품을 조달할 수 있도록 한 1997년 〈남아공 약품 법〉에 이의를 제기했다.[6] 해당 법은 특허법에 대한 WTO의 합의를 위반한다는 주장이었다. 제약 기업들은 이 법이 잠재적인 신흥 시장을 박탈할 뿐 아니라, 향후 유망한 개발도상국 시장 전체에 특허 침해라는 나쁜 선례를 남길 위험이 있다고 지적했다. 공중 보건을 이유로 한 남아공 정부의 개입에서 아마도 가장 걱정스러운 점은, 가장 수익이 많은 시장인 미국에서 제약 산업이 누려온 턱없이 높은 약품 가격에도 의문이 제기될 위험이었을 것이다. 자국의 가장 수익성이 높은 산업을 대리하여, 미국 정부는 만약 이 법이 폐지되지 않는다면 무역 제재를 가할 것이라고 경고하는 등 이 소송의 막후에서 자신의 영향력을 충분히 발휘했다.

AIDS 바이러스의 최근 역사를 통해 신자유주의적 혁신 정치에 대해 무엇을 배울 수 있는가? 신자유주의는 어떻게 생명의 가격을 결정하려 시도하고 있는가? 이러한 가격 결정 전략은 전 지구적 규모에서 어떻게 작동하고 있는가? 여기서는 1장에서 개괄했던 부채 관계의 이면을 탐색하고자 한다. 미국이 영구적으로 갱신되는

---

5. 이 점에 관해서는 Resnick 2002를 보라.
6. 강제 실시를 통해 국가는 특허권자의 허가 없이도 국내에서 해당 약품을 생산할 허락할 권한을 가지게 된다. 병행 수입을 통해서는 국가가 약품의 원 생산자와의 직접 계약 협상 없이 가장 싼 국외 시장에서 약품을 수입할 수 있다.

부채의 기반 위에서 제국주의적 권력을 재구성할 수 있었던 바로 그 시기에 많은 개발도상국은 청산 불가능한 수준의 부채에 시달리게 되었다. 여기서 나는 채무 예속의 거시 정치가 어떤 방식을 통해 노동, 섹스, 감염의 새로운 지리학을 창출하고 질병의 역학을 수정하여 몸에 대한 일상적 미시 정치에 영향을 주었는지에 주목한다. 그리고 여러 아프리카 남부 지역 국가들의 부채 위기와 함께 떠오른, 그리고 부채 위기로 인한 사회 갈등을 결국 범죄화하는 새로운 안보 담론을 살펴보고자 한다. 어떻게 AIDS를 안보 문제로, 새천년의 현저한 안보 위협으로 재정의하는 일이, 그것도 심지어 논리적으로 가능하게 되었는가? 그리고 안보와 전염병에 대한 우리 이해에 이는 어떤 영향을 주었는가? 인간 혹은 생물학적 안보 담론을 통해 오늘날 제국주의적인 생명정치 관계의 본질에 대해, 이를테면 복지 국가와 개발주의의 생명정치와 비교해서, 무엇을 알 수 있는가?

지금까지 나는 오늘날 생의학 및 제약 연구에 영향을 미치는 제국주의적이고 전 지구적인 이해관계를 비판했다. 그러나 남아공의 AIDS 확산의 경우 탈식민 국가의 내부 정치 및 아파르트헤이트 시기의 공중 보건 역사와의 양면적 관계에 의해서도 수렁으로 빠져들었다. 여기서 가장 흥미를 끄는 대목은, 심지어 제약 연합에 맞선 법정 싸움에서 결정적인 승리를 거둔 다음에도, 남아공 정부는 저렴한 비용의 복제 약품을 수입할 수 있는 비상사태 조항의 적용을 거부했다는 사실이다. 민족주의적인 반제국주의 투쟁으로 남아공 정부와 여러 NGO가 전 지구적 제약 산업에 맞서 연합하는 듯 보였으나, 그와 동시에 정부가 내부의 반체제인사들 (특히 〈치료행동캠페인〉Treatment Action Campaign, TAC) 및 전 세계 AIDS 활동가들을 적대시하면서 그 연합은 전쟁의 혼성적이고 초국적인 활동영역들로 흩어져 버렸다. 2003년, 전국 선거가 가까워 오자 마지못해 남아공 정부는 정책을 되돌리는 결정을 내려 2008년까지 항레트로바이러스제를 사용 가능토록 하겠다고 약속했다.

타보 음베키 대통령 자신이 권력과 공중 보건 사이의 연결을 또렷하게 인식하고 있었음에도 남아공 정부가 치명적인, 심지어 대량학살적인 AIDS 부정론을 지지한 까닭을 도대체 어떻게 해석해야 할까? 왜 음베키 대통령은 결국 미국 정부의 의견을 따라 AIDS를 국가적 보건 비상사태로 선포하지 않았을까? 그리고 이는 남아공 정부의 안보 정책과는 어떻게 연결되었나? 이들 질문에 충분히 답하려면 음베키 같은 신민족주의자들의 정체성주의적 정치가 신자유주의적 제국주의에 맞서 가장 비타협적인 도덕적 전쟁을 선포하던 때조차도 신자유주의적 경제 정책 강령과 야합할 수 있었던 방식에 대한 이해가 필요하다. 비상사태를 둘러싼 전 지구적 정치가 남아공에서는 악령 쫓기의 미시 정치에 반영되고 있다. 초국적인 노동 시장과 국가 사이, 그리고 시장과 가족 사이의 경계에 어쩔 수 없이 아슬아슬하게 서 있는 자들의 신체와, 그 두 경계 모두를 벗어날지 모르는 자들의 신체는 적대감의 십자 포화 속에 놓이게 된다. HIV 바이러스가 압도적으로 이성애자에 의해 전파되는 상황에서, 미등록 이민자와 성매매 여성의 신체는 신자유주의적 생명정치에서 해소 불가능한 긴장을 의미하게 되었다.

TRIPs와 새로운 제약 제국주의

전체 인구의 건강과 생존에 지대한 영향을 미치는 법안인 TRIPs 협정은 1996년 새로이 결성된 WTO의 회원국들 사이에서 놀랍도록 논란 하나 없이 서명·통과되었다.[7] TRIPs는 향후 수십 년간 약품, 유행병, 그리고 건강을 둘러싼 전 지구적 운동과 투쟁의 지형을 형성할 20세기 가장 포괄적인 지적 재산권 협정이다. 협정은 21세기의 가장 유망한 두 가지 신기술인 디지털과 생명공학에 주목하여, 미래 "지식" 산업의 사유화를 위한 전례를 제공하고 있다. TRIPs 협정은 특허뿐만 아니라 저작권·상표·지리적 표시·산업디자인에 이르는 모든 종류의 지적 재산권을 포괄한다. 협정은 지적 재산권 법 분야에서 최신의 혁신, 즉 소프트웨어 코드와 특정한 생물학적 발명까지도 포함하고 있다. 전 세계 국가 대부분이 WTO의 회원국이거나 혹은 회원 지망국인 만큼, 이 협정은 효과적으로 전 세계적인 범위의 규제가 되었다. 아마 가장 중요한 점은 TRIPs 협정이 미국의 가장 수익성이 높으면서도 정치적으로 영향력이 강한 산업, 거대 제약사들의 터무니없는 약값을 보편화한다는 데 있다.

무역 협상을 위한 우루과이 라운드에서 미국, 유럽, 일본 대표들은 막바지 성립 단계에 있는 TRIPs를 전폭적으로 지지했다. 그러나 애초에 협정은 로비스트로 구성된 아주 작은 사립 단체의 아

---

7. TRIPs 협정의 뒷이야기는 Sell 2003, 그리고 Drahos and Braithwaite 2002를 보라.

이디어로 출발했다. 〈지적 재산권 위원회〉(이하 IPC)라는 이름으로 모인 이들은 모두 북미 대륙의 제약, 소프트웨어, 그리고 연예 산업의 사장들이었다.[8] 협정이 최종 승인에 이르는 수년 동안 IPC는 엄격한 지적 재산권 법의 전 지구화가 미국의 경제적 문제를 푸는 길이라며 미국 기업언론, 대중, 그리고 의회를 설득하기 위해 열렬하게 활동했다. 이들의 주장은 단순했다. 미국 경제 쇠퇴의 궁극적 이유는 혁신에 뒤따르는 지적 재산권을 통해 얻어야 할 수익을 지난 수십 년간 받지 못했기 때문이라는 것이다. 이를 증명하기 위해 이 단체는 엄청난 양의 통계를 생산하여, 미국이 전 세계의 위조범에게 거저 줘버린 것으로 보이는 엄청난 금액의 수입을 세부적으로 밝혔다. 주범은 북반부 국가들의 제약 생산 시설을 따라잡기 시작한 인도, 남미의 일부, 그리고 동남아시아와 같은 개발도상 지역의 신흥 산업화 국가들이라고 이들은 주장했다.

전통적으로 미국이 과도하게 엄격한 지적 재산권 법에 대해 꽤 과묵했던 사실에 비추어볼 때 IPC가 채택한 전술은 대담했다. 그러나 이 주장에는 자기실현적인 측면이 있었다. 그들이 발전시키고자 했던 "혁신" 산업들이 아직 전 세계적인 특허 보호의 혜택을 받지 못하는 상황에서도, 이들은 소프트웨어 원본 코드나 미생물학적 공정의 보호 필요성 같이 완전히 새로운 주장을 제기했다. 관련된 지적 재산권 법이 전혀 없는 상황에서 개발도상 국가들이 자칭 지식 경제의 정당한 돈벌이를 **가로챘다**고 비난하는 것은 잘 봐주어

---

8. 이 점에 관해서는 Sell 2003와 Drahos and Braithwaite 2002를 보라.

야 [지적 재산권 법의 전 지구화가 필요하다는 주장의] 반복일 뿐이었다. 2005년 TRIPs 협정이 완전히 효력을 발휘하게 되자 미국은 지적 재산권 보호를 주요한 안보 문제로 지정했다.[9] 이렇게 IPC는 미국의 혁신 산업들을 보호했다기보다는, 오히려 그들을 무에서 창조했다.

더 넓게 보자면, TRIPs를 만들어 낸 협상의 오랜 역사는 제국주의의 형태가 변화해 온 맥락 속에 자리하고 있다. 2차 세계대전 이후 발전주의적 이상은 신자유주의에 충실한 급격한 개혁으로 인하여 주변으로 밀려났다. 피터 드레이호즈와 존 브레이스웨이트(2002, 67쪽)에 따르면 의약품에 대한 지적 재산권을 전 지구화하기 위한 캠페인은 미국 제약 기업들이 시작했는데, 이들의 목표는 1950년대와 60년대 동안 북미의 특허법을 인정하지 않은 채 복제약품을 생산하는 역량을 빠르게 획득한 인도 등 탈식민 상황의 신흥 산업국에 대한 선제적 견제였다. 이전에도 그랬듯, 균형을 잃은 듯 보이는 미국 제약 산업의 이러한 대응은 이해득실을 면밀히 검토한 끝에 실행된 것이 아니었다. 드레이호즈와 브레이스웨이트의 재계산에 따르면, 화이자 Pfizer 같은 회사는 인도에 생산 시설을 두고 있었으나 개발도상국 시장에서 얻는 이익은 전체 수익 중 극히 일부에 불과했다. 이들 기업이 아마도 가장 두려워한 것은 제3세계의 저렴한 의약품 생산이 지나치게 부풀려진 선진국의 약값에 미칠지 모를 부정적 영향이었다. 달리 말하면, "모두에게 건강을" 같은 주장

---

9. Fraumann 1997은 "지적 재산권 범죄"의 창조에 대한 통찰을 제공한다.

이 할인된 의약품 가격으로 성취될 수 있다는 생생한 증거는 곧 미국 국내 시장에서도 약값을 내려야 한다는 압력이 될 수 있었다. 제약 기업들은 이에 대응해 지적 재산권을 통한 견제와 함께, 자신의 위력을 과시하며 또 다른 위협을 제도화했다. 이제 의약품 특허 보호를 옹호하는 내부자들의 표준적인 주장은 다음과 같은 형태를 하고 있다:특허 없이 혁신 없다, 건강함이 희소해지지 않고서는 신약의 약속도 없다.

제약사들은 이 규칙을 관철하려는 의도로 남아공을 상대로 소송을 시작했다. 이들은 TRIPs 규정 준수 소송을 개발도상 국가들은 물론 미국 국내 시장에서 전례로 삼아, 생명의 국제적인 가격을 고정하고자 했다. 그러나 2001년 4월, 제약사들은 소송이 불러일으킨 부작용 때문에 소송을 포기했다. 부정적인 여론이 미국 내 거대 제약사들의 약값 정책에도 매서운 눈길을 보냈다. 게다가 제약 연합에 저항한 캠페인 측은 열성적인 활동가들의 연합을 망라하게 되었다. 이미 십여 년 약값 전략을 둘러싸고 유사한 캠페인이 진행되고 있었던 미국에서는 아프리카 연대 그룹 및 자신의 대학 내에서 의약품 특허에 반대하던 학생들이 AIDS 활동가들과 결합했다. 그리고 남아공에서는 아프리카 민족회의, 성 노동자 권리 옹호단체들, 그리고 동성애자 활동가(이들 중 상당수가 〈치료행동캠페인〉 회원이었다)들이 저항 측에 참가했다.

TRIPs의 내막은 생명정보 혁명의 대항 역사counterhistory로 유용한 사례이다. 특히 이 이야기는 소위 지구화 과정 및 그에 수반되는 지식 및 혁신 경제를 향한 변화가 전 세계를 아우르는 과정이며 어떠한 권력도 이를 통제하지 못한다는 관념에 이의를 제기한다. 그보다는, 이 이야기가 말해 주듯 지식의 가치, 그것의 과잉과 약속은 미국 및 동맹국 경제의 매우 주도면밀한 자기 전환의 결과이며, 이러한 전환은 2차 세계대전 이후 창설된 국제기구들을 통해 추구되었으며, 궁극적으로 세계 무역 및 제국주의의 풍경을 완전히 재정의하는 효과를 낳았다. 또한, 자기 전환의 순간은 저절로 발생한 운동이라기보다는 제3세계의 현상유지가 붕괴함에 따른 대응에 가깝다.

삶과 죽음에 대한 셈 : 금융화, 부채, 그리고 신제국주의

남아공 AIDS 위기는 의료 혹은 의료의 부재에 관한 이야기 그 이상을 의미한다. 〈치료행동캠페인〉 활동가 재키 아흐마트가 타보 음베키 대통령을 비판하며 분명히 지적했듯, 사하라 이남 아프리카 및 여러 개발도상국에서의 HIV 대유행은, 빠르게 돌연변이를 일으키고 너무나도 저항성이 강한 바이러스가 일으키는 즉각적이고 부정할 수 없는 증상의 결과인 만큼이나, 국제통화기금(이하 IMF)와 세계은행이 지난 20여 년간 강요한 신자유주의적 정책의 결과다. 여기서 더 나아가, 북미에서 이끈 생명공학 혁명과 개발도상국 및 선진국 가리지 않고 다양한 감염성 질환의 귀환이 동시에 일어나고 있는 상황은 곧 자본주의에 내재한 모순의 징후라고 주장할 수도 있을 것이다. 이러한 주장에서 자본주의의 특이점은 과다한 약속과 과다한 폐기물을 모두 창조한다는 데 있다. 맑스 식으로 표현해 보면, 생명에 대한 약속 잉여[10]와 대비되는 현재 생명에 대한 실질적인 황폐화라고 할 수 있다.

남아공 AIDS 위기에 대한 포괄적인 분석을 위해서는 제약 산업의 상업적 전략만이 아니라 1980년대와 90년대 제국주의의 동학 변화를 살펴봐야만 한다. 이 시기 세계 제국주의적 관계의 변화에서 핵심적인 요소는 앞서 1장에서 논의했던 금융화와 부채의 창출 과정이다. 세계 부채 창출의 순간적인 중심점으로서 자신을 탈바꿈시킬 수 있는 미국 재무부의 능력이야말로 미국의 경제 성장을 재점화하고 약속이 가득한 분야인 생명과학 산업을 부흥시키는 데 핵심적으로 중요했다. 그런데 남아공과 같은 국가의 관점에서 고려해 보면 신자유주의적 반反혁명을 전면에 내세워 생명정치적 결과를 규정하는 부채 관계는 약속이 아니라 폭력일 뿐이다.

정치경제학자 조반니 아리기(2002, 2003)는 미국이 금융 자본의 흐름을 국내 시장으로 되돌리기 위해 설계된 통화 정책을 채택했던 1979~1982년을 신자유주의적 반혁명의 핵심적인 순간으로 규정했다. 그 당시까지 급속도로 성장하던, 미국뿐만 아니라 국민

---

10. [옮긴이] promissory surplus. 통상 promissory는 약속 어음, 즉 promissory note의 형태로 쓰이며 이 책에서는 경제적인 지급 보증이 함의하고 있는 '약속'의 의미를 생명 자본주의의 분석을 위해 확대, 일반화하여 사용하고 있다. 그러나 현재의 환경적 한계를 극복하겠다는 약속, 끝없는 잉여를 새로운 생명기술을 통해 창출하겠다는 약속, 원래는 갚을 것을 전제로 해야 하지만 끝없이 갱신되어야만 하는 부채 자본주의의 헛된 약속, 더 건강하게 더 오래 살게 해 주겠다는 생의학의 약속 등처럼 서로 연결된 분야에서 다양하게 쓰이고 있는 만큼, 아직은 뚜렷한 분석적 개념으로 보기는 어렵다.

국가 그 자체로부터 경제적 통제권을 빼앗을 위험이 있는 전 지구적 금융 자본과 시장의 압력으로 미국의 힘은 점차 줄어들고 있었다. 미국 정책의 통화주의적 전환으로 이 경향은 극적으로 뒤집혔고 동시에 세계 권력관계 또한 지각 변동을 겪게 되었다. 미국은 세계의 제일 채권국이자 전후 유동성^{liquidity}의 원천에서 세계 최대의 채무국으로 변신했고, 결국 미국의 터무니없는 힘은 영구히 갱신되는, 그리고 점차 확대되는 재정 적자라는 부조화한 기반 위에 근거를 두게 되었다. 그러나 이 같은 과정이 사하라 이남 아프리카 국가들에게는 정반대의 상황을 의미하게 되었다. 자본이 미국 시장으로 다시 쇄도해 들어가게 되자, 자본이 빠져나간 남반구에서는 1980년대와 90년대에 부채 위기가 시작되었다. IMF와 세계은행은 상환 불가능한 채무를 지렛대 삼아 남아공 정부에게 "국내(남아공)산" 구조조정 정책을 강요했다.

다른 곳에서처럼 남아공의 신자유주의적 개혁 또한 통화 규제의 자유화, 보조금 및 수입 장벽 철폐, 수출의 재강조, 그리고 가장 중요하게도 모든 종류의 공공 부문 서비스 공급에 대한 투자 중단(군사 부문 지출 제외) 같은 내용을 포함하고 있었다. 그 결과 수도 공급, 위생 시설, 그리고 공중 보건 체계와 같은 기본적인 공공 부문 기반구조가 급격히 붕괴했고, HIV/AIDS의 위험과 별개로 이 변화로 인해 극히 평범한 감염으로 인한 사망률 또한 증가했다. 급진적 도시전문가 마이크 데이비스(Davis 2006)는 빈곤한 사람들이 농촌에서 도시 빈민가로 대탈출하는 현상이 가장 뚜렷한 신자유주의적 제국주의의 신호라고 지적했다. 데이비스는 불평등한 교환 계약을 완전한 방치로 대체하는, 즉 체계적인 저개발 전략이 이 현상에서 나타나고 있다고 주장했다. 탈식민주의 시대 도시 빈민가에서 생존이란 비공식 서비스 노동에서부터 생의학적 노동 (이를테면 장기 판매나 임상 시험 참가)에 이르는 격심한 자기-착취 시합이 되어 버렸다.

사스키아 사센(Sassen 2003)이나 이사벨라 바커(Bakker 2003) 등의 학자들은 다양한 형태의 고도로 유동적이고 여성화된 노동(감정, 성, 가사 노동)의 급격한 확산이 채무 예속과 만나 일으킨 구조적인 시너지 효과를 분석하여, 새로운 "생존의 대항-지리학"counter-geographies of survival이 경제적 지구화의 결과로서 나타나고 있다고 지적했다. 이 두 이론가는 국제적 부채가 사회적 재생산 영역에, 그리고 여성의 삶에 더 많은 영향을 주었다고 주장했다. 특히 직업적으로 혹은 임시로 하게 되는 성 노동의 증대는 채무 예속의 정치가 전염의 미시 정치에 직접 충격을 준다는 점을 잘 보여 주는 사례다. 체액과 약물, 그리고 돈의 직접적인 매매에 전 지구적인 불평등 교환의 정치가 각인되어 있다. 이 모든 경향은 아파르트헤이트 이후 남아공에서 관찰할 수 있다. 남아공 내 농촌 지역은 물론 아프리카 남부 타 국가로부터의 이민이 늘어나면서 덩달아 그 대부분이 가사, 돌봄, 혹은 성 노동에 종사하는 여성 이민자들도 늘어나고 있는데, 이 현상은 모두 아파르트헤이트 시절의 흑백 인종 정치를 완전히 재편하는 사회적 불평등의 심화 속에서 발생하고 있다.11 부채의 거시경제학이 일상생활을 큰 폭으로 변형시키면서 가장 잔인한 방식으로 현실화되고 있는 상황을 어떻게 해석하고 대응해야 하는가? 여기서 나는 신자유주의를 해석하고 신자유주의에 대응하기 위해 과잉 인구에 관한 맑스의 작업으로 진작 돌아갔어야 했다고 주장하고 있는 마이크 데이비스(2006), 지그문트 바우만(Bauman 2004), 그리고 애덤 시츠(Sitze 2004)의 논의를 따르고자 한다.

맑스는 『자본』 제3권에서 과잉 인구에 대한 그의 논의를 가장 충실하게 펼치며, 자본의 위기 순간과 부채의 창출, 주기적인 인간 생명의 가치 절하 사이에는 구조적인 관계가 있다고 주장했다. 여기서 맑스의 핵심 주장은 자본의 성장 경향은 불가피한 긴장 때문에 내부적으로 방해를 받게 된다는 것이다. 즉, 자본은 자기 축적 과정을 최대화하기 위해 인간 생명의 창조적인 힘을 동원하고 장려할 필요가 있지만, 동시에 잉여가치 착취를 위해서 이 힘들을 계속해 약화하려 노력한다. 자본주의의 역사는 이 길항하는 두 경향, 자본의 재생산과 인간 생명의 재생산 사이를 중재하고자 하는 제도적인 대응들로 점철되어 있다. 그러나 맑스에 따르면 그러한 자본주의 내의 해결책들은 "결코 현존하는 모순에 대한 일시적·폭력적 해결책 이상이 아니며, 뒤틀린 균형을 당분간 재복원하는 격렬한 폭발일 따름이다"([1894] 1981, 357쪽).

맑스가 자본주의적 성장의 수학을 언급하는 또 다른 방식은 변증법적이라기보다는 프랙털한 쪽이다. 장기적인 관점으로 볼 때 자본주의적 성장은 모든 조정을 회피하여, 결국 임박한 성장 한계를

11. 이 점은 Peberdy and Dinat 2005, 그리고 Williams et al. 2002를 보라.

모면하기 위해 반복되어온 한바탕 위기로 또다시 빠져드는 경향이 있다. 맑스는 여기서 두 가지 기본적인 경향을 밝히고 있다. 하나는 시간적인 재평가 과정을 통해 투자를 현재가 아닌 금융 자본의 미래 영역으로 옮겨놓는 자본 운동이다. 금융화로의 탈출은 위기에 대한 예측적 대응으로서, 생산이 이후 어떤 시점부터는 따라오리라는 희망 속에서 더욱 높은 수준의 수익으로 잉여가치의 축적을 새롭게 시작하려는 시도, 믿음이 이끄는 시도이다. 이것이 바로 자본주의적 구조조정의 예언적인 약속의 순간, 즉 성장에 대한 신자유주의적 이론들이 찬양하는 일종의 유토피아이다. 또 다른 경향 하나에 대한 맑스의 분석이 지닌 중요성은 이 약속의 순간에 이윤이 남지 않는 생산 전체 분야에 대한 투자 철회, 가치 절하, 그리고 황폐화가 동시에 진행된다는 점을 밝혔다는 데 있다. 맑스에 따르면 이때 주요한 목표 대상은 인간의 생명과 그 재생산 비용인데, 왜냐하면 "그토록 인색하면서도, 자본주의적 생산은 인간재에 대해서는 철저하게 낭비적"이기 때문이다(같은 책, 180쪽). 이렇게 맑스의 자본주의적 전환에 대한 이론은 자본주의가 한편으로는 약속을, 다른 한편으로는 평가 절하를 하는 부채 관계의 이중적 본성을 지목하고 있다. 그 자체의 재생산에 드는 비용보다 가치가 낮은 생명인 과잉 인구의 창조는 더욱 풍부한 삶에 대한 자본주의적 약속과 정확히 동시적으로 발생한다. 성장의 난폭한 파괴는 한계 없는 성장으로의 명령과 동시에 일어난다.

맑스의 과잉, 부채, 그리고 성장에 대한 이론은 현재의 자본주의적 관계 이해에 어떤 점에서 여전히 의미가 있는가? 2차 세계대전 이후 케인스주의의 국민국가 중심 성장 체제가 구축되었는데, 오늘날의 위기는 이를 의도적으로 파괴하려는 시도의 결과로 보아야만 총체적으로 이해할 수 있다. 이 체제는 대량 소비와 대량 생산의 동시적 발전을 통한 경제 및 사회적 균형의 확립 가능성에 특히 중점을 둔 모델이었다. 생산과 재생산의 이해가 조화를 이룰 수 있고 자본의 성장과 인구의 증가가 일반적인 균형 조건 아래에서 무한정 지속될 수 있다는 의견과 복지 국가의 철학은 불가분의 관계에 있다.

이러한 약속들은 고도로 산업화한 중심 혹은 선진 경제에만 국한된 것이 아니었다. 2차 세계대전 직후 발전이라는 개념이 떠오르면서 지구는 제1, 제2, 그리고 제3세계로 나뉘게 되었으며, 새로이 창설된 세계은행과 IMF 같은 국제 경제기구들이 발전 의제를 주도하게 되었다. 이런 기구들은 성장의 전 세계적 표준화를, 즉 상품 혹은 인구의 생애 주기가 공동의 규범으로 통합되어 나간다는 (생활수준이라는 말로 간결하게 표현되곤 하는) 개념을 널리 확산시킬 터였다. 따라서 발전 이론의 기본적인 논지는 경제학자 월트 로스토우(Rostow 1960)가 자세히 밝혔듯 산업적 발전을 향해 제대로 박차를 가하면 소위 제3세계도 틀림없이, 그리고 반드시 성장의 선진 단계로 나아가 언젠가는 고도의 대량 소비를 하는 제1세계 이상향에 합류할 수 있으리라는 주장이다. 복지주의자의 정상화된 성장, 그리고 국가 중심의 성장을 이행하려는 가장 야심 찬 시도는 바로 공중 보건 분야에서 찾을 수 있다. 국경을 넘는 이동은 경제 성장과 국가의 생명 사이의 이해관계에 개입하는 방식을 통해 억제할 수 있다는 관념을 현실에서 보여 주고 있는 것이 바로 20세기 중반 공중 보건의 핵심 버팀목들(검역, 예방접종의 대중화, 그리고 면역 이론)이다. 20세기 중반의 면역 이론은 신체적 주권과 인식의 가능성the possibility of recognition에 대한 믿음, 그리고 위협은 언제나 판별 가능하고 평화는 원칙적으로 달성 가능하다는 국민국가의 철학과 동시에 발생했다.12

여기에 신자유주의라는 정치적 실천의 특이성이 있다. 복지 국가 민족주의는 성장의 평준화standardization를 어떤 유토피아적 미래에 달성될 한계로 보았지만 신자유주의는 그것을 **굴절시켜야 할** 역사적 한계로 보고 그것에 맞섰는데, 왜냐하면 이 성장은 너무나 달성 가능하다는 점에서 위협적이었기 때문이다. 생산성 수준의 저하에 직면한 신자유주의의 대응은 문제를 사회 국가와 국가적 재분배의 탓으로 돌리는 것이었다. 신자유주의적인 문제 해결책은 단순하다. 국가는 사회적 재생산의 부담에서 벗어나야 하고 그 에너지를 국경을 넘는 자본 축적을 향해 쏟아야 한다는 것이다. 이렇게 신자유주의는 사회-국가 민족주의의 기초를 이루고 있는 생명의 평준화 전체에 대해 선전포고를 했다. 신자유주의가 지지하는 진실, 맑스에 따르면 자본주의의 대략적 진실이기도 한 이 진실은, 바로 장기적으로 볼 때 생산의 리듬과 소비의 리듬의 관계에서 중재란 없으며, 제3세계에서 제2세계, 나아가 제1세계로의 이행은 상대

---

12. 면역 이론과 정치 주권의 연결에 관한 고전적인 연구들은 Waldby 1996, 그리고 Esposito 2002를 참조하라.

적 잉여가치의 생산을 증가시켜야 한다는 노골적인 요구와 언젠가는 충돌하게 되어 있다는 점이다.

신자유주의는 복지 국가의 성장 전략 및 발전주의적 생명정치에서 핵심이었던 중재의 종말을 선언했다. 제2세계, 중산층, 가족임금, **생활수준**이라는 바로 그 개념은 기회의 분배에서부터 이미 시작되는 불평등함으로 인해 그 빛을 잃었다. 사회 국가의 철학과는 정반대로, 신자유주의는 국민이라는 깃발 아래 모여 생긴 집합적 위험이 더는 (이익이 되는 방향으로) 집산화되고, 정상화되거나, 보험의 보장 대상이 될 수 없다고 가르친다. 그런 만큼 위험은 개인화되어야만 하며, 모든 종류의 사회적 중재는 사라질 것이다. 정치적 면역 이론과 생물학적 면역 이론의 개념적 친화성을 고려할 때, 생물학적 방어와 내성에 대한 20세기의 지배적 관념을 심층적으로 재검토한 시기가 겹쳤다는 사실은 우연이 아님이 분명하다. 최신 면역 이론들에서는 자아와 타자의 경계가 안정적인지에 대한 질문을 던지고 있으며, 이에 따라 인식의 가능성 또한 의문의 대상이 되었다. 오늘날의 면역 체계는 자아와 타자의 구분에 어려움을 겪고 있는 듯 보이며(자가 면역 질환), 불확실하고 불가지한 위협에 저항하기 위해 힘을 모을 것을 요청받고 있는 한편(적응적 진화), 영구적인 과잉 비상경보상태에 굴복하고 말 위험에 놓여 있다(알레르기 반응).[13]

신자유주의는 근본적으로 새로운 방식으로 위난danger의 모든 문제를 진술하고 있다. 여기서 논점은 조르조 아감벤(Agamben 1998)이 주장했던 예외 상태도, 로베르토 에스포지토(Esposito

2002)가 제출했던 면역 상태도 아니다. 이 두 이론은 모두 주권적 권력의 행사를 가정하고 있다. 이들 이론가가 발전시킨 주장은 국민국가 정치, 식민주의, 그리고 우생학이 발생시킨 폭력의 특수한 경우들에 적합해 보이지만, 신자유주의적 제국주의의 사고형태accident form를 판별하는 데는 실패하고 있다. 신자유주의적 시대에 특징적인 위난은 프랙털 혹은 정상화할 수 없는 사고이다. 여기서 비상 상태는 주권의 구성적 외부라기보다는 자기-증식적self-propagating 사건으로 이해된다. 그리고 위난의 정치는 새로운 인도주의 담론과 "복합적 비상사태" 개념 속에서 가장 명징하게 모습을 드러낸다.

아래에서 나는 어떻게, 그리고 왜 새로운 안보 담론이 감염성질환을 복합적 비상사태로 여기게 되었는지, 그리고 공중 보건의정치의 관점에서 이것이 의미하는 바는 무엇인지를 살펴볼 것이다.

전염의 군사화: 전 지구적 안보 위협이 된 AIDS

AIDS를 안보 문제로 재정의한 유엔의 결정은 생명과 전쟁의 영역이 겹치곤 하는 국제 관계 담론에서 일어나는 더 광범위한 변동의 징후이다. 그러한 "전 지구적 AIDS 위협"은 탈냉전 시기에 대한

---

13. 면역에 관한 이해에서 나타나는 이러한 변화 중 몇몇에 대한 초기적인 통찰은 Varela and Coutinho 1991을 보라.

재개념화 전략의 하나로 1980년대 후반 및 1990년대 동안 나타난 인간 안보, 생물학적 안보, 그리고 생태학적 안보 등과 같은 모든 신조어와 연관되어 있다. 새로운 안보 담론은 다양한 기관 및 이해관계를 통해 광범위하게 퍼져나갔지만, 이 담론의 명시적인, 그러나 또한 효과적으로 모호한 정식화는 유엔개발계획의 『인간개발보고서 1994 : 인간 안보의 새로운 차원』(UNDP 1994), 그리고 부트로스 부트로스-갈리(Boutros-Ghali 1992)의 『평화를 위한 의제 : 예방적 외교, 중재, 그리고 평화 유지』에서 처음으로 이루어졌다. 그후 얼마 되지 않아 미국 대외 정책의 어휘집에서도 새로운 안보 담론이 나타났는데, 여기에는 놀라운 유사점이 있었다. 예를 들면, 1997년 발간된 보고서 『미국 대외 정책과 인류의 4대 재해 : 복합적 비상사태 시의 인도주의적 구호』를 보면, 새로운 안보적 우려와 그것이 미국 해외 활동에 미치는 영향에 대한 포괄적인 기술을 발견할 수 있다(Natsios 1997). 이들 보고서 모두 전후 제1, 제2(공산주의권), 그리고 제3세계의 균형이 깨지면서 터져 나올 위난을 판별하는 데 관심을 보인다. 냉전 교착 상태의 붕괴와 뒤이은 미군의 철수로 인해 제3세계에서 특히 사회적 내부 폭발이 발생할 우려가 크다는 암묵적인 의견을 모든 보고서가 공유했다. 새로운 안보 담론은 개발도상국, 그중에서도 사하라 이남 아프리카를 새로이 출현한 위협의 온상으로 지목했다.

인간 안보 문헌들은 탈냉전 시대에 국가보다 하위의 영역에서 벌어지는 갈등이 주권국가 간의 전쟁보다 우위에 있게 될 것이라는 생각을 전파하는 경향이 있다. 이 새로운 전쟁은 기본적으로 사회 갈등, 인종 간 분쟁, 게릴라 반군, 그리고 쿠데타와 같은 국가 내부적인 특징을 띄고 있다는 주장이다. 따라서 주요 타격 목표는 이제 적국의 군사 시설이 아니라 집단의 생명 그 자체, 즉 민족을 구성하는, 인종과 젠더의 교차점에 있는 사회관계의 망(따라서 전쟁의 무기로 강간과 인종 청소 전략이 증가한다는 주장)과 더불어 수도, 교통, 전력 및 식량 공급 등과 같은 필수적인 기반구조가 된다. 이들 갈등은 국가의 영토적 통합성 강화와는 무관하며, 국가를 국민에 대립시키거나 국민들끼리 대립시키는 상황을 연출한다. 더구나 새로운 위난은 헌법적 공간이나 국제 관계의 영역에서 비롯되지 않으며, 아래에서부터, 사회적이고 생물학적인 재생산 구조 안에서부터, 혹은 위로부터, 생물권적이거나 생태학적 수준에서부터 분출한다.

따라서 안보에 대한 가장 즉각적인 위협은 더는 공식적인 군사적 특성을 띠지 않게 되었다. 이제 우리는 일상에서 위난의 과잉에 직면해 있으며, 이 위난들 사이의 공통점이란 "생태학적 피해, 가족과 공동체적 삶의 붕괴, 개인의 생명과 권리에 대한 더 심한 침범" 등처럼 사회적, 그리고 생물학적 생명을 파괴하는 효과가 있다는 것뿐이다(Boutros-Ghali 1992, 3쪽). 같은 맥락에서 유엔개발계획의 『인간개발보고서 1994 : 인간 안보의 새로운 차원』(UNDP 1994, 23쪽)은 인간 안보의 범위가 "기아, 질병, 그리고 억압" 등의 "만성적 위협"에서 "일상생활의 급작스럽고 해로운 붕괴"에 이르기까지 확장되고 있다고 서술하고 있다. 이러한 위험이 어디서 비롯되는가는 여기서 핵심이 아니다. 인재건 자연재해건 간에, 외부로부터의 침범이건 내부로부터의 방해건 간에, 이 위험들이 독특한 점은 바로 국가적·영토적 경계들에 대한 무시이다.

생물학적 안보 담론은 진정 정치사상에서의 새로운 발전을 의미하는가?[14] 그리고 더 관련이 높은 질문으로, 이 담론은 전후 기구들인 유엔, WHO, 그리고 〈세계 인권 선언〉의 숭고한 이상의 설정을 위반하는가? 이들 20세기 중반의 규약들에 자리한 본질적인 전제는, 통계적으로 보아 절대적이라고 할 수는 없다 해도, 전쟁과 질병의 위협으로부터 생명을 보호할 수 있다는 생각이다. 이에 따라 위험은 국민국가의 가장자리로 밀려나는 한편 외부로부터의 침해 위협으로 이해되었다. 〈세계 인권 선언〉은 복지 국가의 이상을 공식화하여 사회적 재생산에 내재한 위험을 집단화하여 국가 공간 내에서 정상화될 수 있도록 했다. WHO의 헌장은 그 검역 수단들로 질병의 매개체를 국경에서 저지할 수 있다는 발상을 확고히 하고자 했다. 역사학자 프랑수아 에왈드(Ewald 1986, 362, 397~99쪽)에 따르면 전후 안보 의제는 휴전을 암시하며, 따라서 군사적 삶과 민간인의 삶의 공간을, 안보와 생명 사이의 공간을 (더 정확하게는 군사적 안보와 사회적 안보 사이를) 근본적으로 분리한다. 이러한 공간의 분리선이 실제에서는 온전히 지켜지지 않겠지만, 원칙적으로 국민의 복지에 대한 규범적이고 이상적인 규제로서 존속된다.

그러나 이와는 대조적으로 새로운 안보 담론은 위와 같은 경계가 이제는 유지될 수 없다고 결론 내린다. 이 결론이 주는 메시지는 단순하다. 이제 우리는 질병으로부터 생명을 격리할 수 있다거나,

---

14. 이 점은 Rothschild 1995를 보라.

또한 통계적으로라도 전쟁으로부터 생명을 보호할 수 있다고 가정할 수 없다. 사실은 이제 국가 공간은 살 만한 생활의 조건을 갖추고 있다거나, 혹은 국가의 주권적 결정에 그 책임이 있다고도 가정할 수 없게 되었다. 순수하게 의미론적으로 봤을 때, 새로운 안보 담론은 생물학적, 사회적 재생산 및 성 정치의 전 영역을 결국 군사적 관심의 영역 안으로 재병합하고 있다. 이 담론은 생명에는 언제나 어떻게든 위난이 스며들어 있다는 점을 이해시키고자 한다. 따라서 〈세계 인권 선언〉이 분리하고자 시도했던 것, 즉 군사적 안보와 인간적 복지, 그리고 생명의 권리와 전쟁 행위를 이 담론은 융합시키고 만다.

그렇다면 이러한 안보의 범위와 의미상의 변화에 우리는 어떻게 대응해야 하는가? 그리고 이 대응책은 운용상의 차원, 즉 국제관계 차원 및 일상생활의 미시 정치적 차원에서 어떻게 변환될 가능성이 큰가? 안보의 의미변화가 야기한 정치적 결과들은 분명 양가성을 띠고 있다. 예컨대 아프리카 내의 전쟁 지형 변화에 관한 연구에서 국제관계 이론가 스테판 엘베(Elbe 2002)는 점차 더 많은 군인이 AIDS에 감염되고 있고 강간이 전쟁 무기로 상습적으로 동원되는 지독한 맥락 아래에서 AIDS의 안보화가 완벽하게 이해될 수 있다고 지적했다. 더구나 새로운 안보 담론은 그저 개발도상국들에서 진행 중인 신자유주의적 경제 개혁의 유형적인 효과를 충실히 표현하며, 세계의 제국주의적 관계의 변화를 반영하고 있을 뿐이라고 주장할 수도 있다. 결국 IMF가 강제한 긴축 예산 정책보다 더욱 노골적인 복합적 비상사태의 사례가 있는가? 그리고 한 국방 자문관이 미국 정부에 제공했던 다음과 같은 복합적 인도주의적 비상사태에 관한 서술보다 구조조정 프로그램을 더 생생하게 설명할 수 있는가?

· 첫째, 가장 눈에 띄는 [복합적 비상사태의] 특징[은] 내부적 충돌……

· 둘째, 국가 정부의 권위는 공중 서비스가 마치 존재하지 않았던 수준이 될 만큼 땅에 떨어지고, 나라 전체에 대한 정치적 통제는 권력의 지역적 중심들로 이전된다.……

· 셋째, 거대한 인구 이동이 발생하는데, 이는 내부적으로 추방된 사람들과 난민들이 충돌을 피하거나 혹은 식량을 찾아 떠나길 원하기 때문이다. 수용 시설에 갈 곳 없는 민간인들이 모여들면서 공중 보건 상 긴급 상황이 된다.

· 넷째, 경제 체계가 거대한 혼란을 겪으며 이는 초인플레이션과 통화 가치의 폭락, 국내 총생산의 두 자릿수의 쇠퇴, 불황 수준의 실업률과 시장의 붕괴로 이어지게 된다.

· 마지막으로, 위의 네 가지 특징은 종종 가뭄 때문에 더욱 두드러지며, 식품 안보가 쇠퇴하는 통상적인 원인이 된다. 이에 따라 심각한 영양 부족 사태가 빈번하게 발생하며, 이는 최초에는 국지적이었다 해도 나중에는 광범위한 기아 사태로 번질 수 있다(Natsios 1997, 7쪽).

위의 인용은 시장 개혁과 연관된 폭력에 관해서는 상황 묘사적인 설명을 설득력 있게 전개하고 있지만, 신자유주의적 정부의 실제 정책 의제에 대해서는 애써 관심을 주지 않으려 하고 있다. 달리 말하자면, 인간 안보 문헌들에서는 신자유주의의 폭력을 인정하면서 또한 부인한다. 위협, 경고, 그리고 극단적인 예측이 판치는 비참한 신자유주의의 경험에 대한 반박 불가능한 증언을 선보이면서도 동시에 이들은 신자유주의의 경제적 규범에 대해서 진지한 비난은 일절 금하고 있다. 대신, 인간 안보 문헌에서는 안보와 그것의 정서적인 등가물인 공포를 자유시장 경제의 구조적 폭력이 아니라 사람, 바이러스, 그리고 모든 종류의 생물학적 물질의 횡단 운동으로 전가하고 있다. 이러한 치환은 미국 정부가 AIDS, 안보, 그리고 비상사태에 대해 취하고 있는 태도를 결정하는 메커니즘과 정확히 같다. 제약 산업의 경제적 권리에 대한 폭력이 되리라는 구실로 개발도상국의 비상사태 조항 적용을 저지하기 위해 모든 수단을 동원하는 동안, 미국 대외 정책 담론은 미등록자, 가난한 자, 치료받지 않은 자들의 신체에서부터 바이러스 그 자체에 이르기까지 모든 종류의 국경을 넘는 생물학적 통행을 범죄화하는 방향으로 이동하고 있다.

이 인과관계의 결합은 미국 대외 정책에서뿐만 아니라 AIDS와 안보에 대한 국제적인 인도주의 담론에서도 뚜렷하게 나타난다. 예컨대 유엔개발계획의 『인간개발보고서 1994』에서는 생물학적 위협이 지구 남반부에서 지구 북반부로의 불법 난민이 늘고 있는 현상과 동시에 발생하고 있음을 시사하고 있다. 이 보고서 중 특히 두드러지는 한 문단(UNDP 1994, 24쪽)에서 인간 안보는 "마약, HIV/

AIDS, 기후 변화, 불법 이민 및 테러리즘의 형태로 국경을 횡단하는 지구적 빈곤의 위협에 대한 대응을 의미"한다. 이와 유사하게, 감염 질환에 대한 국가정보위원회의 보고서(2000, 1쪽)는 남반부의 "거대도시들"로부터의 합법 및 불법 이민자들의 늘어나는 규모를 명시적으로 새로이 출현하는 약제 내성 감염의 중요한 매개로 언급하고 있다.

이러한 문서들이 명료하게 밝히듯, AIDS를 지구적인 안보 위협으로 공식화하는 경향은 이민의 안보화와 병행하여 이해할 필요가 있다. 우연치 않게도, 1990년대 AIDS 안보 담론의 발전은 또한 많은 국가가 미등록 이민자를 범죄자 취급하고, 공중 보건 기준을 입국 제한의 수단으로 채택하는 방향으로 변화하는 맥락 하에서 이루어졌다.[15] 나아가 AIDS의 안보화는 전통적으로 성매매를 둘러싸고 발생했던 공중 보건 상의 공포와 특히 친화성이 높다. 오늘날 국경을 넘는 성 인신매매에 대한 엄청난 우려는 오히려 여성이 성 노동에 참여하도록 이끄는 현실의 복합적인 필요성과 욕구를 덮어 감추며, 결국 성 노동자들을 범죄화하는 정책에 힘을 보태는 경우도 종종 발생한다(Saunders 2005). 여성이 미등록 이민자의 대부분을 차지하고, 전 지구적 노동 시장의 하층은 모든 면에서 고도로 유동성이 높은 여성화된 노동(성, 가사, 그리고 감정 노동)으로 규정되고 있는 상황에서, 여성의 떠도는 신체는 국경 통행에 대한

---

15. 이민의 안보화에 대해서 디디어 비고(Didier Bigo)의 고전적 논문 「안보와 이민」(Security and Immigration 2002)을 참조하라. AIDS와 이민 정책의 연계는 Haour-Knipe and Rector 1996을 보라.

국제적 우려에서 점차 중요한 문제로 간주되고 있다.[16] AIDS가 성병이자 모든 종류의 부정하거나 비정상적인 성적 관계와 연관된 것으로 알려진 질병인 만큼, AIDS 바이러스가 이 공포를 상당히 짊어지게 되었다는 사실은 전혀 놀랍지 않다.

음베키 : 공중 보건, 악령 쫓기 의식, 그리고 지구적 아파르트헤이트의 역설

그러나 똑같은 정도로 문제가 많은 음베키 정부의 정책들을 도외시하고 남아공 AIDS 위기를 전적으로 지구화된 자본의 이해관계 탓으로만 돌리는 것도 올바르지 않다. 제약 기업들에 맞선 법정투쟁에서 승리를 거둔 후 3년이 지나도록 저렴한 약품 수입을 가능하게 해 주는 공중 보건 비상사태 조항의 효력 발생을 미룬 장본인이 바로 음베키이기 때문이다. 자신의 견해를 변호하며 음베키는 공중 보건 과학, 생의학, 그리고 아파르트헤이트 국가가 역사적으로 서로 연루되어 있었다는 점을 강조하면서, AIDS 예방과 공중 보건에 대한 통념이 제도적 인종차별주의의 악습에 오염되어 있다고 주장했다.

---

16. 이 주제에 대해서는 인도주의와 안보 담론의 접점에서 성 이민노동자들의 역설적인 지위를 살펴보고 있는 클라우디아 아라다우(Claudia Aradau)의 매력적인 논문 「육두문자의 변태적 정치학」(The Perverse Politics of Four-Letter Words 2004)을 보라.

확실히 남아공 아파르트헤이트의 역사는 근대적인 공중 보건 전략과 감염 이론의 등장과 긴밀하게 얽혀 있다. 남아공 최초의 인종 분리주의적 법이 바로 1883년 공중 보건법이었고, 이를 통해 지방 당국은 비상사태 시 전권을 위임받아 격리와 예방접종을 강제로 집행할 수 있었다. 1900년 흑인 아프리카인들을 강제로 흑인자치구역으로 이주·격리하기 시작했는데, 이 또한 흑인들이 공중 보건의 위험 요소라는 주장을 그 구실로 삼고 있다.[17] 아파르트헤이트 시대 남아공은 전적으로 이 전통에 따라 AIDS 유행에 대응했다. 기실 전 지구적 보건 정치학 연구자 제러미 유드(Youde 2005, 426쪽)는 AIDS가 아파르트헤이트 지지자들에게 마지막 버팀목이 되어 주었다며, 그들이 "1900년대 초반 공중 보건을 이유로 인종격리를 정당화했을 때 사용했던 수사적 도구를 거의 그대로" 쓰고 있다고 지적했다. 아파르트헤이트 시대 남아공 정부는 아마도 최초로 HIV의 위협을 공개적으로 군사화했고, 나아가 HIV 감염인은 내부 테러리스트 공격의 대리인이라는 요즘은 널리 퍼진 공포까지 퍼뜨렸다.[18] 그리고 남아공 정부가 최초로 HIV를 생물학전의 도구로 고려했음 또한 분명하다. 여러 사례가 있지만, 특히 비밀 생물학적 무기 프로그램을 통해 HIV를 불임 유도 물질로 변형시켜 아프리카 여성들에게 전파하려는 연구 사업에 남아공 정부가 적극적으

---

17. 이 점에 대해서, Youde 2005를 보라.
18. 사회비평가 수전 손택(Sontag 1988, 62쪽)은 남아공 외무장관 보싸(Botha)의 다음과 같은 경고를 인용했다. "테러리스트들은 이제 맑스주의보다 더 무서운 무기, 바로 AIDS와 함께 우리에게 다가오고 있다."

로 참여했다는 사실이 보고되었다.[19] HIV의 위협에 대한 압도적인 군사적 대응 한편으로, 아파르트헤이트 체제는 공중 보건과 교육, 그리고 예방에서 선택적인 무시의 정치를 채택했다. 수많은 논평가가 지적한 바 있듯 이러한 고의적인 무대응은 남아프리카 내 흑인 '자치구'homeland에서 대부분 발생했고, 여러 보수주의적 정치인은 공개적으로 AIDS 대유행 덕분에 아프리카의 잉여 인구가 효과적으로 말살되기를 희망한다고 말했다.

음베키는 AIDS 위기에 대한 그의 독특한 대응(혹은 무대응)이 바로 남아공의 이러한 과거 유산을 온존시키지 않기 위해서라고 설명했다. 남아공에서 AIDS에 관한 투쟁은 이렇게 아프리카 흑인의 부흥을 위한 음베키의 철학의 핵심 요소가 되어, 정치적 그리고 생물학적 면역의 새로운 인식론으로까지 이어졌다. 이전의 많은 비평가처럼 음베키도 AIDS 과학과 AIDS 예방을 영속적이고 체계적인 인종주의라며 비난했다. 그는 많은 주장을 펼쳤는데 그중 여러 경우는 타당했다. 즉 AIDS는 아프리카에서 탄생했다는 이론과 이 질병이 유인원에서 아프리카인에게로 전파되었다는 추측은 모두 인종주의적 상상에서 비롯되었고, 이성 간의 접촉을 통한 HIV 전달이 언제나 지배적인 아프리카의 특수성을 다루는 데 서구의 공중 보건을 위한 방편들은 전혀 적합하지 않으며, 남아공에 서구적인 AIDS 예방 모델을 적용하는 일은 아파르트헤이트 시절 공중 보건 정책을 다른 수단을 통해 추구하는 것과 매한가지라는 주장

---

19. 다시 한 번 Youde 2005, 426~27쪽을 보라.

들이다.

그러나 음베키는 또한 소위 AIDS 불찬성론자dissident, 즉 HIV에 대한 정통 질병 분류학에 이의를 제기하는 과학자들의 의견에 대중적인 지지를 보냈다. 이들의 저술들을 언급하며 음베키 대통령은 바이러스인 HIV와 증후군인 AIDS 사이의 관계는 결정적으로 확립되지 않았으며, 후천성 면역결핍 증상이라는 이름으로 묶인 한 뭉텅이의 감염증이 아프리카 공동체 내에서 오랫동안 널리 퍼져 있었다고 보았다. 따라서 항레트로바이러스가 AIDS 치료에 효과가 없을뿐더러, 심지어 환자들에게 독이라고 (나아가 감염의 원인일 수도 있다고까지) 그는 주장했다. 더구나 AIDS 불찬성론자의 강변은 음베키의 손을 거치며 훨씬 더 광범위한 지구적 정치 경제 비판과 결부되었는데, 이는 많은 점에서 이 장의 앞부분에서 개괄했던 비판과 유사하다. 음베키는 AIDS의 궁극 원인은 빈곤이라고 보았다. 그리고 만약 HIV가 존재한다면 그 바이러스는 그저 전 지구적 자본의 매개체로서, 새로운 제국주의가 교묘히 새로이 탄생한 아프리카의 신체 정치에 침투할 수 있도록 해 준 전염체이다. 그러나 음베키는 이와 같은 주장을 AIDS를 치료해 주리라는 기대를 받는 약품에도 적용했다. 만약 거대 제약사들이 남아공에서 항레트로바이러스제의 가격을 협상하고자 한다면, 그것은 단지 제약사들이 치료제를 가장하여 지구적 자본의 바이러스를 전파하는 임상 시험을 해 보기를 원하기 때문이라고 음베키는 주장했다. 이렇게 놀랍도록 어긋나는 주장들을 편 끝에, 음베키는 결국 바이러스인 HIV와 치료제인 항레트로바이러스제가 전 지구적 자본 흐름의 매개체라는 점에서 인과적으로 동등하다고 보았다. 이렇게 그는 아프리카 민족들에게로 오는 약과 독 모두를 거부하는 초^超-면역 측을 지지하는 편에 섰다.

그러나 이러한 주장은 AIDS 이외의 분야에서 신자유주의적 의제에 대단히 열성적인 모습을 보여 주곤 했던 음베키의 정치적 전력과 다소 동떨어져 있다. 정치경제학자 패트릭 본드(Bond 2001)가 상세히 밝혔듯, 음베키는 여러 탈식민지의 신민족주의자처럼 자신이 구사하는 화려한 말들보다 실은 탈규제의 요구에 훨씬 더 주파수를 맞추고 있었다. 클린턴 행정부와 긴밀한 관계를 유지했다는 점을 제외하고도, 그는 재임 기간 동안 스스로 부과한 부채 상환 계획을 충실히 지키면서 동시에 보건, 복지 및 교육 부문 공공 지출은 상당히 삭감했다.

그러나 음베키 정부가 맹렬히 투자한 분야가 있다. 바로 국방이다. AIDS 위기가 한창일 때, 영토의 안보에 어떠한 현실적인 위협도 없던 상황임에도 불구하고 남아공 정부는 재래식 무기를 최신화하고 증강하는 데 엄청난 지출을 시작했다(Van der Westhuizen 2005). 이 결정을 정당화하기 위해 남아공 정부는 새로운 안보 위협의 본질적인 예측 불가능성, 나라 안팎 모두에서 등장할 수 있는 위협, 그리고 이런 상황에 대응하기 위한 선제적인 기동 타격 역량의 확보 필요성 등 현재 테러와의 전쟁에서 쓰이는 수사와 놀랍도록 유사한 일련의 주장을 펼쳤다. 예전 남아공 국방부의 웹사이트에 따르면 남아공 군은 "국제 관계의 본질적인 예측 불가능성은 국내적인 혼란과 겹쳐 뜻밖의 위협이 상대적으로 빠르게 현실화될 수 있도록 하며, 따라서 우리는 내외부를 막론한 무법 상태에 대응할 역량을 보유할 필요가 있다. …… 우리의 평시 국방력이 전시만큼 확대될 필요는 없다. 하지만, 현 상태에 만족할 여유도 없다"고 경고했다(Harris 2002에서 재인용).

1998년 『국방평론』*Defense Review* 지에서 남아공 국방부는 안보 개념을 순수한 군사적 영역 너머로 넓혀서 소위 더욱 일반적인 인간 안보의 관점을 채택하고 명시했다. "정부는 안보에 대한 광의의, 전일적 접근방식을 채택하여, 안보의 다양한 비군사적 차원은 물론이고, 국가의 안보와 인민의 안보 사이의 구분에 대해 인지하고 있다. 남아공 인민의 안보에 가장 큰 위협은 빈곤, 실업, 그리고 높은 범죄율 및 폭력과 같은 사회-경제적 문제들이다."[20]

AIDS에 대한 음베키의 어긋난 생각에서 AIDS 바이러스, AIDS 치료, 그리고 감염인이 모두 포괄적인 위협, 즉 국지적 특수성이 없는 위협으로 등장하는 데 비해, 남아공 국방부가 제시한 안보 정책의 명백한 위험은 아프고 죽어가는 최하층 계급의 "내부적 무법성"에 맞서 "아프리카 국민"을 지키는 데 그 정책이 사용되리라는 데 있다. 이미 늘어나고 있는 사회적 불평등이 다른 아프리카 국가로부터의 내부적 이민으로 인해 더욱 심해진다는 엄포 속에서 외국인 혐오가 점차 증가하는 시대에 이러한 안보 정책이 도래한다.[21]

---

20. 남아공 국방부의 『남아공 국방평론』(*South African Defense Review*) 1장과 서문을 보라. http://www.dod.mil.za/documents/defencereview/defence %20re-view1998.pdf
21. 이 점은 Ashforth 2005, 104~5쪽을 보라.

달리 말하면, 여기에 음베키의 선제적인 초-면역의 정치가 자가면역 반응과 유사한 무언가로 뒤바뀔 우려, 즉 이것이 신자유주의에 대한 신민족주의적 반응의 징후라고 여길 만한 위험이 있다.

신민족주의는 신세계질서의 풍토병이다. 신민족주의는 두드러지게 지방색을 강조하고 있는데, 남아공의 현 상황이 엄중하다는 널리 퍼진 인식을 아주 잘 대변해 주는 것이 바로 주술(혹은 **무티** muthi)의 언어이다. 여러 연구에 따르면, 아파르트헤이트 이후의 이행기 동안 주술이 증가 추세에 있다는 인식이 일반적이다.[22] 남아공에서의 삶을 괴롭히곤 하는 심각한 신체적 위험이 일상적으로 불안정함을 느끼는 데 일조한다는 점은 의심의 여지가 없다. 살인과 강간은 놀랄 만큼 많이 일어나는 반면 아파르트헤이트 이후 범죄에 대응하는 제도적 수단으로서의 경찰은 흑백을 막론하고 어떤 인구 집단을 위해서도 전혀 기능하지 못하고 있다. 그러나 마술은 침묵과 은밀함 속에서 가장 효과적으로 효능을 발휘한다고 생각되므로, 무티의 공포는 AIDS 유행에 대한 반응으로 가장 강렬하게 나타났다(알려진 바에 따르면 남아공에서 HIV/AIDS 진단은 대부분 비밀로 감춰진다). 증상 및 감염 방식에서 HIV/AIDS는 "인체의 일부, 신비스런 존재의 삽입(이 표현의 모든 의미로), 그리고 좀비의 사용"(Ashforth 2005, 41쪽)을 통해 만들어 낼 수 있는 무티와 연관된 특징 중 많은 부분을 포함하고 있는 듯 보였다.

게다가 강제 이동으로 인해, 마술의 보이지 않는 무차별적인 힘

---

22. 특히 같은 책, 그리고 Comaroff and Comaroff 1993을 보라.

은 전 지구적 자본의 흐름과 연관되었는데, 둘 다 일상생활을 황폐화하는 효과를 가진 듯 보이는 무형적인 운동이었다.[23] 무티의 유의성valence [24]은 놀랍도록 양면적이어서 독으로도 약으로도 작용할 수 있고, 부를 창출할 수도 부를 박탈할 수도, 불법적인 절도의 수단도 재산을 지키는 부적도 될 수 있다(같은 책, 41~44쪽). 따라서 무티는 음베키와 같은 신민족주의적 정치의 구조적인 양면성에 완벽히 부합해, 음베키가 치료제인 항레트로바이러스제를 손쉽게 독이라고, 지구적 자본의 보이지 않는 매개체여서 부의 근원을 강탈하는 도구라고 선언할 수 있도록 도왔다.

AIDS 부정론denialism, 무지막지한 보건복지 지출 삭감, 그리고 미국 레이건 시대 AIDS에 대한 반응의 특징인 낙인찍기라는 조합을 탈식민주의적 아프리카 민족의 이름으로 남아공에서 결국 되풀이하게 되었다는 데 음베키 정치의 역설이 있다. 또한 가설적인, 예측할 수 없는, 내부적인 위협에 맞선 음베키의 군비 지출 증가는 감염병과 생물학적 테러(바이오 테러리즘)에 대한 미국의 최근 정책 방향과 눈에 띄게 일치한다는 점은 놀랍기까지 하다. 이것이 시사하는 바는, 도시의 인종 및 젠더 하위계급들은 그들이 아파르트헤이트 이후의 남아공에 있건 북미의 게토에 있건 간에 어떤 점에서 서로 공명하게 된다는 것이다. 이는 또한 대중영합적인, 도덕적인 반제국주의자의 대변인이라고 자처하는 음베키 같은 정치인이 신자

---

23. 이 점은 Comaroff and Comaroff 2001을 보라.
24. [옮긴이] 誘意性. 개인 혹은 어떤 행위가 갖는 끄는 힘, 혹은 결합시키는 힘.

유주의적 교리와 함께할 수 있도록 하는 공모 관계를 증명한다.[25] 실은 음베키 정부의 "인간 안보"에 대한 투자는 남아공의 점증하는 외국인 혐오 정서와 긴밀하게 맞닿아 있다. 흥미롭게도 남아공의 외국인 혐오 정서는 예전 아파르트헤이트 상태에서의 인종적·계급적·젠더적 구분을 넘어선다. 혐오 정서는 근방의 다른 국가에서 유입되는 노동 이민자를 겨냥하고 있으며, 경제적 침략의 위협과 더불어 범죄와 전염에 대한 공포를 동시에 불러일으키고 있다.[26]

위에서 주장했던바, 위난은 반제국주의의 특정한 형태가 노동의 초국가적인 흐름과 가족이나 국민이 포괄하지 못하는 제도 사이의 교차점에 놓인 이들을 범죄화한다는 데 있다. 이들은 바로 혈액, 체액, 바이러스, 임상 시험, 돈, 그리고 욕망의 거래에서 지나치게 많은 "거래"량을 몸에 짊어진 듯 보이는 사람들이다. 이렇게 감염되었다고 의심받는 이들의 몸에 모든 종류의 대중적인 악령 쫓기 의식을 행하는 곳에서, 창녀의 몸(가족과 시장의 경계, 상품화와 자기 착취의 경계에 격렬하게 도전하는 몸)이 감염의 장소이자 그 원천으로 지목되는 것은 아마도 불가피할 것이다. 특히나 남아공에서 농촌 지역이나 아프리카 남부의 다른 국가에서 이주해 온 성 노동자의 수가 늘어나면서 말이다. 이러한 자극에 대한 한 반응은, 그

---

25. 이런 이유로 나는 인류학자 제임스 퍼거슨(James Ferguson)이 보여 준 대중적 도덕주의의 정치적 잠재력에 대한 낙관주의에 동의하지 않는다. Ferguson 2006, 69~88쪽을 참조하라. 이와 반대로, 반제국주의는 성적 관계, 가족 관계, 그리고 도덕적 관계의 수준에서 사적 소유를 복구하려는 경향이 있다.
26. 남아공의 외국인 혐오와 증가하는 이민자 대상 폭력의 수위에 대해서는 Crush and Pendleton 2004를 참조하라.

리고 국가의 적절한 경계를 재주장하기 위한 수단은, 바로 성 노동자들을 범죄화하는 것이다. 분명 이는 남아공에서 현재 벌어지고 있는 일인 듯 보이는데, 남아공 정부는 최근 관광 산업의 진흥에 왕성한 도움이 되고 있다 해도 매춘에 대해서는 관용이란 없다며 "도덕 갱생 운동"을 펼치기 시작했다.[27]

다시 한 번, AIDS에 대한 남아공의 대응은 부시 시대의 지구적 건강 및 대외 원조 정책과 놀랍도록 조응하는데, 부시의 정책 또한 유난스레 도덕주의적인, 실은 복음주의적이고 근본주의적인 전환을 꾀했다.[28] 그런 만큼 남아공에서도 복음주의적 성령강림파 교회들이 주술과의 투쟁에서 가장 두드러진 목소리를 냈다.

조지 W. 부시의 2003년 전 지구적 AIDS 계획은 제약 산업을 위한 새로운 시장을 여는 한편 AIDS 정책을 공중 보건 기관들이 아니라 대외 정책과 안보 의제 쪽으로 넘겨주려 했다는 점에서 주목할 만하다. 공중 보건과 상업적이고 군사적인 이해를 한데 묶으려는 시도와 함께 부시는 신앙 기반의 오직-금욕[29] 운동에 한해서만 AIDS 예방과 치료 기금을 지원했다. 부시의 신앙에 바탕을 둔

---

27. 이 점은 Arnott 2004와 Slaughter 1999를 보라.
28. 낙태 반대와 금욕 추구 운동을 시작한 후, 부시의 전 지구적 AIDS 기금은 해외 비정부기구들이 미국의 HIV 및 반 인신매매 기금을 받으려면 성매매에 반대한다는 서약서에 서명하도록 의무화했다. 부시의 AIDS 및 전 지구적 공중 보건 정책에 대한 구체적인 내용은 Kaplan 2004, 167~93쪽, 219~43쪽을 참조하라. 보다 최근의 반 성매매 서약에 대해서는 Schleifer 2005를 보라.
29. [옮긴이] abstinence-only : 미국 성교육 방침 중 하나로 금욕 이외의 성에 대한 교육을 회피해야 한다는 주장.

생명정치와 그 제국주의적 차원은 이 책의 마지막 장에서 다룬다. 다음 장에서 나는 미국에서 일어난 감염 질환의 군사화에 대해 논의한다. 미국의 대외 정책과 생명과학 연구 양쪽의 의제를 결정할 때 가상적인 생물학적 위협의 중요성이 점차 늘어나고 있다. TRIPs의 역사와 사하라 이남 아프리카의 AIDS 유행에 TRIPs가 미친 영향은 공중 보건의 신자유주의적 군사화가 내디딘 첫발을 대표한다. 그러나 미국 국내 정치에서도 이러한 경향은 점차 확대되고 있다. 이를 통한 부시의 생물학적 비상사태의 정치는 잉여 인구를 적대하는 방법으로써 인도주의적 전쟁을 미국에서 부활시켰다.

3장

선제적인 출현
테러와의 전쟁, 그 생물학적 전환

그것은 예측하거나 예방할 수 없다. 단지 대응할 수 있을 뿐이다
…… 그것은 거친 변동(wild variation)이다.[1]

— 브누아 망델브로, 『시장의 (이상)행동: 위험, 몰락, 그리고 보상의 프랙털적 관점』[2]

9·11 사태에 이어 산발적으로 발생해 아직 범인이 밝혀지지 않은 탄저균 공격이 있은 지 3년 후인 2004년, 부시 행정부는 미국 역사상 최초로 생물학적 위협에 대한 국방 전략을 실행에 옮겼다. 당시 미국 의회 또한 향후 10년간 생물학적 방어biodefense 연구를 위한 사상 최대 규모의 연구비 지원 사업을 승인했다. '생물학적 방패'BioShield라는 이름이 붙은 이 연구 사업에서 생물학적 테러리스트의 위협에 대항하기 위해 백신과 약품을 구매, 보유하는 데 56억 달러가 책정되었다. 이 법안을 통해 정부는 연구 프로그램을 출범시킬 수 있는 권한과 함께 국가적 비상사태에 직면했을 경우 기존 약품 규제를 무시할 수 있는 특별 권한 또한 부여받았다. 이와 함께 생물학적 무기 방어 시험을 위한 연구 센터 네 곳을 설립하기 위한 더욱 비밀스러운 계획 또한 추진되었다. 미국은 빠르게 확산하는 공격에 맞서기 위한 준비를 하는 듯 보였다. 그러나 미국은 정확히 무엇에 대비해 무장했던가?

이 주제에 대한 부시 대통령의 대중 연설 내용을 보면, 그 치명적인 위협이 주도면밀한 생물학적 테러리스트의 공격에서 야기되는 것인지, 아니면 현재 도시의 병원들을 꾸준히 괴롭히고 있는 재유행하는 감염, 혹은 약제 내성 감염으로부터 비롯되는 것인지가 분명하지 않다. 공식 문서들은 이런 감염병의 발생과 생물학적 테러는 둘 사이를 구분할 어떤 수단도 없는 만큼, 이들은 동등한 위

---

1. [옮긴이] 저자 망델브로는 이와 반대의 변동을 부드러운 변동(mild variation)으로 구분하고 있다.
2. Mandelbrot 2004, 41쪽.

협으로 취급되어야 한다고 선언하고 있다. 자원을 배분할 때에도 혼동은 계속되었다. 생물학적 방어를 위한 새로운 연구비 대부분은 기존에 이미 공중 보건 및 감염성 질환 연구에 관여되어 있던 기관으로 흘러들어갔고, 유전체학의 시대에 탄생했으나 경영이 곤란해진 생명공학 신생 기업들은 그들의 에너지를 새로운 군사적 응용 영역으로 다시 투입할 것을 권유받았다. 미국 국방을 위해서 전쟁과 공중 보건의 관계, 그리고 미생물학적 생명과 생물학적 테러리즘의 경계는 전략적으로 무시된 듯 보였다. 테러와의 전쟁을 효과적으로 이끌어나가기 위해 그 유래가 어디건 간에 미생물학적 위협에 포괄적으로 대처할 필요가 있었을 것이다.

그렇다면 어떻게 최근 미국 국방정책에서 이러한 "생물학적 전환"이 이루어지게 되었나? 그리고 공중 보건 및 생의학과 전쟁을 새로운 위협이라는 간판 아래 통합시켜 낸 안보 의제security agenda에 우리는 어떻게 대응해야 하는가? 이 장에서는 생물학적 무기에 대한 점증하는 관심이 단순한 전술적 측면 이상의 의미를 띄고 있으며, 미국 국방에서 지켜온 신조 중 하나인 상호 억제 독트린을 전방위 지배, 반┌확산, 그리고 선점으로 대체하는 전략적인 재정의와 관련되어 있다는 점을 주장하고자 한다. 미국이 생물학적 무기를 방어 무기 목록에 포함하는 방향으로 변화함에 따라, 공중 보건과 안보의 접점, 생명공학 산업 및 군사 연구의 접점에서는 전쟁·안보·군사적 위협의 본질 자체를 다시 사고하고 있다. 생의학과 전쟁 사이의 경계가 점차 상당히 의도적으로 흐려지고 있는 상황에서 우리의 비판적인 지평을 전통적으로 규정된 군사 영역에 국한하는 것은 이제 무의미하게 되었다.

이 장에서는 최근 감염성 질환 연구의 발전에서부터 생명공학 산업의 휘발성이 큰 자산과, 미국 국방 부문의 내부적 전환에 이르기까지, 테러와의 전쟁의 생물학적 전환을 이끈 여러 가닥의 이야기들을 풀어나갈 것이다. 생의학과 군 사이에 새로이 형성된 제도적 연합뿐만 아니라 (더욱 중요한 내용인) 지난 수십 년간 두 영역 사이에서 일어난 개념적 교환에 대해서 주의를 기울였다. 특히 생물학적 창발성biological emergence, 내성resistance, 그리고 선제성preemption 같은 개념의 복잡한 역사와 이 개념과 미국 국방 담론의 교차에 주목했다. 이러한 교환을 탐색해야만 테러와의 전쟁이라는 이름으로 최근 추구되고 있는 개입을 전체적으로 이해하고 그에 대응할 수 있다.

전쟁 중인 세균Germs at war

20세기 공중 보건의 특징을 가장 잘 표현하는 유산 중 하나는 우리 인간과 감염병이 어느 지점에서 일종의 최종적인 "휴전"에 도달하리라는 착상에 있을 것이다. 19세기 말 세균병원설이 발전한 이후로 현대 생물학은 인간과 미생물이 서로 인정사정없는 전쟁, 즉 오직 한 쪽만이 승리하게 되는 생존을 위한 투쟁을 하고 있다고 믿었다. 2차 세계대전 이후에야 공중 보건 기관들은 이 전쟁 또한 거의 끝나간다고 선언할 만큼 상황을 낙관했다. 한편으로는 전통적인 공중 보건 전략인 검역과 예방접종, 그리고 다른 한편으로는 신세대 항생제와 백신의 대규모 사용을 통해 우선은 "발전된" 세계에서, 그리고 나중에는 "발전 중인" 세계에서 감염병을 격리하고, 검역하며, 심지어 박멸하리라는 자신감이었다. 1978년이 되면 유엔은 세계에서 가장 빈곤한 국가들조차도 2000년이 오기 전에 "역학적 이행"epidemiological transition을 경험해 감염이 아니라 노년층의 만성질환이 지배적인 새로운 시대로 접어들게 되리라는 일치된 예상을 담은 보고서를 발간했다.

역설적이게도 바로 그 시기부터 감염병이 극적으로 재유행하기 시작했다. 복지 축소라는 명목으로 공중 보건 지출이 심하게 삭감되고 미생물학은 생명과학의 주변으로 밀려 나간 지 한참 지난 상황에서, 새로운 감염병이 발생하는 한편 오래된 질환은 새롭고 더욱 치명적인 형태로 재출현했다. 이는 어쨌든 "저기 저곳"에는 여전히 건재한 전염병으로부터 여기 이곳의 자신들은 면역되었다고 믿어 온 부자 국가들의 관점에서 본 것이다. 세계보건기구는 2000년 『감염병에 대한 보고서』에서 휴전은 끝났다고 공식 선언했다. 즉, 전 세계적으로 감염병들이 재발하기 시작한 것은 전쟁보다도 치명적인 위협을 의미하고, 우리는 미생물에게 허를 찔렸으며, 미생물들은 우리가 마침내 안전해졌다고 생각한 바로 그때 막후에서 반격을 준비하고 있었다.

이렇게 고전적인 세균병원설의 군사적 용어가 공중 보건 담론에 화려하게 복귀했지만, 지금의 전쟁은 과거와는 다른 종류로서, 검역 국가에 대한 한때 든든했던 믿음을 뒤흔들고 있다. 병리적인 미생물은 경계와 무관하게 널리 퍼졌다. 친구들은 적으로 돌변했다. 면역학적 자아는 자신을 적으로 오인했다(자가 면역 질환). 가장 유망한 치료법(항생제)은 우려스런 속도로 내성을 유발했다. 생의학은 확실하게 승리했다고 여긴 만큼이나 역풍을 몰고 왔다(예를 들면, "발전된" 세계에서의 항생제 남용, 그리고 "발전 중인" 세계에서의 항생제 부족). 오랫동안 만성 혹은 유전적 질환이라고 여겼던 질병들이 실은 잠복한 감염과 예상치 않았던 연계가 있음이 급작스레 밝혀지기도 했다(P. Ewald 2002). 이전에는 전염이 불가능하다고 생각했던 경계를 뛰어넘는 신종 병원체도 출현했는데, 여기에는 종 간 경계도 포함되어 있다(광우병과 크로이츠펠트-야콥병 등). 탈규제화된 혈액 시장 덕분에 오염된 혈액 파동이 발생할 수 있었고, 광우병의 경우 복잡한 경계를 넘는 식품의 이동이 연루되어 있다. 이렇게 전염병은 자유 무역의 매개체에 편승해 전파되었는데, 여기에는 유전자 변형 작물과 치료제 생산과 관련된 유전학적 도구들 또한 매개체로 활용되었을 것이다.

동시대 미생물학에서는 어떤 개념적인 혁명이 발생했다. 새로운 미생물학은 미생물의 생명과 우리가 불가피한 공진화 관계에 있다는 사실을 알려 준다. 우리는 박테리아와 우리 고유의 세포 사이에 있었던 고대의 동맹에서 문자 그대로 탄생했다. 미생물은 우리 안에 있고, 우리 역사 속에 있으며, 또한 지구 상 모든 형태의 생명의 지속적 진화에도 관여하고 있다. 생물학자들은 미생물 생명의 생태계적 차원을 발견했으며(식물, 동물, 그리고 미생물을 지구의 지질학 및 대기의 구성과 연관시키는 공통 진화의 개념), 신생 전염병은 기후 변화와 불가분의 관계에 있다고 주장하고 있다. 생물학자 린 마굴리스와 도리언 세이건은 환경이 "생명을 위해 생명에 의해 조절된다"며, 모든 생명 형태를 연결하는 한편 숨 쉴 수 있는 대기를 유지시켜 주는 공통 매개체는 박테리아 진화로 가능해졌다고 말한다(1997, 94쪽).

한편 최근의 연구는 박테리아 진화의 특수한 과정을 새로이 밝혀내고 있는데, 박테리아는 우연적인 돌연변이나 선택압보다는 수평적인 교류라는 고도로 가속화된 과정을 통해 진화했다는 주장이 제시되었다. 1950년대 후반 이래로 박테리아끼리 DNA 서열 조각의 교환이 가능하며 때로는 무관한 종 사이에서도 수평적 감염의 일반적 과정을 통해 이러한 교환이 일어난다는 사실이 알려져 있다.[3] 그러나 최근에 와서야 이러한 이동성의 전모가 분명해졌다. 특정한 조건에서 박테리아 DNA의 이동성 서열들은 종·속·계를 뛰어넘어 도약하며, 새로운 유전체에 한 번 통합된 이후 변형되고 재조합될 수 있으며, 박테리아 유전체 그 자체가 매우 유동적이고, 스트레스 하에서 돌연변이를 일으킬 수 있으며, 그 자체로 돌연변이 비율을 증가시킬 수 있다는 것이다(Ho 1999, 168~200쪽). 많은 주요 전염병 전문가들은 미생물의 내성을 (고도로 가속화된) 다윈

---

3. "수평적 유전자 이동"의 과정에는 형질 도입(박테리아 간 바이러스 감염), 형질 전환(환경으로부터 DNA 서열의 직접적 흡수), 그리고 접합(세포 대 세포 연결 및 플라스미드라고 불리는 염색체 외의 DNA 조각과 관련된 현상)이 포함되어 있다. 수평적 유전자 이동 연구는 1980년대 후반에서 1990년대 동안 유행이었다. 이와 관련해 최초의 개괄적인 분석은 Levy and Novick 1986이 있다. 또한 Miller and Day 2004를 참조하라.

적 진화의 형태로 이해하고 있지만(Lederberg, Shope, and Oaks 1992), 일단의 새로운 연구는 박테리아는 내성을 부여하는 무작위적 돌연변이를 기다릴 필요도 없다는 주장을 제기하고 있다. 미생물들끼리 그러한 돌연변이를 공유할 수 있다는 것이다. 새로운 미생물학은 박테리아의 내성이 말 그대로 전염성이라는 점을 발견하고 있다(Levy and Novick 1986; Ho 1999, 178~79).

미생물이 보유한 내성에 대한 새로운 통찰은 유전공학 기술에 대한 우리의 이해에도 심대한 중요성을 띤다. 분자생물학이 20세기 공중 보건의 정치철학과 공유하고 있는 것은 바로 생명의 미래 진화를 예견하고 통제할 수 있으며, (최악에는) 국소적인 개입을 기반으로 역공학적reverse-engineered 접근을 할 수 있다는 믿음이다. 그러나 감염병의 재출현과 재조합 DNA 기술 사이에 잠재적 연관이 있다는 최근 연구의 지적이 있는 만큼, 위와 같은 공유된 유토피아에 대해 보다 면밀한 검토가 진행 중이다. "유전자 변형" 생명 형태의 생산은 결국 내성을 일으키는 매개체와 동일한 전달의 매개체들, 즉 바이러스·전이 인자transposon(이동성 유전 요소)·플라스미드(염색체 바깥의 유전 요소) 등에 의해 이루어진다. 그리고 이러한 매개체들은 순환 및 재조합이 더 잘 이루어지도록 계속해 변형된다. 수평적 이동의 전모가 밝혀짐에 따라 생물학자들은 이러한 전달의 매개체들을 활용함으로써 불가피하게 약제 내성이 유발되거나 심지어 촉진된다고 주장하기 시작했다.[4]

---

4. 어떤 생물학자들은 미생물의 내성이 1970년대 중반부터 급작스레 증가한 현상은 단

재출현한 창발성Emergence Reemerging

미생물학자 르네 뒤보는 생물학적 진화의 시간성temporality을 서술하는 한 방식으로 "창발"emergence이라는 용어를 최초로 사용했다. "창발"을 통해 뒤보는 국지적인 돌연변이의 점진적인 축적이 아니라 전체적인 공진화 생태의 맹렬한, 때로는 파국적인 격변, 즉 단일 돌연변이로부터의 선형적 관점으로는 예측할 수 없는 급작스러운 장의 변천을 이해하고자 했다(Dubos, [1959] 1987, 33쪽). "건강 현황 변천"health transition 5이 공식적인 공중 보건의 원칙이었던 당시, 뒤보는 감염병이 안정화된다거나 심지어 완전히 퇴치되리라는 발상을 일축했다. 세균과의 전투에서 최종적인 균형은 있을 수 없다고 그는 주장했다. 내성과 반확산, 창발, 그리고 반反창발의 공진화에는 이렇다 할 한계란 없기 때문이었다. 뒤보의 저작에서 미생물의 "내성" 개념은 병리적인 것과의 연관에서 자유로운, 그저 창발의 또 다른 표현이므로 거기에 완료란 없으며, 미래의 진화란 현재로서는 예측 불가능하다.

뒤보는 20세기 중반 공중 보건에 대한 전략적인 시각에 대해 통렬하게 비판했으나 그가 내놓은 답은 평화주의적인 선언이라기보다는 전쟁에 대한 대안적인 시각, 그리고 질병에 대한 반反철학이었

지 항생제 남용만으로 설명할 수는 없으며, 아마도 유전자 이식 생물의 상업적 규모의 활용과도 연결되어 있으리라고 주장한다. Ho 1999, 181~82, 192~200쪽을 보라.

5. [옮긴이] 특히 의료 및 보건 측면의 서구화로 인해 해당 인구집단의 질병 분포가, 감염성 질환은 감소하여 수명은 늘어나는 대신 소위 선진국형 질병인 암과 각종 성인병은 증가하는 방향으로 이행하는 것을 의미한다.

다. 뒤보는 만약 우리가 전쟁 중이라면 우리는 격리할 수 없는 적과 싸우고 있다고 주장했다. 종의 경계 내부에 포함되지 않는, 안과 밖 모두에 존재하는 위협은, 우리의 생존에 필요하지만 우리에게 적대적으로 변하는 경향이 있으며 또한 우리의 "치료법"에 대응해 자신을 재창조할 능력도 갖추고 있다. 뒤보가 본 전쟁극은 인간, 박테리아, 그리고 바이러스 같은 존재들의 공동의 영향을 전제하고 있다. 즉 이들 존재는 서로 상대의 진화 조건으로 깊은 관련을 맺고 있다. 따라서 뒤보는 감염에 대항해 우리를 안전하게 지키려고 격렬하게 노력할수록 그에 따른 모든 종류의 저항을 받게 되리라고 주장했다. 언제가 될지 어떻게 일어날지는 아직 모르지만, 미생물적 생명은 우리의 방어를 무력화시킬 것이다. "예측 불가능한 시간이 지나면, 지금은 예상할 수 없는 방식으로 자연은 반격해올 것이다"(같은 책, 267쪽).

뒤보의 의견에 따른다면, 공진화하는 창발성의 가차 없는 본성 때문에 우리는 어쩔 수 없이 전쟁을 치르게 되며, 우리 자신은, 정확히 "언제" 그리고 "어떻게"에 대해서는 그저 추측밖에 할 수 없는 위협에 대해 영구적인 전쟁으로, 끝을 예상할 수 없는 반^反저항의 게릴라 형태로 대항한다. 이토록 규정하기 힘든 전쟁에 대해 효율적인 전략적 대응은 불가능해 보이기도 하지만, 바로 그런 점에 대비해 공중 보건은 준비되어야 한다고 뒤보는 지적했다. 만약 인간이 미생물로부터의 피할 수 없는 "역공" 속에서도 살아남고자 한다면, 우리는 앞으로 예상치 않은 것에 대해서도 준비할 필요가 있다고, 다시 말해 알려지지 않은 것, 가상적인 것, 창발적인 것에 맞서는 법을 배워야 한다고 그는 주장했다. 뒤보는 새로운 생명의 과학은 반드시 "예측 불가능한 것의 출현에 대한 경각심", 간신히 느끼거나 감지할 수 있을 따름인 위협에 대한 반응성을 길러야 한다고 썼다(같은 책, 271쪽). 창발하는 무언가가 우리가 특정 짓고 인식할 수 있는 형태로 현실화되기도 전에 이미 그에 대응할 수 있는 능력을 갖추어야 한다. 뒤보는 생명은 도박, 곧 일종의 투기적인 전쟁이라고 주장했다(같은 책, 267쪽). 그리고 이 전쟁은 우리가 현재 적응해 있는 실제적 한계가 무엇이건 그것을 넘어서는 인간의 존재 조건의 창조적인 재발명이다. 따라서 이 전쟁은 대항 감염에 저항하는 시도가 선제적인 만큼이나 필연적으로 선제적이다.

뒤보는 자신이 활동하던 1950년대 당시 지배적인 공중 보건의 통설과 정반대의 주장을 펼쳤다. 그러나 30년 후, 질병에 대한 그의 대항철학은 미생물학 주류로 받아들여진 듯하다. 이제 미생물학자들은 감염 질환의 계속된 진화는 불가피하다고 말한다. 감염병의 최종 정복이란 불가능하며, 다음의 유행이 언제 어디서 발생하게 될지에 대한 예측조차 허용되지 않는다. 생물학자 조슈아 레더버그Joshua Lederberg, 로버트 쇼프Robert Shope, 그리고 스탠리 옥스Stanley Oaks는 이렇게 지적했다. "인류가 현존하는, 혹은 미래에 나타날 다수의 미생물성 질환에 맞서 완전한 승리를 거둔다는 기대는 비현실적이다." 그리고 이어서 "개별적인 미생물적 질환이 발생할 시간과 장소는 예측할 수 없다 해도 새로운 미생물적 질환이 나타나리라는 점에 대해서는 확신할 수 있다"(같은 책, 1992, 32쪽). 새로운 공중 보건 담론은 새롭고 더욱 치명적인 형태로 다시 수면 위로 부상하고 있는 예전의 병원체들, 인간에게는 처음 감염되기 시작한 현존하는 병원체들, 그리고 완전히 새로 나타난 병원체들까지, 떠오르는, 혹은 다시 떠오르는 감염병에 대하여 주의를 환기하고 있다. 새로운 공중 보건 담론에서는 감염병의 본질적인 특성을 새로이 출현함, 그리고 창발성이라고 정의한다. 새로운 미생물학에 따르면 공중 보건 정책이 대적해야 할 대상은 특수한 병인을 보유한 단일 질병이 아니라 어떤 형태를 취하건, 언제 어디서 현실화되건 상관이 없는 창발 그 자체이다.

또한 묘하게도, 창발하는 감염병에 대한 담론은 또한 미국의 외교 정책 및 국제 관계 이론가들의 심금을 울렸던 것으로 보인다. 당시 이들은 탈냉전 시대를 정의할 새로이 "출현한 위협들"을 하나하나 열거하느라 바빴다. 새로운 정보new intelligence 의제의 기치 아래, 종종 NGO 및 인도주의 단체의 무비판적 지지를 받곤 했던 국방 이론가들은 전통적인 군사 영역뿐만 아니라 생명 그 자체를 포함하도록 안보의 범위를 넓혀야 한다고 주장했다(Johnson and Snyder 2001, 215~218쪽). 여기서 문제가 되는 것은 인간 생명의 안보화(즉 인도주의적 전쟁이라는 참으로 이상한 개념)인데, 미국 국방 담론은 여기서 더 나아가 극소의 영역에서 생태체계 수준에 이르기까지 생명 전체를 자신의 전략적 비전 속에 통합하고자 하였다.[6]

미생물학적 안보 개념의 가장 저명한 후원자 중 하나는 오래

---

6. 인간 안보·생물학적 안보·미생물학적 안보 개념을 (그리고 식품이나 물 안보 등의 문제도 함께) 논의하는 광범위한 국제 관계 이론 문헌이 출간되었다. 특히 Chyba 1998, 2000, 2002를 참조하라. 또한 Brower and Chalk 2003도 보라.

전부터 이렇게 주장해 왔다. "창발하는 감염병은…… 국가 안보에 명백한 위협이 되고 있"고 미국 국방은 창발하는 약제 내성 질환 및 생물학적 테러 모두에 대응하는 일반 전략을 발전시켜야 한다(Chyba 1998, 5쪽). 이런 의견이 극단적인 입장을 대표하는 듯 보인다면, 2000년 출간된 미국 CIA의 보고서를 언급해 둘 만하다. 이 보고서는 창발하는 "전 지구적 감염병"을 새로운 테러리즘에 비견하여 비전통적인 안보 위협으로 분류했다(National Intelligence Council 2000). 2002년 미국 의회는 공중 보건 안보 및 생물학적 테러 대비 및 대응법을 통과시켰는데, 여기서 생물학적 테러리스트 공격과 유행병에 대해 동등한 비상 대응 절차를 규정하고 있다(U.S. Congress 2002). 좀 더 최근의 사례를 들자면 미국 국방부는 미국 정부가 (감염병의 재도래에 밀접히 관련되어 있다고 여겨지는) 기후 변화로 인한 임박한 위협에 경각심을 가지는 것만으로는 부족하며 이를 국가적 안보 위협으로 다루어야 한다고 강조하는 보고서를 펴냈다(Schwartz and Randal 2003). 보고서는 생명의 향후 진화는 끊임없는 전투로 규정되리라고 경고했다.

중요한 것은, 공동체 수준의 보살핌에 대한 접근에서부터 예방 접종 프로그램 및 건강 보험에 이르기까지 전방위적으로 그 효과를 체감할 수 있는 공중 보건의 신자유주의적 파괴가 창발의 안보화와 병렬적으로 일어났다는 사실이다. 새로운 안보 담론은 뒤보의 미생물 전쟁의 철학을 받아들여, 미생물들과 함께 살아가는 관계적 실천에 대한 심오한 통찰들을 모조리 폐기했다. 뒤보 논의의 핵심은 미생물적 생명은 그 본래의 변이성으로 공중 보건의 생태와 긴밀한 협동작용을 통해 진화한다는 주장이다. 약제 내성과 같은 생물학적 현상은 장기적 관점에서는 피할 수 없는 결과이지만, 우리가 약을 투약하고 유통하는 방식에 따라 더 심해질 수도, 아니면 그 반대일 수도 있다. 현재 부국들의 항생제 과대 사용 경향, 그리고 빈국들의 과소 사용 경향 모두가 약제 내성 가속화에 한몫하고 있다.

한편 돌발적인 생물학적 사건에 대한 우리의 제도적 대비 태세는 쓰레기 수거, 상하수도, 그리고 무상 진료와 같은 기본적인 공중 보건 서비스 조직화에 따라 다소 영향을 받게 된다. 공중 보건에 대한 신자유주의적 해체의 효과가 새로운 질병의 창발을 가속하는 데 어느 정도의 책임이 있는지에 대해, 설사 기여 요소가 분명하다 하더라도 그 정확한 평가는 어렵다. 그러나 레이건 시대 공중 보건 지출 삭감으로 창발적인 사건과 관련된 대비 태세 일반이 약화했다는 점에 대해서는 반론의 여지가 없다. 1987년 의학연구소[7]는 레이건 시대에 공중 보건이 붕괴하여 미국은 가장 흔한 감염 질환들도 구조적으로 다룰 수 없게 되었다고 경고했다.[8] 의외의 사태에 대한 대비의 부재는 통상 신자유주의적 위험 정치의 독특한 특성이다. 역설적이지만, 신자유주의는 생물학적 위험이 순전히 예측 불가능하다고 주장하면서도 또한 그 위협이 불가피하며 만연해 있다는 태도를 확고히 했다. 언제 어디서 일지 확신할 수 없지만, 그

---

7. [옮긴이] Institute of Medicine, 미국 학술원 산하 조직으로 보건 및 의료 분야에서 전 세계에서 가장 지적 영향력이 높은 단체 중 하나.
8. Lefters, Brink, and Takafuji 1993, 272쪽에서 인용. Davis 2005, 129쪽도 보라.

사건은 반드시 일어날 것이었다. 그리고 우리에게는 대비되었다는 느낌을 받으라고 권고하지만, 신자유주의는 정작 가장 가벼운 충격 조차도 근본적으로 대비하지 않은 채 내버려 두었다.

생물권적 위험 : 창발적인 것에 맞서기

1980년대 동안 위험에 대한 새로운 이해가 보험제도, 자본 시장, 그리고 환경 정치의 언어에서 동시에 나타났다. 바로 "재해 위험"catastrophe risk 개념이다.[9] 재해 사건은 전 지구적 환경 재난의 모습으로 드러난다. 핵겨울·지구 온난화·오존층 파괴에서부터 창발하는 질병과 식중독·유전자 변형·생의학적 유행병에 이르기까지 "재해 위험"은 현미경적 수준과 전 세계적 유행병의 수준에서 동시에 작동하는, 생물권적 규모의 기술적 사고accident를 지칭하게 되었다. 최근 들어 이 개념은 "복합적인 인도주의적 재난", 즉 냉전 시기의 단순한 예측 전략을 무시하는 사회적 파국 상태를 의미하는 개념과 융합되었다.[10] 역사학자 프랑수아 에왈드(1993)는 여기서 쟁점은 사고에 대한 근본적으로 새로운 계산법이라고 보았다. 고전 위험 이론의 규칙적인 사고와는 달리, 재난은 보험 가입이 불가능하다. 이 재난이 초래하리라고 위협하는 것은 복구 불가능한 변화이

---

9. 이들 세 영역에서의 재해 위험 개념에 대한 개괄은 F. Ewald 1993, 2002, Bougen 2003, 그리고 Haller 2002를 각각 참조하라.
10. Natsios 1997, 2~6쪽을 보라.

다. "왜냐하면, 그 규모가 그 어떤 보장 제공 기구의 능력을 뛰어넘을 뿐만 아니라," 또한 재난의 장기적 효과는 "생명과 그 재생산", 생명과 그 소통의 매개체에 영향을 미치기" 때문이다(같은 책, 223쪽). 자신을 지구 상 생명의 생태학적 조건에 각인시키면서, 놀랍게도 재해 사건은 파괴적이면서 동시에 "창조적"이다.

만약 재해 사건이 위험 관리의 어떤 역설로서 주기적으로 나타난다면, 그것은 재해 사건이 합리적 의사결정의 전통적인 관점을 교란하기 때문이다. 고전적인 위험 이론은 우리가 미래 사건의 가능성을 적어도 통계적인 방식으로 예측할 수 있다고 가정한다. 즉 시간 범위를 확장할수록, 그리고 시야를 확대할수록, 우리의 예측은 더욱 정확해진다. 만약 어떤 사건의 확률을 계산할 수 없다는 생각이 든다면, 우리는 결정을 내리기 전에 더 많은 정보를 얻을 때까지 언제나 기다릴 수 있다. 예측은 예방 가능성의 기초를 이룬다. 최악의 상황이라면, 고전적 위험 이론은 만약 사건이 일어난다 해도 그 사건에 대한 보험을 들 수 있게 되리라고 안심시켜 준다. 그러나 재해 위험은 이러한 사치스러운 대비를 인정하지 않는다. 재해 위험이 발생하면, 불시에, 돌연히, 모든 피해 통제 노력을 압도하는 규모로 일어날 것이다. 여기서 우리가 다루는 것은 특이한 사건이라기보다는 전체 사건의 장에 걸쳐 증폭되는, 경고 없이 나타나서 지구 상 생명의 조건을 즉시, 돌이킬 수 없도록 바꾸는 국면 이행으로서의 사고이다.

사태를 더욱 악화시키는 것은, 이들 사건의 본질상 우리가 이미 얼마나 멀리 와 버렸는지 결코 확신할 수 없다는 데 있다. 재난은 잠복한다. 우리는 부지불식간에 재난 직전에 와 있을 수도 있다. 속도를 늦추기에는, 과정을 역전시키기에는, 어떤 종류의 (상대적인) 평형을 복원하기에는 이미 너무 늦었을 수도 있다. 만약 재해가 우리에게 닥친다면 과거로부터의 연대기적 연속성 없이 미래에서부터 오는 것이다. 우리가 이 세계에서 뭔가 잘못되었다고 의심한다 해도 (이를테면 기이한 기상 유형들, 대규모 메뚜기 떼의 습격, 녹아내리는 만년설, 그리고 출현하는 세계적 유행병들), 어떤 정보 뭉치도 우리가 정확히 언제, 어디서, 어떻게 대혼란이 발생하게 될지 틀림없이 찾아내는 데 도움이 될 수 없다. 우리는 오로지 짐작할 수 있을 뿐이다.

그러나 우리는 그러한 사건이 현실화된다면 그 결과는 파국적이고 돌이킬 수 없으며, 계산 불가능한 손실을 동반하리라는 사실은 알고 있다. 환경 위험 이론가 스티븐 할러(Haller 2002, 93쪽)의 말대로, "우리에게는 결정을 미룰 여유가 없"지만, 또한 재해 위험으로 인해 현재 우리는 필연적으로 포착하기 어려우면서 불확정적인 위협에 맞선 과감하면서도 즉각적인 대응을 해야 한다. 그런데 이렇게 내린 결정이 다시 그 고유의 계산 불가능한 위난을 초래할 수도 있다는 그런 불편한 처지에 우리는 놓여 있다. 할러는 "내 관심은 재해가 발생할 가능성에 대한 이해할 만한 근거를 마련하기 전에 재해를 피하기 위한 행동을 취해야 한다는 요청을 받는 경우, 우리는 무엇을 해야 하는가와 같은 일반적인 문제"라고 밝혔다(같은 책, xii). "우리는 불확실성 하에서의 중요한 의사결정이라는 문제에 정면으로 대응해야 한다"(같은 책, 87쪽).

여기서 프랑수아 에왈드는 어떤 곤란한 상태가 신자유주의적 안보 정치를 규정하고 있다고 주장했다. 재해 사건은 우리가 "그저 상상하고, 낌새를 느끼고, 추정하거나 혹은 두려워하는," 우리가 "가늠할 수는 없어도 염려할 수는 있는" 위난으로 우리에게 닥쳐온다(F. Ewald 2002, 286쪽). 이런 점에서 재해 위험의 새로운 담론에서는 미래에 대한 정서적 관계를 의사결정의 유일한 가용기반으로 설정하고 있으며, 동시에 이러한 기획 고유의 추측하는 본질 또한 인지하고 있다. 이 담론은 (판별 가능한 위협에 대한) 공포보다는, 예상 가능한 종결 지점이 없는 경계 상태를 유발한다. 이 담론은 미처 대상을 포착하기도 전에 우리가 의심하는 것에 대응하도록, 막 창발하는 것이 언제 어떻게 현실화될지 예상하기도 전에 대비하기를, 그리고 불가지한 무언가에 대해서 그것이 실현되기 이전에 맞서기를 우리에게 촉구한다. 요약하자면, 재해 사건이라는 개념은 창발하는 위기(어떤 종류라도, 생의학적·환경적·경제적 등)에 대해 유일하게 가능한 대응은 오로지 예측하는 선제 대응밖에 없다고 주장하는 듯하다. 미국의 공식적인 전략적 교범에서 선제적 전환이 일어나기 전에 집필되었다는 점에 주목할 만한 할러(Haller 2002, 14쪽)의 표현을 한 번 더 빌리면, "몇몇 지구적 위험상태는 그 특성상 위협의 현실성에 대해 확신할 만큼 충분한 증거를 확보하기 전의 즉각적인 선제적 대응이 아니고서는 예방할 수 없다. 불확실한 주장에 따라 지금 행동하지 않는다면, 파국적이고 비가역적인 결과가 인간 통제의 한계를 넘어 펼쳐질 것이다."[11]

여기서 국제 정치학에서 자리를 잡게 된 선제성에 대한 두 가지 태도의 차이를 구분하는 것이 중요하다. 한편으로, 소위 사전예방 원칙은 창발하는 재해 위험에 맞서 반작용하는 대응을 대표한다. 불확실한 미래에 직면하여 사전예방원칙은 어떤 종류의 잠재된 위험 요소를 내포하고 있다고 의심되는 기술의 경우는 더 이상의 개발을 중단하라고 권고한다. 생물학자 매-완 호(Ho 1999, 168쪽)는 "우리는 통제 불가능한, 치료 불가능한 감염병의 대유행이라는 악몽의 서곡을 이미 경험하고 있는 듯하다"며, 이러한 의혹에 근거해 "우리는 지금 [유전자 조작의] 중지를 요청해야 한다. 허비할 시간이 없다"고 주의를 촉구했다.

두드러진 성과를 거둔 사전예방의 원칙은 〈교토 의정서〉 같은 국제적인 합의나 몇몇 유럽연합 국가들의 입법에서 공식화되어, 예측불허의 미래에 직면한 집합적인 예방 행동에 착수해야 한다는 새로운 법적 의무의 원칙을 도입했다. 1995년 통과된, "과학 기술적 지식의 수준을 고려했을 때 확실성이 부재하다고 해서 심각하고 돌이킬 수 없는 환경 훼손의 예방에 효과적이고 균형 잡힌 방안의 채택을 미뤄서는 안 된다"는 프랑스 법조문은 사전예방의 철학을 완벽하게 담아내고 있다(F. Ewald 2002, 283쪽에서 재인용). 일반화된 의혹에 따른 행동인 사전예방원칙은 처음 제기되었을 때 주었던 인상에 비해 실제로는 덜 혁신적으로 보인다. 정치 분야에서 사전예방원칙의 대응 상대는 복지 국가의 완충장치를 해체하고 조금의 일탈 행동도 범죄화하는 신자유주의적 사회 정책에서 찾을

---

11. 강조는 인용자.

수 있다. 환경주의적 사전예방의 사회학적 측면은 바로 무관용 정책이다.

다른 한편으로, 선제성 개념은 특히 미국에서 공격적인 반(反)핵확산을 정당화하기 위해 더욱 자주 활용되고 있다. 이 핵확산 방지야말로 미국의 새로운 군사적 선제주의의 가장 뚜렷한 사례이다. 그러나 선제성으로의 이동은 환경적, 생명공학적, 그리고 생물권적 위험에 대한 미국의 태도 변화에서도 이미 드러난 바 있다. 조지 W. 부시 대통령 시기 미국은 〈교토 의정서〉 및 1972년 〈생물무기 및 독소무기 금지협약〉BTWC에서 탈퇴했다(물론 빌 클린턴 때 이미 생물학무기 연구가 세균전쟁 비확산 합의를 무시한 채 시작된 바 있다). 여기서 미국이 공식화하기 시작한 입장은 이제 계산 불가능한 영향에 대한 단순한 의혹만으로 혁신을 중단시키는 것이 아니라 잠재적인 방사능 낙진을 미리 방지하기 위해 바로 혁신을 동원하는 데 초점을 맞춘, 공격적인 핵확산 방지의 법적 권리이다.

경제 영역에서 재해 위험의 실용적인 응용은 1990년대 중반 재보험사들이 자연적·기술적 재난에 대한 위험 회피를 자본 시장에서 할 수 있도록 허용한 대재해 채권cat bond처럼, 예측과 관련된 새로운 도구의 발명에서 볼 수 있다. 자연 및 항공 우주 재해를 대상으로 포함하는 대재해 보험은 이제 정규적으로 거래되고 있지만, 테러리즘에서부터 기후 변화와 유전학 분야의 사고까지 모든 것을 포괄하는 보험의 발행은 현재 제안 수준에 머물러 있다.[12] 더욱 신

---

12. [옮긴이] 정부까지 참여해 보험회사의 손해 가능성을 줄여 주는 반민 반관 테러위

중한 자산 투자 방식을 대신하는 대재해 보험은 계산 가능성의 한계에 있는 재해 사건의 통상적인 본질, 즉 기존 보험을 들 수 없다고 판정받게 되는 특성 덕분에 유용하게 쓰인다(Chichilnisky and Heal 1999). 한 산업 보고서에 따르면 새로운 생명공학에 연루된 사고의 잠재성을 파악하려면 우리는 "상상조차 할 수 없는 것을 생각해야 하고, 수량화 불가능한 것을 수량화해야 한다"(Swiss Re 1998). 대재해 보험은 불확실성 그 자체를, 법적인 계약으로 보호받는, 거래가 가능한 사건으로 변환시키면서 위의 딜레마를 해결한다. 그 과정에서 대재해 보험은 가장 예측불허인, 말 그대로 아직 나타나기도 전이라서 예측할 뿐인 생물학적 미래를 파악하려 시도하는 재산권의 한 형태를 발명했다.

재해 사건의 이 모든 경제적·생물권적·군사적 측면들은 생물학적 테러리즘에 대한 새로운 전략적 담론에서 하나로 모이게 된다.

새로이 나타난 위협들

1969년 닉슨 행정부가 생물학적 무기 프로그램을 포기한다고 선언한 까닭은 핵폭탄이나 화학무기와 비교하면 세균전이 가진 이점이 없어 보였기 때문이었다. 생물학전에 대한 상원 조사에 제출

험보험 제도는 9·11 사건의 경험으로 2002년 도입되어 현재까지 많은 국가에서 운용 중이다.

한 문서에서, 미국 국방 자문관들은 생물학전이 상호 억제라는 전략적 목표와 본래부터 배치되므로 중단해야 한다고 주장했다. 생물작용제biological agent는 그 효과를 예측하기 어려우며, 불확실한 기후 및 환경 조건에 쉽게 반응할뿐더러, 국경에 무관하게 영향을 미치고, 민간영역과 군사영역, 아군과 적군, 이곳과 저곳의 경계를 나누어 사용하기 어려우므로 무기를 사용한 측에도 불리한 효과를 미칠 수 있다(Novick and Shulman 1990, 103쪽; Wright 1990, 39~40). 상호 억제라는 전략적 틀 내에서 생물학전은 작동하지 않을 뿐만 아니라, 이 기조가 내포하고 있는 "힘의 균형"도 위협받는다고 이들은 주장했다.

닉슨의 여러 자문역은 세균전의 보급이 비국가 저항운동 측에 힘이 되어 미국과 소련 모두의 전략적 이점을 영구적으로 약화하는 방향으로 대량 살상 무기의 사용을 대중화하게 되리라고 경고했다(Wright 1990, 40쪽). 생물무기로 인해 전파되는 위협은 특수한 병원체뿐만이 아니라 전적으로 또 다른 전쟁 양태이다. 그들 간의 직접적이면서도 치명적인 경쟁 이전에, 두 초강대국은 주권이 없는 적의 출현을 막고자 한다는 점에서는 이해관계가 같았다. 이 모든 이유로, 미국은 소련의 선택과는 무관하게 공격용 생물무기 프로그램을 단독으로 포기하면서도 주저함이 없어 보였다. 그리고 1972년, 런던과 모스크바, 그리고 워싱턴에서 〈생물무기 및 독소무기 금지협약〉이 조인되었다.[13]

---

13. 그러나 〈생물무기 및 독소무기 금지협약〉이 성공적으로 강제되지는 않았다. 생물

30년 후, 생물학전은 미국 국방정책의 주변부에서 핵심으로 재부상했고, 상호 억제 원칙은 테러와의 전쟁, 전방위 지배, 그리고 선제적 타격에 그 자리를 내주었다. 2001년 부시는 1972년의 〈생물무기 및 독소무기 금지협약〉을 강화하려는 유엔의 노력에서 발을 빼면서 자신의 임기를 시작했다. 그리고 2001년의 탄저균 공격으로, 부시는 미국 의회에 "방어적인" 생물무기 연구에 대규모의 10년 단위 연구비 지원 계획을 승인해 달라고 요청했다. 생물학적 비확산의 시대는 그렇게 공식적으로 종말을 고했다.

부시의 여타 수많은 화려한 군사적 조치들처럼, 생물학적 반확산 전략으로의 전환 또한 소위 군사 혁신Revolution in Military Affairs, RMA으로 불리던 제도적인 개혁 과정에서 이미 등장하고 있었다. 1990년대 초반에 개시된 군사 혁신은 전쟁의 가상적 미래를 모의실험(시뮬레이션)하려는 시도로서, 미국 국방의 전략적 재조직화를 위한 암묵적인 몇 가지 처방을 제시했다(그중 많은 내용이 클린턴 행정부에서 수행되었다). 냉전 시대의 해법들이 더는 미국과 같은 초강대국의 헤게모니적 지위를 떠받치지 못한다는 점이 분명해지면서 군사 혁신 문헌들에도 영향을 미쳤다.[14] 국가 중심의 양극 간 갈

학전 전문가 수잔 라이트(Susan Wright 1990)는 이 협약은 애초부터 강제 집행규약이 없고 연구 및 제한적인 비축 또한 허용했다고 지적한 바 있다. 미국에서 생물무기 연구는 레이건 집권기에 재개되었으나, 클린턴 임기 동안 본격적으로 증가했다. 한편 역설적이게도 닉슨 행정부는 미국에서 생물학 무기 연구를 퇴출했지만, 동시에 닉슨은 최초로 마약과의 전쟁을 선포하고 많은 부분에서 오늘날 테러와의 전쟁을 연상케 하는 방식으로 전 세계적인 반란진압작전(counterinsurgency)을 개시한 바 있다. McCoy 2003, 387~460을 보라.

14. 여기에서 가장 적당한 참고문헌은 특히 "재해적 테러리즘"(catastrophic terror-

등의 시대 동안 상호 억제를 통한 공유된 위험회피라는 일종의 균형이 구축되었다. 그러나 구소련이 붕괴하면서 대량파괴 능력이 오로지 초강대국에만 국한된다는 가정을 유지할 수 없게 되었다.

군사 혁신 문헌은 21세기 전쟁은 테러리즘이 지배하리라고 예상했지만, 국가 후원 테러리즘이라는 지금까지 친숙했던 종류와는 다른 유형일 것이라고 내다보았다. 새로운 테러리즘은 하나 혹은 그 이상의 국가들에서 자금을 얻게 될 것이며 (사우디아라비아 지배층과 이슬람 신근본주의자들의 관계를 생각해 보라), 그 폭력, 확산 및 인원충원 양식은 영토적 경계를 넘어 작동할 것이다. 군사 혁신 문헌에서는 이들 "창발적인 위협들"을 그들의 국가적, 정치적, 혹은 이데올로기적 동맹에 따라 구분하는 대신, 이 새로운 테러리즘이 냉전 시기 국가 중심의 전쟁 준비 흐름에는 보통 무관심하리라는 점에 주목했다. 방어할 영토가 없는 이 새로운 적은 상호 억제라는 정서적인 한계(위험회피의 원천으로서의 상호적 공포) 내로 저지할 수 없을 것이며, 전통적인 예측, 위험 평가, 그리고 의사결정 모델로는 헤아릴 수 없을 터였다. 국방 전문가 앤서니 코더스먼(Cordesman 2001, 421쪽)의 표현에 따르면, 테러리스트 공격의 "미래를 예측하는 데 쓸 만한 과거 사건의 '표준 분포 곡선'은 없다." 테러는 정의상 "불확실한," "새로이 나타나는," 그리고 전 세계적인 유행병이다. 따라서 그것은 "격변"이라고 클린턴의 국방 자문역들은

---

ism) 개념을 다루고 있다는 점에서 Carter 2002와 Carter and White 2001이라 할 수 있다.

지적했다.[15]

또한, 동시에 군사 혁신 문헌에서는 재앙적인 테러리즘의 증가로 인해 생물학전이, 가용한 군사적 선택지 중 하나로 부활하게 되리라고 예상했다. 초강대국의 광범위한 산업 기반구조로 지탱되었던 냉전 시기의 핵무기와 화학무기는 이제 완전히 쓸모없어지지는 않는다 해도 정보전, 그리고 특히 생물학전biowarfare의 등장으로 점차 주변화될 것이다. 구소련의 생물무기 프로그램 및 구소련 과학자의 이라크로의 대탈출에 대한 폭로, 그리고 뒤이은 이라크 측의 소규모 생물무기 프로그램의 존재 시인으로, 미국이 이 "빈자들의 무기"를 위험하게도 무시하고 있었다는 공포가 언론을 통해 퍼져나갔다. 클린턴 행정부는 일본과 미국의 광신도 집단이 시도했으나 실패했던 수차례의 탄저균 공격 시도를 생물학적 테러의 형태를 띤 새로운 전쟁의 신호로 지목했으며, 생물무기 전문가들은 유전공학이 새롭고 고도로 전염성이 강한 병원균의 제작에 새로운 기회를 제공하리라고 우려했다(Block 1999; Miller, Engelberg, and Broad 2001; Fraser and Dando 2001). 생물작용제가 곧 미래의 무기라는 생각은 공식적인 대중 담론으로 굳어지게 되었다.

그러나 현실에서 생물학적 테러리스트의 공격 사례는 미국에서 희귀하고, 실은 별일 아니었으며, 그 배후 또한 모호했다(2001년 탄저균 공격의 경우). 이 점을 고려할 때, 전쟁의 미래가 생물학

---

15. 1990년대 후반 클린턴 정부의 국방부 차관 애슈턴 카터(Ashton Carter)는 "재해적 테러리즘" 개념을 널리 알린 사람 중 한 명이다. 이 개념은 2001년 9월 11일 공격 이후 미국 국방 담론에서 흔히 쓰이게 되었다.

전이라는 미국 정부 일각의 거창한 확신은 어떻게 평가해야 하는 가? 이 미래 시나리오가 현실화될 가능성이 얼마나 되긴 간에, 생물학전에 대한 갑작스러운 집착은 무엇보다도 미국 국방의 의도적인 자기-전환, 즉 어떻게든 실제와 상상의 위협의 차이를 흐릿하게 만들고자 하는 군사부문 혁명('군사 혁신')의 효과로 이해할 필요가 있다. 미국의 전략은 냉전 이후 완전히 한 바퀴를 돌아 제자리로 돌아왔다. 소수중심minoritarian, 비국가 게릴라 운동의 등장을 막는 것 (혹은 공산주의에 맞선 투쟁 내에서만 이들을 회복시키는 것)이 한 때 중요한 과제였지만, 이제 미국은 소련과 유사한 초강대국의 재출현을 막는 것을 목표로 한다.[16] 군사 혁신의 전략적 청사진에 따라 미국은 세계적 규모에서 자신을 창발적인 게릴라 저항 운동으로서 (물론 대규모 정부예산적자를 통해 동원된 군자금을 받는) 새롭게 만들어 나가고 있으며, 전쟁은 영구적인 신자유주의 반혁명의 과정으로 변환하고 있다.[17]

그 결과, 상호 억제 원칙은 미국 국방의 조직 원리의 지위에서

16. 1992년 작성된 미국 국방부의 1994년에서 1999년까지의 "국방 계획 지침" 초안에 따르면, 냉전 후 미국의 첫 번째 목적은 "구소련 및 여타 지역에서 구소련과 유사한 위협을 초래하는 새로운 경쟁국의 재등장을 방지하는 것"이 되어야 했다. "국방부 계획 발췌본"(1992)에서 인용.

17. 『다중 : 제국의 시대, 전쟁과 민주주의』에서 안또니오 네그리와 마이클 하트(Negri and Hardt 2004)는 현재 미국의 전략은 닉슨 시대와 "신자유주의 혁명" 초반으로까지 거슬러 올라갈 수 있다는 대안적인 계보학을 제안했다. 즉 닉슨 행정부를 전쟁의 두 시대 사이의 교차로에 위치시킬 수 있다는 주장이다. 한편으로 닉슨은 새로운 종류의 반목이 등장하는 상황을 경계해 냉전의 현 상태를 공격적으로 유지하고자 노력했지만, 다른 한편으로는 그와 별도로 베트남에서 라틴 아메리카까지, 그리고 마약과의 전쟁에서, 그 자신의 반란진압작전 정치에 이미 관여하고 있었다(같은 책, 38~40쪽). 이러한 반란진압 전술은 이제 미국 국방 전략을 지배하게 되었다.

물러나게 되었다. 클린턴 시절 이 원칙은 반▷확산 개념으로 대체되었는데, 이 움직임은 선제적 전쟁으로 가는 첫걸음이라는 점에서 비판받았다.[18] 부시 행정부는 한발 더 나아가 군사적 대응에서의 광범위한 미래지향적 시공간을 구성하기 위해 반▷확산과 전방위 지배 및 선제성을 결합했다. 이러한 특정한 전략적 맥락 아래에서 미국은 생물학적 무기 연구가 중요하다고 확신하게 되었다. 미국 국방 자문역들과 생물무기 전문가들은 냉전 시기 초강대국들이 생물학적 무기가 쓸모없다고 판단하도록 한 바로 그 특성 때문에, 이제 신세대 테러리스트에 대응하기 위해 생물학적 무기가 필요하다고 주장한다(Chyba 1998; 2000). 이와 관련해 미국 국방부는 표면적으로는 방어적인 특성을 띠는 생물무기 연구를 장기적인 군사적 재편과 통합시키고 있음이 분명해 보인다. 여기서 중요한 점은 군사 연구개발, 무기 비축, 그리고 연구비 지원의 전술적 재조직화 그 이상이라는 점이다. 생물학적 전쟁의 잠재적 유용성은 미국 국방부가 예상하듯 전략적이면서 동시에 심리적이거나 혹은 전략적으로 심리적인데, 요즘 한참 발전 중인 테러리즘 심리학 쪽 전문가들의 지적에 따르면 생물학적 무기는 "테러를 일으키는 데 특별히 효과적"

---

18. 이 점에 대해서는 클린턴 행정부 내 다수가 "세계 유일의 초강대국 미국이 개발도상 지역 국가들의 핵 프로그램을 일방적이자 선제적으로 파괴하는 수단을 고안하고 있다고 우려"했음을 지적한 Müller and Reiss 1995, 139~50쪽을 보라. 저자들은 "비록 몇몇 국방부 관리들이 사적으로는 반핵확산이 선제적인 군사 공격을 염두에 둔다는 점을 인정하고 있지만, 보다 고위 관리들, 특히 국방부 차관 애슈턴 카터는 명시적으로, 그리고 반복하여 그러한 역할은 없다고 부인해 왔다"(같은 책, 139쪽). 클린턴 시절과 신보수주의의 영향권 내 미국 국방의 차이는 후자가 명백하게 선제성을 받아들이고 있다는 점에서 분명히 드러난다.

이기 때문이다(Hall et al. 2003, 139쪽). 탐지되지 않고 보급, 배양하고 한 박자 늦춘 효과를 발생시킬 수 있다는 점에서 생물학적 작용제는 창발 그 자체를 궁극적인 군사적 위협으로 변환시킬 능력을 보유하고 있다. 21세기 초 생물학적 테러는 미국 국방 정책의 핵심 사안으로 떠오르고 있는 듯 보이며, 그 가상적인, 특징적으로 창발적인 사건을 중심으로 국방 정책은 전쟁에 대한 전체상을 재조직화하고 있다.

선제성Preemption

여러 논평가가 지적했듯, 국제법에서 선제성은 새로운 개념이 아니다. 그러나 전통적으로 선제성의 권리는 한 국가가 **임박한** 공격에 대한 경고 혹은 가시적인 증거를 확보했을 때 바로 반격할 수 있는 권한을 부여한다. 2002년 9월의 미국 국방안보전략에서 제시한 개요에 따르면 전쟁에 대한 급진적으로 새로운 기조에서는 위협에 대응하는 선제 행동의 사용을 특히 정당화하고 있는데, 여기서 위협은 임박했다기보다는 **창발적**이며, 그 실제 발생에 대한 추측은 너무나 어려워서 예상하거나 장소를 특정하기가 불가능하다.[19] 신뢰

---

19. 역으로, 테러리스트 위협의 "창발적인" 본질은 9·11 공격 이전 미국의 상대적인 무대응을 정당화하는 데 동원되었다. "언제 9·11은 임박하게 되었나?"는 조지 부시의 신보수주의파(네오콘)가 내놓은 수사학적 질문이었다. 선제성의 이해를 놓고 일어난 이 광범위한 변동에 대한 폭넓은 해설은 O'Hanlon, Rice, and Steinberg 2002를 보라. 선제성에 대한 신보수주의자들의 이해는 군사 전략가 앨버트 월슈테터(Al-

성이 높은 냉전의 상대편과는 달리, 새로운 테러리스트 네트워크와 테러지원국들은 상호 억제로는 설득이 되지 않는다고 부시는 경고했다. 그들의 움직임은 계산 불가능하고, 언제 어디서 나타날지 불확실하며, 그 비용 또한 확정할 수 없다는 주장, 이것이 바로 미국이 더는 기다릴 수 없다는 이유라고 한다.

위협이 커질수록, 무대응의 위험도 커진다. 그리고 **비록 적들의 공격이 발생하는 시간과 장소는 불확실하다고 할지라도, 우리를 방어하기 위한 예측 행동은 더욱 긴요해질 필요가 있다.** 적들의 적대적 행위에 앞서 손을 쓰거나 예방하기 위해 미국은, 필요하다면, 선제적으로 행동할 것이다……

미국은 **창발하는 위협이 완전히 형태를 갖추기 전에 대응할 것이다** (National Security Strategy 2002, 15쪽, 4쪽).[20]

선제적 타격은 전쟁의 정당성과 관련된 현존하는 모든 원칙에 어긋난다는 비판을 받았다. 그러나 이는 급진적으로 새로운 법의

---

bert Wohlstetter)와 로버타 월슈테터(Roberta Wohlstetter)의 저작들, 특히 후자의 연구인 『펄 항구 : 경고와 결단』(*Pearl Harbor : Warning and Decision*)에 의존하고 있다. 예측 불가능한 기습 상황에 직면했을 때 상호 억제에는 한계가 있음을 지적하고 있는 이 저술은 선제성 교리를 지지한 가장 초기의 주장을 대표한다. 더욱 중요하게도, 로버타 월슈테터는 그 저술에서 미래 지향적 인식, 기습, 그리고 "갈망"의 효력의 심리학에 대한 광범위한 토론을 전개했다.

20. 강조는 인용자.

공식화로서, 미래의 위험에 대한 "우리"의 집합적인, 그러나 예측 계산의 결과가 아니라 반신반의하는 우려에서 폭력 사용의 정당성 기반을 찾는 그 고유의 방식을 봐야만 더 잘 이해(그리고 논박)할 수 있다. 이 점에서 선제성 개념은 이전의 어떤 전쟁의 교의보다도 사전예방의 원칙과 공통점이 많은데, 후자는 국제적인 **환경법**에서 점차 더 많이 작용하고 있다. 선제성과 사전예방은 우리의 의심, 근심, 그리고 공포에 법의 능동적인 힘을 부여해 주었다. 또한, 이 둘 다 우리는 절대적이고, 보험 가입이 불가능한 불확실한 미래에 노출되어 있고, 주권적 경계를 넘나드는 사건에 복잡하게 연루된다고 주장한다. 그러나 사전예방의 원칙은 미래에 대해 전적으로 불관용 방침을 견지해야 한다고 조언하는 반면, 선제공격주의는 미래에 생존할 수 있는 유일한 길은 창발성의 조건을 깊이 파고들어 우리 스스로 그것을 실현하는 수준에 이르는 방법뿐이라고 보고 있다.

선제성은 우리의 일반적인 대비를 실제의 동원력으로 변환시켜, 우리가 사로잡혀 있는 불확실한 미래에 우리 자신을 맞춰 나가야 한다고 강요한다. 예상하는 방식으로서의 선제성은 미래 예측 혹은 미래 상징이라기보다는 **미래 호출적**인데, 왜냐하면 우리가 집합적으로 불안해하면 할수록 바로 선제성이 불러일으키는 미래가 뚜렷이 다가오게 되기 때문이다. 2002년 미국 안보 전략이 법의 힘을 통해 확언하고자 하는 내용은 전쟁 동원 조건은 추측에 근거할 수밖에 없다는 주장이다. 미국 국방부는, "(군대는) 종결 상태가 아니라 과정으로 사고되어야 한다. 따라서 국방부 장관이 국방부의 전환이 마무리되었다고 선언하게 되는 순간은 **예견 가능한 미래**

에는 없을 것이다. 대신, 전환 과정은 영구히 계속될 것이다. 국방 전환의 책임자들은 **미래를 예측하고 미래 창조를 위해 어디든 가능한 도움을 예측해야 한다**"며 제도적이고 전략적인 전환을 명시하고 있다 (Office of Force Transformation 2004, 2쪽).[21]

2002년에 미국의 공식 국방 기조로 격상된 이후로, 선제성 개념은 원래의 맥락에서 벗어나 지구 온난화에서부터 감염병에 이르기까지 새로운 환경 및 보건 위기들에도 점차 더 많이 적용되고 있다. 2002년, 부시의 국가안보 보고서 발간 직후, 한 대외 정책 학술지의 사설란은 새로운 선제성 기조가 기후 변화에까지 확장되어야 한다고 제안했다.

……국가의 자기방어라는 명분에 기댄 선제적인 군사행동이 필요해지면서, 미국은 21세기의 국경을 넘나드는 새로운 위협에 직면한 주권의 한계에 대한 새로운 탈-웨스트팔렌적인 정의를 밀어붙이게 되었다. 테러리즘뿐만 아니라, 기후 변화 또한 그러한 위협에 포함된다.……미래 테러리스트 활동처럼, 우리는 무엇이 일어나게 될지 절대적으로 확신할 수는 없지만, 징후들은 존재한다.……홍수, 가뭄, 해수면 상승, 빙하의 용해, 그리고 새로운 질병의 창궐을 너무 늦을 때까지 기다리기보다는, 현명하게 판단해 그러한 가능성에 선제적으로 바로 지금 대응하는 것은 어떤가……부시 행정부가 이러한 관점에 도달했는지와는 무관하게, 새로운 선제적 기

---

21. 강조는 인용자.

조는 이미 국제 공동체를 자극하여, 의도치 않게도 기후 변화를 포함하여 국경을 넘는 또 다른 위협들에 대응하는 다국적 행동에 대한 규정집과 논리를 제공하고 있다.(Gardels 2002, 2~3쪽)

이러한 군사적 미래를 예견한 사람은 위의 언론인 혼자만이 아니다. 2003년 후반 미국 국방부는 돌연한 기후 변화가 미국 안보에 끼칠 수 있는 잠재적 영향에 대한 보고서를 출간했다(Schwartz and Randal 2003을 보라).[22] 이 보고서의 저자들은 이제는 익숙해진 재해 위험의 딜레마를 다음과 같이 서술하고 있다. 기후 변화는 일어날 것인가? 이미 일어나고 있는가? 그 효과는 얼마나 심각할 것인가? 우리는 돌이킬 수 없는 국면 이행의 직전 상태에 놓여 있는가? 이렇듯 기후 변화의 위험은 본래 "불확실"하지만, 그 결과는 "잠재적으로 끔찍"하며, 따라서 긴급한 대응이 필요하다(같은 책, 3쪽). 이 보고서에 따르면 "상상조차 할 수 없는 것을 생각"하는 것 뿐만이 아니라, 저자들의 표현을 빌리자면 적응적 전략에 따라 새로이 나타난 재해에 적극적으로 선제적인 대응을 하는 것이 더욱 중요하다. 특히 저자들은 미국이 지구의 기후 조건을 전환하기 위해 다양한 활성 기체들을 대기에 방출하는 식의 "지구공학적" 선택지를 탐색해야 한다고 제안했다. 미국 국방부 측이 제안하고 있

---

22. 이 보고서 저자는 CIA 자문역이자 로열 더치/셸 그룹의 전 기획부문장 피터 슈워츠(Peter Schwartz)와 미국 기반 글로벌비즈니스네트워크 소속의 더그 랜달(Doug Randal)이다. 이 보고서에 대한 더 자세한 설명은 Townsend and Harris 2004를 참조하라.

는 것은 예측적인 동시에 (가장 넓은 의미에서) 생명공학적인 "해법들"이다. 국방부는 어떤 가능성이 우리 앞에서 현실로 나타나기 전에 미래 창발의 조건에 개입해야 한다고, 자연 고유적인 창발적 활동이 우리를 뿌리째 뽑아내기 전에 생물권적 규모에서 전환적 사건을 개시하려고 노력해야 한다고 권고한다.

한편 미국 국방부의 최신 군사 기술 연구지원 분야의 핵심 기관인 국방첨단연구사업청(이하 DARPA)은 새로운 감염병과 생물학적 테러리즘에 대해 유사한 대응 작업을 수행 중이다(Miller, Engelberg, and Broad 2001, 306~7쪽). DARPA의 최근 연구 중 하나는 기존에 알려진, 그리고 아직 특징이 밝혀지지 않은 작용제에 반응하여 공격 경고 신호를 줄 수 있는 생물학적 센서, 즉 칩 위에 살아 있는 세포 혹은 3차원적 세포 매트릭스의 개발이다.[23] 그러나 DARPA의 연구는 첨단 감지 기술에만 국한되지 않으며, 이와 유사하게 미확인 물질에 대응하는 약물의 개발에도 또한 관여하고 있다. 게놈 전체의 조각들을 무작위적으로, 고도로 빠르게 재조합할 수 있도록 해 주어 2세대 유전공학 기술이라고 찬사 받는 DNA

---

23. 이를 포함하여 생명과학에 대한 여러 DARPA 프로그램에 대해서는 DARPA 국방과학국의 "생명과학" 보고서를 참조하라 (http://www.darpa.mil/dso/thrust/biosci/biosci.htm, 2006년 3월 방문). [현재 DARPA의 생명과학 관련 프로그램은 생물학적 기술국에서 주로 추진 중이다 : http://www.darpa.mil/Our_ Work/BTO/ Programs/ — 옮긴이] 그리고 John Travis 2003 "Interview with Michael Goldblatt, Director, Defense Sciences Office, DARPA"를 참조하라. 이 인터뷰에서 골드블라트는 "생물학전 방어에 대한 DARPA의 원래 초점은 유전적으로 조작된 위협으로부터의 보호, 즉 알려지지 않은, 그리고 아마 알 수 없는 무언가로부터의 보호에 맞춰져 있었다"고 말했다(Travis 2003, 158쪽).

뒤섞기 기술을 활용해, DARPA는 기존의 위협에 맞선 미국의 방어에 만전을 기하고자 함과 동시에, 보다 야심 차게도 아직 나타나지도 않은 감염병에 대한 항생제 및 백신을 개발하고자 시도하고 있다.

이 연구에 참여하는 분자유전학자들은 DNA 뒤섞기 방법을 사용한 DARPA의 실험에 대해 예측적 진화anticipatory evolution의 형태라는 적절한 명칭을 붙여 주었다(Bacher, Reiss, and Ellington 2002). 이 연구는 생물학적 방어의 이름으로 수행되고 있지만, DARPA는 치료제를 제작하기 위해서 새로운 감염 작용체를 창조하거나 혹은 기존 병원체를 보다 치명적인 형태로 먼저 개발해야 한다는 역설적인 상황에 직면해 있다. 방어와 공격 연구, 혁신과 선제성 간의 차이를 흐릿하게 만들며, 국방부는 공격적인 반反확산이 불확실한 생물학적 미래에 대응하는 단 하나의 가능한 방어라고 결정한 듯 보인다. 이는 집행 취소란 없는 "해법"인데, 만약 생물학적 저항의 창발이 무한히 이어진다면, 진화하는 감염병과 생물학적 테러에 맞선 DARPA의 선제적 전쟁은 무한히 계속될 수밖에 없기 때문이다.[24]

이미 생물학자들은 메릴랜드 주 소재 포트 데트릭[25]에 건설 중

---

24. 생물학전에 대한 선제적 관점은 비단 DARPA만의 특징이 아니다. 미국의 생물학 무기연구의 현 상태를 개괄한 글에서 수잔 라이트(Susan Wright 2004, 60쪽)는 "알려진 병원체뿐만 아니라 미래의 병원체, 즉 현존하는 백신이나 항생제를 무력화하거나 새로운 방식으로 면역체계를 공격하는 등으로 유전적으로 변형된 미생물도 방어"해야 한다는 목적을 강조하는 생물학적 방어의 "선제적" 관점이 일반적인 추세라고 지적했다.

25. [옮긴이] 현재 이 지역에는 생물학적 방어 연구와 관련된 미국 연방 각 부처 소속 8개의 기관이 협력 연구를 진행 중이다.

인 대규모의 생물학적 방어 연구 기관은 방어뿐 아니라 공격용 생물학적 무기 연구를 준비하고 있는 듯 보인다고 경고한 바 있다 (Leitenberg, Leonard, and Spertzel 2004). 어떤 경우에도 생물학적 무기의 본성상 공격과 방어를 구분하기란 거의 불가능하다.

인도주의적 전쟁의 귀환 : 테러와의 전쟁과 재난 대응

생물무기 연구의 흥망성쇠는 감염병에 대한 미국 정부 정책의 변화 이면에 자리한 이야기의 일부일 뿐이다. 또 다른 중요한 요소는 사회적, 생물학적, 그리고 환경적 재생산이라는 민간인의 삶의 영역을 전쟁의 영역과 구분하기가 점점 어려워지고 있는 지점인 인도주의적 개입의 최근 역사에서 찾을 수 있다. 1990년대에 걸쳐 인도주의적 개입 담론은 정당한 전쟁에 대한 기존 규칙에 효과적으로 도전하며, 유엔 안전보장이사회의 권한 하에 국가들이 인도주의적인 목표, 혹은 재난 구호를 위해 다른 주권 국가들의 국내 문제에 군사적으로 개입할 권리, 심지어 의무가 있다는 새로운 의견을 도입했다. 예컨대 군사적 개입은 그 원인이 민족 간 갈등, 경제적 황폐화, 감염병 등 무엇이건 간에 사회적·도시적 기반 구조가 전반적으로 붕괴한 상황에서는 정당화될 수 있다는 식이다. 국제 관계 전문가들은 21세기의 주요한 난민 이동은 자원 부족을 둘러싼 갈등 및 환경 위기로 인해 촉발될 것이라고 예상했다. 조지 H. W. 부시(조지 W. 부시의 아버지) 대통령은 인도주의적 구호와 재해 대응

전 영역은 결국 "새롭게 알게 된 군사 및 외교적 의의"에 기반을 둔 투자와 함께 구축될 것이며, 특히 미국은 이 기회를 잡는 데 주저하지 않으리라는 의견을 밝혔다(Bush 1997, xiii~xiv쪽).

더욱 최근에 미국은 인도주의적 개입 논리를 국내에 적용해, 테러리스트 공격에서부터 전염병과 변덕스러운 기상 문제를 포함하여 일어날 수 있는 국내적인 비상사태 전체 영역의 군사화를 향해 역량을 쏟기 시작했다. 두 종류의 미국 정책 문서가 특히 이러한 발전을 잘 보여 주고 있다. 그중 하나는 전략적 국제 연구 센터에서 1997년 출간한, 아버지 부시 대통령이 서문을 쓴 『미국 대외 정책과 인류의 4대 재해:복합적 비상사태 시의 인도주의적 구호』 보고서에 나와 있는, 인도주의적 전쟁의 범위와 전략에 대한 전반적 설명이다(Natsios 1997). 보고서에 따르면, 국가의 공식적인 정치 제도에 대한 위협보다는 인간적, 생물학적, 그리고 나아가 생물권적 존재를 위태롭게 한다는 측면에서 새로운 안보 위협을 정의할 수 있다. 두 번째 문서는 랜드 연구소가 2003년 펴낸 『새로운, 그리고 다시 나타난 감염병의 전 지구적 위협:미국 국가 안보와 공중 보건 정책의 조화』 보고서로, 여기서도 위와 놀랍도록 유사하게, 안보에 관한 관심이 확장되어야 한다고 주장한다(Brower and Chalk 2003). 그러나 이 보고서는 미국의 국내 사안을 다루었다. "미국의 국가 안보를 공중 보건 정책과 조화"시키려는 목적으로, 이 보고서는 새로이 등장한 감염병에서부터 세균전이라는 계획적 사건에 이르는 전 영역에 걸친 국내의 "생물학적 안보" 위협에 대응하기 위해 정부에 인도주의적 개입 방식의 채택을 권고하고 있다. 공중 보건 위기, 즉 계획적인 테러 행위에 대한 총체적인 군사적 대응 같은 행동이 모든 종류의 자연재해에 대해서도 요청된다는 주장이 그 암묵적 결론이다.

이러한 방향 전환의 결정적인 순간은 바로 부시 정부가 2003년 연방 비상사태 관리청(이하 FEMA)을 국토안보부 산하로 통합시키면서 하룻밤 사이에 민간에서 발생하는 비상사태에 대한 대응 기관을 테러리스트 대응 조직으로 탈바꿈시켰던 때이다. 전혀 관련 경험이 없는 청장을 임명하면서 동시에 이루어진 이 결정은 부시의 계속된 무능력 탓으로 돌려졌다. 그러나 이 결정이 더욱 심원한 정책 방향 상의 전환을 반영하고 있다는 사실은 부인할 수 없다. 예컨대 부시가 생물학적 방패BioShield 프로그램을 선언하고 난 뒤 감염병 연구 및 이전의 공중 보건 기구들을 생물학적 방어의 틀 안으로 재배치하는 데 이르는 바로 그때 FEMA 또한 재편되었다. 10년 전 인도주의적 전쟁을 옹호하기 위해 전개된 것과 비슷한 논리가 여기서도 작동했다. 한편으로는 공중 보건, 위생, 그리고 비상사태 대응 구조의 전반적인 붕괴를 향하는 (신자유주의의 효과임을 증명하면서도 그에 이의를 제기하지 않는) 논리이자, 다른 한편 군사화가 유일한 해법이라고 선언하는 논리이다.

나아가 이 논리는 새로운 안보 서비스를 사적 부문의 손으로 넘기는 것이 최선이라는 의견에서 그 정점에 다다른다. 예컨대 『인류의 4대 재해』 보고서에서는 자연재해 대응이 군사화되어야 한다고 규정할 뿐만 아니라, 전쟁의 공공 비용 지출 및 그에 수반되는 인도주의적 임무 또한 외주 계약의, 규제받지 않는, 그리고 이윤 획득을 추구하는 모든 종류의 사립 기관이 주도하는 사업을 통해야만 한다고 주장한다(Natsios 1997, 33~75쪽). 물론 이러한 주장은 비종교적 NGO에서부터 신앙 기반의 금욕 강조 운동에 이르는 다양한 사설 서비스 공급자들이 점점 표준으로 자리 잡은 해외 인도주의적 개입의 영역에서는 전혀 새로울 것 없는 내용이다.[26] 그러나 반대로 미국 국내 위기에 대한 대응에서 이는 중대한 새로운 발전을 의미한다. 이러한 정책으로 나타나는 개입 유형에 대한 증거가 필요하다면, 그저 허리케인 카트리나에 대한 정부의 끔찍한 대응이나 조류 인플루엔자 창궐 가능성에 대한 부시의 계획을 보기만 하면 된다.[27]

첫 번째로 지적하고자 하는 내용은 허리케인 카트리나는 "자연" 재해인 만큼이나 수년간 이어진 정부의 방치를 폭로하는 사건이라는 점이다. 재해 사고에 대항하는 보이지 않는 방어막으로 작용하는 도시 기반 구조·위생·국민을 위한 공중 보건 서비스에 대한 고의적인 방치 혹은 예방적 무장의 해제가 무엇을 의미하는지를 보여 주는 증명이 필요하다면, 이미 카트리나가 이를 또렷이 보여 주었다. 수많은 논평가가 상세히 밝혔듯, 심지어 공무원들도 향후 참사 가능성을 우려할 정도였는데도 불구하고 카트리나가 오기 수년 전부터 뉴올리언스의 재난 방어 기제는 해체되고 있었다. 사실 사건

---

26. 인도주의적 개입을 포함한 안보 작전에서 민영 분야의 활발한 역할에 대해서는 다음의 독보적인 연구저술 두 편을 참조하라. Avant 2005, 그리고 Singer 2003.
27. 허리케인 카트리나를 "단속적인 사회적 진화"의 일화로 다루고 있는, 타의 추종을 불허하는 분석인 Caffentzis 2006을 보라.

은 언제나 일어나기 마련이지만, 문제는 방어 기제가 없다면 사건이 일어났을 때 초반에 통제되기보다는 걷잡을 수 없는 재앙으로 확대되리라는 점이었다. 두 번째로, 약속된 재난 구호는 전혀 이루어지지 않았거나 오로지 일부에게만, 혹은 너무나 늦게 이루어져서, 전 세계 텔레비전 시청자들이 실시간으로 재난 상황에 신속 대응팀이 도착하지 않는 상황을 지켜보는 비현실적인 경험에 동참했다.

　이 상황이 실제로 발생했을 때, 때늦은 "구조 노력"은 미국 토양에 자리한 인도주의적 개입의 그 모든 기묘함을 보여 주었다. 소말리아에서 미군이 선보인 절묘한 사격 혹은 아프가니스탄에 생사를 가르는 음식 꾸러미를 떨어뜨려 주던 그런 솜씨로, FEMA는 사람들이 애타게 기다리던 백신이 든 유리병을 배급하기 위해 현장에 도착했다. 이후 주 방위군이 도착했는데, 이들은 그곳에서 오도 가도 못하게 된 사람들로부터 도시를 보호하려는 듯 보였다. 백인들이 사는 고급 주택단지 및 상업지구 주변에 병력이 투입되었고, 다리와 출구는 차단되었으며, 그 도심에 남겨진 대부분 가난한 아프리카계 미국인들은 물과 식량을 얻으려 하면 총구로 위협을 받았고, 그렇지 않으면 억류되었다. 생존자들은 "난민"(이후에는 "소개인"疏開人)28으로 규정되어 여러 임시 주거 캠프 중 하나로 가게 되었는데, 이곳은 대체로 빈민들을 억류해 두기 위한 반영구적인 기관이 된 듯 보인다. 한편, 또 다른 인도주의적인 개입으로, 재난 대응 및 군인들에 뒤이어 NGO·사설 자선단체·종교 단체 주도의 활동

---

28. [옮긴이] 위험지역에서 안전지역으로 소개된 사람(evacuee).

등이 벌어졌는데 이들에게는 짐작건대 고단한 허리케인 이후 구호 활동이 맡겨졌다. 그러나 허리케인 이후 재건 계획을 살펴보면 미국 대외 정책, 국내 재난 대응, 그리고 도시 재생의 차이가 사라지는 현상을 뚜렷하게 관찰할 수 있다. 핵심적인 대다수 재건 관련 계약이 핼리버튼 사와 체결되었는데, 이 기업은 전후 이라크 재건 사업의 원청 사업자였다. 테러와의 전쟁은 이제 미국 내 인종 및 계급적 약자들을 향해 있는 듯 보였다.

이 모든 일을 그저 단순한 주의 태만, 지나치게 늘어난 힘들이 중합된 결과, 정치적 무관심, 그리고 순전한 무능 탓으로 해석할 수도 있을 것이다. 그러나 부시는 잠재적인 조류 인플루엔자 유행 등 감염병의 창궐에 대비하기 위한 계획을 제안하며 한발 더 나아갔다. 뉴올리언스에서 주 방위군이 수행한 병참 역할을 지목하며, 부시는 무장 병력이 미래 "재해 같은" 사건에서 작전의 폭을 더욱 넓힐 수 있어야 한다는 결론을 내렸다. 다른 한편, 정부 내 핵심 관계자는 1878년 〈민병대소집법〉의 효력 정지까지도 제안했는데 사실이 법은 민간 법 집행 시 군대 투입을 금지하지는 않지만 그것을 심각하게 제한하는 것이었다. 한 보수파 논평가가 지적한 대로 이 제안의 함의는 매우 크다. 순수하게 형식적 수준에서 〈민병대소집법〉의 정지는 국가 보건 비상사태의 선언이 자동으로 계엄령 상태로의 전환이 되리라는 사실을 의미하며, 실제 운용 수준에서 이는 전염병에 대한 대응 임무가 국방부의 관할로 완전히 이전됨을 의미하기 때문이다).[29]

이 문제에 대한 대중 연설에서 부시는 불가피한 상황에 마주했을 때 어쩔 수 없이 느끼게 되는 체념(이제 와서 백신을 대량생산하고, 충분한 항바이러스제를 비축하고, 혹은 공중 보건 서비스를 복구하는 건 너무 늦었다)이 낳게 될 잠재적으로 재앙적인 결과들을 예측 불가능성이라는 기존의 핵심 주제와 연결했다. 이제는 익숙한 논리의 전개를 통해, 이 제안들 모두가 예방적("선제적"이라고 읽으라) 행동을 위해 필요한 요소에 더해졌다. 특히 부시는 어떤 전염병이 유행할 때 국방부가 최초로 감염된 일단의 사람을 강제로 분리, 소개, 및 격리할 권한을 가져야 한다고 제안했다.

창발의 경제학

25년간의 오랜 침체기를 겪은 후, 1990년대 중반 공식적인 미국 생산성 증가율은 "정보 혁명"이 마침내 그 열매를 맺기 시작했다는 주장을 확인이라도 해 주듯 갑자기 뛰어올랐다. 갑작스러운 활기의 폭발은 새로이 등장한 탈산업주의적 혁명의 신호로 환영받았고, 이 혁명의 두 첨단 분야인 생명공학과 정보 기술은 미국 경제를 끝없는 성장의 황금시대로 이끌어 주리라는 기대를 받았다. 벤처기업에 대한 투자 자본이 디지털과 생명공학 기술들로 몰려들면서, 투기 그 자체가 전무후무한 수준의 혁신을 추동하는 힘처럼 보였다. 덕

---

29. 〈민병대소집법〉의 역사 및 위 문제와의 관련성에 대해서는 우파 자유지상주의 연구 기관인 〈카토 재단〉(Cato Institute)이 지원한 보고서(Healy 2003)를 보라. 조류 인플루엔자에 대한 부시의 대응은 CNN 2005와 Hearly 2005를 참조하라.

분에 전체 산업이 미래 이윤에 대한 희박한 희망으로도 자금 조달을 할 수 있게 되었다. 가장 비관적인 관찰자조차도, 여기에는 비이성적인 거품이나 경제의 망상적인 금융화 이상의 무언가 중요한 것이 있다고 볼 정도였다(Brenner 2002). 벤처기업 자본주의는 실재하는 신체들의 세계로부터 가상적인 것의 최종적인 추상을 재현하기보다는, 오히려 생산 그 자체가 주식 시장 투자의 변동에 전적으로 달린 경제 성장 모델을 제도화했다. 특히 생명공학 부문에서 이 점이 가장 뚜렷이 드러났으며, 생명 그 자체의 실험적 재생이라는 생산의 가장 물질적인 측면이 주식 시장에서 나타나는 투기의 순간성과 밀접하게 결합하게 되었다.

정치이론가 크리스티안 마라찌Christian Marazzi는 축적의 벤처자본모델을 창발의 경제, 즉 생산의 기초 여건(소위 '펀더멘털')이 전문적인 투기꾼의 전통적인 감성 기술, 다시 말해 실제 군중의 움직임이 강해지기 전에 그에 감응하고 대응하는 능력, 시장이 존재하기도 전에 새로운 상품류를 창조하는 능력, 아직 현실화되지 않은 사건에 대한 믿음이나 희열 혹은 공포를 유발하는 능력으로 대체된 경제라고 서술했다. 마라찌(2002, 48~49쪽)에 따르면, "일상적인 생산성은, 예측되지 않았고 예측도 할 수 없는 상황들, 모든 종류의 프로그래밍을 피하고 우발성을 핵심으로 놓는 그런 창발적인 상황들에 대응하는 역량에 의해 점차 더 많이 결정된다."[30]

1990년대 후반 전체 경제 부문들은 언론이 유도한 기대의 물결

---

30. 이탈리아어 원문을 저자가 번역.

로 들떠 있었다. 무엇보다 이윤에 대한 기대였지만, 이는 또한 새로운 정보 및 생명과학 기술이 구현해 낼 가능성에 대한 일종의 집합적인 믿음이기도 했다. 새로운 기술에 대한 자본투자는 이윤이 아니라 다른 희망으로 유지되었다. 바로 인간 유전체 연구사업Human Genome Project과 유전체학 일반을 통해 전례 없는 혁명이 곧 일어나리라는 희망, 맞춤형 약과 생식세포 계열에 대한 표적치료의 시대가 도래하리라는 희망이었다. 그러나 광란의 1990년대 후반을 보낸 벤처 자본은 닷컴 주식이 몰락하며 2000년 3월, 그에 걸맞은 밀레니엄적인 종말을 맞이하게 되었고 뒤이어 시애틀에서는 반자본주의 대중 시위가 전개되었다.[31] 이렇게 정치적·경제적 위기가 임박한 분위기에서 빌 클린턴 시대 신자유주의가 보여 준 승리주의는 쇠퇴했음을 선언하며 부시가 권력을 차지했다. 돌이켜보면, 테러와의 전쟁은 9·11 테러리스트 공격에 대한 대응이면서 동시에 신경제의 침체에 대한 정치적인 대응이었다. 클린턴 시대의 기술 애호적 낙관론에 대한 부시의 답은 전임자와 똑같이 과대망상적인, 자신의 전략적 비전 안에 전 지구를 아우르는 끝없는 전쟁 계획이었다.

한동안 벤처 자본은 약속된 대로 새로운 경제 성장이 최소한 이 부문에서는 구체화하리라는 지루한 희망을 품고 생명과학에 투자를 계속했다. 그러나 인간 유전체 연구사업과 또 다른 유전체 서열 연구결과가 출판되었을 때, 예상되었던 대로의 의료적 돌파를

---

31. 놀랍지 않게도, 소위 신경제에 대한 최고의 설명 중 일부는 회고적인 특징을 띤다. 예컨대 Henwood 2003을 보라.

실현하기 위해서 생명과학은 "포스트-유전체" 시대로 이동해야 한다는, 갑작스레 냉철한 의견일치가 이루어졌다. 그로 인해 2003년 생명공학 부문의 자산은 최저 수준으로 감소했는데, 바로 이때 미국 정부는 향후 10년간 "생물학적 방어" 연구에 투자하는 대규모 계획으로 구조에 나섰다. 이 계획에는 약품 개발에 대한 관대한 유인책이 포함되었는데, 이는 생물학적 테러의 위협에 대한 대응만큼이나, 상품화의 시간적 지연 문제를 해결하기 위해 준비된 것 같았다. 새로운 생물학적 방어 법 조항들은 어떤 "국가적 보건 비상사태"의 발생은 임상 시험 없이 약품을 강행 통과시킬 수 있는 충분한 상황에 해당한다고 못 박고 있다.[32] 생명공학은 다시 살아날 테지만, 생명과학 연구에 대한 연방 정부의 이번 지원에는 부시 행정부의 새로운 전략적 비전이라는 꼬리표가 붙게 되었다. 오랫동안 방치됐던 분야인 공중 보건 및 감염병 연구 또한 부활하여 생물학적 방어에 합병될 것이며, 벤처 자본 투자 또한 다시 한 번 구애를 받겠지만, 이번에는 영구적인 성장보다는 영구적인 전쟁이라는 명분이 붙을 것이다.

　클린턴의 신자유주의와 부시의 신보수주의의 차이에는 단서

---

32. 2002년 처음 발표된 부시의 '생물학적 방패' 사업은 일 년이 넘도록 의회에서 계류했으며, 이 사업에 이끌릴 것으로 기대되었던 제약 및 생명공학 기업들조차도 그다지 열광적인 반응을 보이지 않았다. 이 기획의 최종안에는 생물학적 테러리스트 공격에 대한 의료적 대응의 수립을 위해 넉넉한 연구비 지원뿐만 아니라 임상 시험과 연방 약품 승인의 신속처리를 허용하는 정책 또한 포함되어 있었다. '생물학적 방패' 사업의 상세한 내용은 White House 2003을 참조하라. 클린턴 행정부 후반기 이후 생물학적 테러에 대한 미국 입법에 관한 광범위한 연구는 Wright 2004, 그리고 부시 시절에 대해서는 Guillemin 2004를 보라.

가 필요하다. 둘은 모두 예측 불가능한 것의 창발에 발맞추어 투기적인 정서를 동원한다. 서로 다른 점이라고 한다면 "우리의" 미래와 관련된 정서적인 유의성valence으로, 희열에서 공황 상태로, 공포로, 혹은 경계 상태(예측 가능한 끝이 없는 공포의 지속 상태)로의 변화이다. 새로운 경제 성장의 사제들은 혁신에는 끝이 없다며, 단명하는 약속들을 끊임없이 쏘아대서 희망을 높이 유지하며 투자자들을 안심시킨다. 신보수주의자들은 위험에는 끝이 없다며, 테러와의 전쟁은 그 시간과 규모상 그저 무한정일 수밖에 없다고 우리가 확신하기를 원한다.[33] 9·11 이후 영속적인 전쟁은 미국 경제 성장을 이끄는 새로운 동력이 되어, 그 안보상의 부실함을 연료로 삼아 모든 종류의 안보 서비스에 대한 마르지 않는 듯한 수요를 생산한다. 이러한 힘들의 새로운 배열 내에서, 생명과학은 선도적인 위치를 차지하게 되었다. 부시 행정부는 클린턴의 새로운 정보 의제intelligence agenda 이론가들이 그저 꿈만 꾸었던 무언가를 실제로 이루어 냈다. 안보와 공중 보건 연구, 군사 전략과 환경 정치, 그리고 혁신 경제의 제도적 융합 말이다.[34]

---

33. 클린턴의 "신경제"와 9·11 이후 영구적 전쟁 시대 사이의 차이와 연속성에 대해서는 특히 Marazzi 2002와 Mampaey and Serfati 2004를 보라. 뤽 망파에와 클로드 세르파티(Mampaey and Serfati 2004, 250쪽)는 "아프가니스탄 전쟁과 이라크 전쟁 이후, 미국의 '시장들'(markets)은 새로운 전쟁과 군사 작전의 불가피성을 시장 행위로 '내부화'하기 시작한 듯하다. 그들의 행위가 마치, 미국 군사력의 **자유 재량적** 사용이 시장의 새로운 지평을 대변해 주고 있는, '한계 없는 전쟁'의 개념에 기반을 둔 전통인 듯 만들어 내면서 말이다." 보다 강력한 표현으로, 마라찌(Marazzi 2002, 154쪽)는 이렇게 주장했다. "테러리즘에 대한…… 전쟁은 다른 수단에 의한 신경제의 **지속을 상징한다**." (강조는 인용자)

34. 클린턴은 이미 이 방향으로 움직이고 있었다는 점을 짚고 넘어갈 필요가 있다.

여기서 설명하고 있는 내용은 전쟁이 이제는 국가의 방어(슈미트 식의 주권적 전쟁 철학) 혹은 인간의 생명(인도주의적 전쟁, 조르조 아감벤[1998]에 따르면 벌거벗은 생명으로서의 인간)을 위해서가 아니라, 기상학·역학·미생물에서 그 상위 생물에 이르는 모든 생명 형태의 진화를 통합하는 생물권적 차원에서 생명의 이름으로 벌어지게 되는 상황의 완전히 새로운 전략적 의제이다. 선제적 전쟁의 확장과 함께 환경 및 생명정치의 영역이 여기에 포함되면서, 영구적인 전쟁은 마치 위기가 이끄는 영속화 이외에는 어떤 결말도 없는 생명의 진실이라도 된 양, 지구 위 생명의 진화와 융합된다. 딕 체니의 말을 빌리면, "그 끝은 없다. 적어도 우리 일생 동안에는"(Woodward 2001에서 재인용).

전쟁의 미래에 대한 이 같은 망상적인 예측에 대응하기 위해서 전쟁 반대의 정치 또한 불가피하게도 새로운 형태를 모색할 필요가 있다. 이 장에서 분석한 최근 사건들의 본질을 고려해 볼 때, 아마도 저항의 이의제기는 질문의 형태를 취했을 때 가장 강력해질 수 있을 것이다. 군사 행동의 영역이 일상생활의 "회색 지대"를 잠

1990년대 후반 클린턴 행정부는 새로운 반테러리즘 법들(군사적 비상사태와 국내적 법 집행의 차이를 희석)을 제출하고, 반테러리즘 기금의 대규모 증액을 승인했다(그중 상당 부분이 생물학적 무기 연구로 배정되었다). 이 점에 대해서 Hammond 2001~2, Miller, Engelberg, and Broad 2001, 287~314를 참조하라. 과학 언론인 에드워드 해먼드(Hammond 2001~2, 42쪽)가 지적하길, 클린턴이 1990년대 후반 생물학적 방어 연구로 선회했을 때 그것은 펜타곤에 대한 응답이었을 뿐만 아니라, 더욱 중요하게는 끝이 보이는 유전체 서열화 사업들의 뒤를 이어 투자를 위한 새로운 시장을 찾던 유전체학 분야의 로비에 대한 응답이기도 했다.

식하여 그 가장 기초적인 수준의 "삶의 질"에 악영향을 미칠 때, 반전 정치는 어떻게 되는가(Brower and Chalk 2003)? 어떤 점에서는, "생명"의 권리, 사회 보장, 공중 보건, 즉 복지 국가에서 특히 중요한 권리들을 요구할 때 영구적인 전쟁을 정당화하는 함정에 빠지지 않을 수 있기는 한가? 그리고 생태학적 위기를 자본 시장에서 거래 가능한 재해 위험으로 전환하는 정치에 우리는 어떻게 대항하는가?

이 질문들에 대한 지금까지의 응답 중 하나는, 인간적, 생물학적, 나아가 생물권적 용어에서 안보를 재규정하고, 이 방법이 마치 복지 국가의 활력적 정치 중 무언가를 구원할 수 있는 유일한 길인 듯 믿는 것이었다. 그러나 이 전략은 합법적인 안보적 개입을 부활시켜 광적으로 그 범위를 확대하려는 새로운 정보 의제가 벌인 판에 곧바로 들어가게 된다. 따라서 인간의 얼굴을 한 안보 정치에 호소하는 것보다는, 군사 안보와 생명정치, 그리고 새로운 형태의 투기적 자본화 사이의 연계를 끊어내려는 시도가 오히려 향후 더욱 기대할 만한 저항의 진로이다. 투기적 자본축적 양식을 선호하는 정치에 맞서 요청되는 것은 미래에 대한 창조적 방해('사보타주') 같은 활동, 재산권의 치안 경계선의 외부에서 미래를 현실화할 수 있는 선제적 저항의 화용론이다. 그리고 생물학적 재해에 직면해 너무 자주 체념의 태도를 보이는 정치에 맞서서, 피할 수 없는 운명이라는 감각에 굴복하지 않아야만 한다. 신자유주의에서는 선택적 운명론에 기득권적 이해관계가 있다. 그런 만큼 아마 저항 정치의 임무는 두 가지 방식으로 진행되어야 한다. 가능한 어떤 곳에서든 모든 노력을 다해 이미 정해진 결론을 흔들고, 다른 모든 방법으로도 안 된다면, 재해가 이전과 다른 결말을 끌어낼 수 있도록 경로를 바꾸는 것이 목표가 되어야 한다(재해는 종종 저항 공동체를 갱신하고 창조하는 계기가 된다).

이는 건강과 고령 보험의 자본화, 온갖 종류의 생물학적 특허, 그리고 사유화된 물에서부터 거래 가능한 공해 배출권 및 환경 재해 채권에 이르는 온갖 "환경요소들"의 상업화까지 포괄하는 다양한 문제들에 적용 가능한 저항의 일반 공식이다. 이 공식으로 신자유주의적 생명정치를 둘러싼 최근의 많은 갈등, 예컨대 AIDS 활동가와 제약 기업들이 다툰 남아공의 법정 다툼, 전 지구적 약품 시장의 약탈에 맞선 대중적인 약리학의 부흥, 생명과학 전반에 걸친 과학자들이 시작한 오픈소스 생물학 연구사업 등을 모두 서술할 수 있다. 그러나 최근의 맥락은 생명정치적 긴장이 자리한 장소들에서 군사화가 서서히 진행되고 있다는 점에서 새롭다. 지난 20여 년간 신자유주의가 상업 및 무역법 체계 속으로 통합하고자 했던 생명의 영역은 이제 군사적 안보의 팽창적 정치 속으로 강제 편입되고 있다. 이에 따라 건강, 생태, 그리고 생명의 저항 정치는 앞으로 사방에 퍼진 테러와의 전쟁과 더 자주 연루되어, 신자유주의적 생명정치와 영구적 전쟁 상태의 지속 사이의 늘어나는 결탁과 겨루어야 한다.

그리고 동시에 재해에 대한 신종교주의적, 생존주의적 대응의 유혹에도 저항해야 한다. 놀랍게도 복음주의자들과 이슬람 원리주의자(살라피스) 둘 다 허리케인 카트리나를 미국의 대외 정책보다는 성적 타락 때문에 발생한 신의 보복이라고 해석했다. 보험 가입이 불가능한 재해 위험은 (보험 용어로 통상 신의 행위라고 지칭되곤 하는데) 신근본주의자들의 눈에는 믿음에 기반을 둔 인도주의적·도시적·영적 재생 운동을 촉구하는 신의 행위로 보인다.[35] 신근본주의는 신자유주의적 격변론이 낳은 해로운 부산물인데, 반자본주의적 좌파는 신자유주의적 격변론에 집중하느라 미시 정치적 수준에서 생존주의, 마녀사냥, 그리고 독실한 신앙이 추상적인 경제적 사건을 세계의 불신자에 내리는 신의 벼락으로 해석하는 현상을 놓쳐 왔다. 그러나 위의 둘 중 어느 하나에만 대항한다는 것은 불가능해 보인다.

---

35. 부시 행정부가 신앙 운동 단체 쪽에 비상 대응을 포함한 사회 복지 분야의 하도급을 주려고 했던 사실에 대해서 많은 이야기를 할 수 있을 것이다. 이 영역에서 공화당 우파는 파국 이후의 지형이야말로 복고를 위한 최적의 온상이라는 점을 이슬람 신근본주의자들에게서 배운 듯 보인다. 팻 로버트슨의 축복 작전(Operation Blessing)은 주요한 신앙 기반 자선단체 중 하나로, 카트리나 이후 FEMA 웹사이트에 공식 등재되어 있다.

이 책의 첫 세 장은 분자생물학, 미생물학, 그리고 감염병 연구 분야를 다루고 있다. 나는 미생물적 생명의 생산적 역량을 끌어내는 생명공학기술, 즉 재조합 DNA, 생물학 환경정화, 그리고 세균 전쟁에 주목했다. 이 장들은 가장 유망한, 생명공학 혁명을 고무하는 유토피아적인 충동에서부터, 최근의 제약적 제국주의 형태가 내재한 구조적 폭력을 거쳐, 최종적으로 테러와의 전 지구적 전쟁에서 생명 생산과 전쟁이 말 그대로 수렴하고 있음을 보였다. 그러나 이 토론의 순서가 정해져 있지는 않으며, 오히려 이 첫 세 장을 반대 순서로 나열하는 편이 더 쉬울 수도 있을 것이다.

이 책의 뒷부분 절반에서는 재조합의 생명공학적 기예들에서 새로이 떠오르는 재생 의학의 과학으로 초점을 옮긴다. 이는 배아 발생학과 발생생물학에서 암생물학, 그리고 재생산 의학에 이르는, 앞서와는 매우 다른 생명과학 분야 계보를 따르는 영역이다. 우선 조직 공학에서 볼 수 있는 기술적 새로움과 장기 이식 기술 및 포드주의적 대량 생산 양식과의 차이점에 대한 고찰에서부터 시작한다. 여기서 중요한 점은 포스트 포드주의 생산 기법의 시공간적 규범과 병렬적으로 파악할 필요가 있는 신체적 변환 가능성에 대한 철저한 재검토이다. 그 후 줄기세포 과학과 재생산 의학의 상호작용에 대한 고려로 이동하여, 배아적 생명의 생산을 둘러싸고 점차 뚜렷해지고 있는 새로운 형태의 노동과 축적의 형태를 묘사하고자 한다. 마지막으로, 오늘날 생명정치의 가장 강렬하면서 치명적인 운동, 즉 낙태 반대-생명권 운동으로 주의를 돌려, 가장 불확실한 생명과학 기술들에 직면해서조차 생명과 (재)생산의 근본을 재확립하려는 열정적 욕구를 살펴보고자 한다.

여기서 나는 한 바퀴를 돌아 원점으로 되돌아오는데, 왜냐하면 생명권 철학은 1장에서 검토했던 영구적인 성장과 세속적인 재생이라는 신자유주의적 유토피아와 전혀 동떨어져 있지 않기 때문이다. 좀 더 정확히 말하자면, 생명권 운동은 신자유주의가 추구하는 약속의 미래에 더하여 제한, 원칙, 그리고 가치를 폭력적으로 다시 강요하면서 자본주의의 비뚤어진 충동을 구현하고 있다. 이를 통해 표현되는 것은 아마 자본주의적 모순의 현대적 형태일 것이다. 그러나 만약 이것이 사실이라면, 왜 당대 자본주의에서의 긴장이 무엇보다도 새로운 생명의 생산 및 생식과 연관되어 있는지에 대해 밝힐 필요가 있다. 이는 현재 권력관계에서 신자유주의 및 신근본주의적 경향에 대항하려는 정치학에 어떤 함의가 있는가?

4장

뒤틀림

신체조직 공학과 위상학적 몸

오늘날까지 불활성 물질(inert matter)과 생명의 관계에 대한 질문은 무엇보다도 불활성 물질로 살아 있는 물질(living matter)을 만들어 내는 문제에 집중되어 있었다. 생명의 특질은 살아 있는 물질의 화학적 구성에 자리하고 있었다 …… 그러나 생명이 활용하는 물질의 생산과 살아 있는 존재 그 자체의 생산 사이에는 간극이 있다. 생명을 모방하고 있다고 단언하기 위해서는, 살아 있는 존재의 위상학(topology), 생명 고유의 공간적 유형과 생명이 내적 및 외적 환경 사이에서 구축한 관계를 생산할 수 있어야만 한다. 유기화학의 몸은 보통의 신체적이고 활기찬 관계와 위상학적으로 구분되지 않는다. 그러나 위상학적 조건은 아마도 살아 있는 존재 그 자체에 태곳적인 듯하다. 유클리드적 관계의 틀 안에서 살아 있는 것을 적절하게 개념화할 수 있다는 증거는 어디에도 없다.

— 질베르 시몽동, 『개체와 그 물리-생물학적 발생』[1]

줄기세포 과학과 신체조직 공학을 합쳐 놓은 재생 의학은 의족, 의안, 의치 등의 보철이나 장기이식과 같은 초창기 생의학 기술의 제2세대 모델로 주목받고 있다. 재생 의학은 또한 부호, 메시지와 신호의 기호학보다는 힘과 관계의 공학(압박, 장력, 압축성, 세포 표면에서의 상호작용)에 중점을 두고 있는 "기계론적" 혹은 "건축학적" 생물학 이론의 귀환과도 연결되어 있다.

재건 의학과 체외 세포 및 조직 배양의 전통에서 비롯된 신체조직 공학Tissue Engineering(이하 '조직 공학'TE으로 표기한다)의 목표는 3차원적인 생물 기관 및 조직을 세포 수준에서부터 체외에서 재건하여 환자의 몸에 이식하는 것이다. 재건 의학과는 달리 조직 공학은 단순히 미세 수술법으로 조직을 이식하는 것이 아니라, 체 내외에서 조직의 형태발생morphogenesis을 조절하도록 작동한다. 살아 있는 세포가 배양될 수 있는 원천은 다양하며, 지금까지 생물학자들은 유산된 태아의 세포, 냉동 배아, 포경 수술을 한 어린이의 제거된 포피 등과 같은 여타 폐기된 조직을 활용하고 있다. 그러나 가장 야심 찬 계획은 자가 유래의 배아 조직을 원재료로 한 복제의 치료적 사용이다. 자연, 합성 혹은 생분해성의 재료 (혹은 이 모두의 혼합재)로 만든 뼈대를 둘러싸는 형태로 이 자가 유래 세포들을 3차원적 형태로 배양할 수 있다. 지금까지 생물학자들은 피부 (조직 공학 제품으로 최초로 상업화됨), 뼈, 연골, 그리고 심장 판막과 같은 구조적 대체물을 성공적으로 개발했으며, 간부전이

---

1. Simondon 1995, 222~23쪽.

나 췌장 기능부전 같은 보다 복잡한 신진대사적 대체물을 만들어 내는 일은 여전히 현재 실험이 진행 중이다. 여기서는 별로 다루지 않을 또 다른 조직 공학의 연구 영역은 신경세포, 조혈세포, 그리고 섬세포 등으로 분화시키기 위한 줄기세포를 신체에 직접 이식하는 분야이다.

최초의 조직 공학 실험이 시행된 시기는 1990년대 초반으로 거슬러 올라가지만, 줄기세포 생물학이 발전한 결과로 조직 공학 분야 전반이 떠오른 것은 1990년대 후반의 일이다. 만능[2] 인간배아줄기세포주가 성공적으로 배양되고, 성체줄기세포가 실은 어디에나 있으며 애초 예견했던 것보다 더 성질을 바꾸기 쉽다는 사실이 발견되면서 신체의 변환 가능성을 더 깊게 이해할 수 있게 되었다. 장기와 조직의 재건은 체외에서의 형태발생뿐만 아니라, 보다 야심 차게는 재생산 가능한 배 발생embryogenesis의 과정으로 상상할 수도 있다.[3] 조직 공학은 장기 이식 및 보철과 관련된 난제들인 면역 반응, 이식할 장기의 부족, 신체에 이식된 인공물의 마모 및 짧은 수명 등을 해결할 가능성이 있다고 기대받고 있다. 조직 공학이 신체의 재생 가능성(자신을 스스로 재창조하는 능력)에 기대고 있다는 점에서 장기의 부족이나 시간에 따른 마모는 더는 문제가 아닐 것이다. 자가 유래 조직의 이식, 혹은 세포 표면 상호작용의 조작으로 면역원성immunogenicity의 문제도 해결될 수 있을 것이라 예상된다. 이

---

2. [옮긴이] 모든 종류의 세포로 분화 가능한 능력을 의미한다.
3. 이 점에 대해서 "목표는……배아적 (재생적) 환경을 손상된 성체 조직에서 재창조하는 것"이라고 주장한 Stocum 1998, 413~14쪽을 보라.

런 점들에서 조직 공학은 이전 생의학 기술이 개선된 형태로 주목받고 있다.

그러나 조직 공학과 20세기 중반의 장기 기술들 사이에 본질적인 연속성은 없는가? 그 둘은 생기^{animation}, 신체적인 (재)발생과 변형성 같은 개념을 공유하고 있지 않은가? 이번 장에서 나는 조직 공학에서 활용하고 있는 재생 가능한 형태발생 기법들은 장기 이식과 보철의 생의학적 패러다임과는 근본적인 측면에서 다르다는 점을 주장하고자 한다. 이 차이는 우선 학문적 본성에 기인한다. 생화학, 면역학, 냉동보존, 수술, 그리고 기계 공학이 장기 이식과 의료 기구의 개발에서 핵심이었다면, 조직 공학에서는 위의 기법들을 사용하기는 하지만 발생생물학$^{developmental\ biology}$, 형태학, 실험발생학 $^{experimental\ embryology}$, 그리고 재생 연구와 더욱 밀접하게 연관되어 있다. 조직 공학 분야는 그 명칭에서 알 수 있듯 생물학자, 재료 과학자, 그리고 화학, 기계, 심지어 전자 공학자 간의 학제 간 연계를 강화하고 있다. 그러나 이 분야는 또한 전통적인 공학의 기계론적 모델을 다시 사고하는 특수한 문제를 안고 있기도 하다.

가장 중요한 점은 이러한 차이들을, 다양한 기하학들과 그 기하학들이 허용하는 운동의 종류들 사이를 구분하는 변형$^{transfor-mation}$의 수학적 이론의 함수를 통해 이해할 수 있다는 사실이다. 먼저, 보철과 장기 이식 기술의 초창기 정식화는 운동학^{kinematics}에 따른 강체^{剛體} 4의 거리적 변형에 의존하고 있다. 운동학이란 기계적

---

4. [옮긴이] Rigid body. 힘을 주면 모양과 크기가 바뀌지 않고 그저 공간 내의 위치만

동작, 그리고 영상촬영술 연구 혹은 동작의 이미지에 관한 연구를 잘 합쳐 놓은 명칭이다. 그러나 조직 공학이 활용하고 있는 힘의 연속적인 변조는 위상학적 공간의 수학을 더욱 연상시킨다. 여기서는 거리공간metric space의 강체가 아니라 불연속적인 형태들이 끊임없이 서로의 형태로 "자연스레 변할 수 있는" 장이 등장한다. 주어진 신체의 점 대 점point to point 운동은 과정으로서의 **형태발생**에 자리를 넘겨주게 된다. 이 점을 논증하기 위해 이 장에서는 최근 조직 공학에서 개발 중인 생물학적 변조 방법들, 이를테면 생물 반응기 사용, 컴퓨터 모델링, 매개변수적 변분parametric variation 등뿐만 아니라 위상학적 컴퓨터 설계의 발전 일반에 대해서도 살펴본다. 또한, 위상학과 발생학의 특별한 역사적 관계에 대해서도 주의를 기울이고자 한다.

최근 문화 및 설계 이론가들(Lynn 1999; Cache 1995)은 위상학에 기대어 비계량적 건축 및 신체적 공간의 철학을 발전시키고 있는데, 이 장에서 나는 재생 의학의 발전으로 인해 이제는 비계량적 공간뿐만 아니라 **비계량적 시간**이라는 조건 또한 고려해야 한다고 주장한다. 조직 공학이 계량적이고 계보적인 시간대 밖에서 신체의 형태발생을 재생산할 수 있다는 기술적 가능성을 제시하면서, 우리는 "영구적인 배 발생embryogenesis"이라는 정체불명의 현상을 맞이하게 되었다.

바뀌는 물체이다. 현실에는 존재하지 않지만, 물질의 운동에 대한 근사적 계산을 위해 필요한 설정이다.

장기의 기예 : 보철과 장기 이식

보철과 장기 이식은 모두 2차 세계대전 후 급격히 발전했다. 전쟁이 이끈 신소재 발명과 이후 전자공학 및 소프트웨어의 발전 덕분에, 유실된 장기 및 신체 기능을 위한 보철물이 사상 처음으로 대규모 산업 생산의 대상이 되었다. 통상 보철물들은 신체의 역학적, 시각적, 청각적, 혹은 전기적 작용 기능을 대신했다. 가장 성공적인 보철물로는 인공 관철, 플라스틱 이식 수정체, 보청기, 심박동기, 그리고 심혈관계 기구들이 있다. 심장-폐 기계 혹은 투석 기계 같은 또 다른 기기들은 신체 외부에서 그 생리적 기능을 대신하려는 시도였다. 최근에는 전자공학과 소프트웨어가 전통적인 보철물에 통합되어 생체공학 기기 혹은 로봇 기기를 만들어 내고 있다.

최초의 성공적 장기 이식 시도는 20세기 초반까지 거슬러 올라갈 수 있지만, 특히 2차 세계대전 이후 냉동보존기술, 면역학, 혈액 및 장기 은행 같은 장기 이식의 핵심적인 요소들이 발전하여 현실 적용 가능한 수준에 이르렀다. 최초의 신장 이식은 1950년대 초반에 시행되었고, 그 뒤를 이어 1960년대에는 심장과 간 이식이 이루어졌다. 1980년대에 강력한 면역억제제가 개발되면서 장기 이식은 신체 복구를 위한 통상적 방법이 되었다. 이렇게 장기 이식과 보철은 비슷한 시간대 동안 대규모 생의학적 방법으로서 발전했지만, 신체의 재건이라는 목표 이외에는 공유하는 점이 많지 않다. 이식은 결국에는 살아 있는 생물학적 장기의 기예인 반면, 보철은 산업 기계의 기법과 소재를 활용하는 쪽이기 때문이다. 그러나 물질성에서의 차이에도 불구하고, 두 기술은 생기에 대한 기계론적 비전, 즉 장기와 기계를 기본적으로 동일시하는 시각을 공유하고 있다.

생기animation의 역학 : 장기 기술의 철학

과학철학자 조르주 깡길렘은 고전이 된 1992년의 저술 「기계와 장기」Machine et organisme에서 생물학에 대한 기계론적 이론은 인간이나 동물 근력의 도움 없이 내부 에너지원으로부터 스스로 연료를 공급할 수 있는 오토마타Automata 5의 발명으로 인정받게 되었다고 주장한다. 당시까지 기계의 동작 기능은 기계의 자기 유지 능력과는 별개로 여겨졌다고 깡길렘은 지적했다. 기계적 기기들이 전동기(모터)와 결합하면서부터, 그리고 역학이 에너지학과 결합하면서부터야 기계론적 생기론이 과학적인 타당성을 획득하게 되었다(Canguilhem 1992, 104~6쪽).

생명의 기계론에 대한 가장 면밀한 탐구 중 하나는 생리학자이자 발명가인 에티엔느–쥘 마레Étienne-Jules Marey의 작업에서 찾을 수 있다. 마레는 다양한 생의학·사진·영상촬영 기기를 제작해 20세기 초반의 많은 신기술에 영감을 제공했고, 보철 및 (주장컨대) 장기 이식에까지 영향을 주었다(Rabinbach 1992, 90~110쪽). 1860

---

5. [옮긴이] 인간 등 살아 있는 생물의 동작을 본 따 움직이는 기계들로, 자동 장치 인형의 형태로 많이 제작되었다.

년 및 70년대의 저술에서 마레는 에너지 보존 이론이 생물학을 포함한 모든 현상의 설명에 적용될 수 있다는 생각을 발전시켰고, 따라서 생명은 그 고유한 법칙을 따른다는 생기론적 믿음은 틀렸다고 보았다. 근대 과학은 "살아 있는 전동기"를 창조하는 데 성공했고, 기계적 생명의 제작 또한 원칙적으로 가능해졌다. 서로 다른 힘의 발현 현상 아래에는 생산 혹은 노동의 공통 원칙이 자리하고 있었다. 즉, 증기 기관이 탄소를 태워 에너지를 생산하는 것처럼, 근육은 영양소를 연소해 기계적인 작업을 수행한다. 신체의 물리 화학적 노동은 [증기기관에서] 열이 수행하는 노동과 같은 식으로 측정 가능했다. 따라서 신체장기의 노동과 기계의 노동 사이에는 추상적이고, 나눌 수 있는 노동 시간이라는 근본적인 동등성이 존재한다. 그리고 이러한 동등성은 기계와 신체의 작업 수행이 유사한 규칙화 및 재생산 전략의 대상이 될 수 있음을 의미한다.

그의 후기 작업에서 마레는 장기 및 신진대사를 통제하는 에너지 보존 원칙을 기계론과 결합해 개체의 운동 법칙과 체내 장기 사이의 관계를 설명해 줄 수 있는 방식을 검토했다. 독일 기계공학자 프란츠 뢸로Franz Reuleaux의 저술을 통해 마레는 기계의 동작과 구성 법칙에 대한 최초의 체계적인 이론을 접했다. 이후 기계공학 분야와 연결될 뢸로의 기계에 대한 과학은 운동학이라는 이름으로 불렸다. 1875년의 저서 『기계의 운동학』*The Kinematics of Machinery*에서 뢸로는 효과적인 기계장치를 만들어 내기 위한 최소 조건을 밝혔다. 그는 운동학에는, 공간과 시간의 특정 매개변수 안에서 수용 가능하며 미리 정의된 부품 조립 방식에 따른, "완전히 명확한 자연의" 동작이 요구된다고 보았다. 이러한 동작을 만들어 내기 위해, "잠재적인 힘들을 견디는 부품들의 경우, 움직이는 부품 각각이 단 하나의 요구되는 동작만을 할 수 있도록 허용하는 형태와 강성을 갖도록 준비해야" 한다고 썼다(Reuleaux [1875] 1963, 35쪽). 다시 말해, 운동학에는 경직된 신체가 필요하다.

마레 또한 "장기의 형태와 장기의 특성 사이에는 엄밀한 관계가 존재한다"고 서술하며 기능의 가역성 및 예측 가능성과 형태의 영속성 사이의 원칙을 재확인했다(Rabinbach 1992, 92쪽에서 재인용). 기계적 신체의 강성rigidity으로 가능해지는 것은, 뢸로가 강조한 바대로 운동에 대한 제한이다. 신체가 강성을 띨 경우, 기하학적 이동, 점 대 점 병진 운동, 위치 전도, 그리고 회전 운동은 기계가 할 수 있는 동작이 된다. "우리는 먼저 신체가 완전한 강성을 보유하고 있다고 가정하고 신체의 크기는 무시하도록 한다.……그러면 오로지 기하학적 특성들만 고려하면 된다"(Reuleaux [1875] 1963, 42쪽). 뢸로가 수립한 운동학은 거리적 변환의 과학이었다. 동시에, 뢸로는 기계적 과학의 범위 내에서 비거리적이고 연속적인 신체의 변환에 대한 어떤 고려도 배척했다. 운동학의 세계에서 형태와 기능은, 형태 그 자체가 변하지 않는 한 시공간 내에서 번역되고, 교환되고, 대체될 수 있었다. 그 영역은, "기계로 구성된 신체들에게 형태의 변화에 저항하는 능력을 부여하는 방법이다"(같은 책, 39쪽).

운동학이라는 과학에서 영감을 얻은 마레의 후기 작업은 신체 동작 법칙의 수립이 주된 관심이었다. 마레 또한 뢸로처럼 계량적 용어로 쉽게 번역되는 운동, 즉 이동운동·심장 박동·전기 충격·귀의 청각·시각에 흥미를 느꼈다. 마레는 생리적 운동을 무한히 작은 시간의 순간들로 환원할 수 있다고 주장했다. 원칙적으로 시간은 무한정 나눌 수 있다. 그러나 마레의 동작 이론은 운동의 관념적 한계, 즉 모든 곡률 혹은 구부러짐이 완벽히 상쇄되어 버리는 절대 정지 상태의 접선을 설정하고 있다. 이에 따르면 움직임의 본질은 시간이 공간으로 환원되고 운동이 정지된 틀에 고정된 곳인 추상적 순간에 포착될 수 있다. "모든 운동은 두 가지 요소의 산물이다. 시간과 공간. 신체의 운동을 안다는 것은 일련의 계속되는 순간 속에서 공간을 차지하고 있는 일련의 자세를 안다는 것이다"(Rabinbach 1992, 94쪽에서 재인용).

이런 점에서 마레는 의식적으로 19세기 후반의 사진술photography에서 영상촬영술 cinematography로의 전환이 주는 통찰력에 기대고 있었다. 이 두 기술 사이의 관계는 일종의 시간적 해체와 재구성이라고 마레는 주장했다. 사진이 시간을 수많은 동결된 순간들로 고정했다면, 영상적 이미지는 이러한 순간들을 마치 많은 플래시카드처럼 흐릿하게, 그리고 빠르게 연속화하여 운동을 재구성할 수 있었다. 시간-순간은 마치 공간의 점처럼, 변화와 무관한, 궁극적으로 가역적이고, 교환 가능하다는 개념이 여기에 내재해 있다. 예를 들면 달리는 말을 찍은 필름 연속화면은 말의 형태 변화 없이도 뒤로 돌려 상영할 수 있다.

생물체의 운동을 녹화하기 위해 수많은 실험을 수행했지만, 마레는 사진과 영상촬영 이미지뿐만 아니라, 그가 생리적 시간이라고 부른, 신체의 내부적 움직임, 순환, 맥박, 신진대사, 그리고 근육과 신경의 전기적 자극impulse에도 관심이 많았다. 마치 현미경을 통해 신체의 내부를 해부 슬라이드의 형태로 관찰할 수 있게 되었듯, 마레가 발명한 많은 기기는 신체의 내부적 리듬을 측정하기 위해 설계되었다. 사진의 정지 화면을 움직이는 영상촬영 이미지로 재구성하는 일이 가능해진 것처럼, 적어도 이론상으로 신체의 내부 시간-순간을 재구성하여 조절하는 일이 가능하다고 마레는 생각했다. 시각 예술처럼, 생명과학도 현미경용 절편의 정적인 기예6를 벗어나 움직이는 재구성의 재건적 의술로 나아가야 할 때라고 그는 제안했다. "우리는 그간 엄청나게 다양한 조합의 기계장치의 거대한 전시관을 가로지른 듯하다.…… 그러나 여기 있는 모든 것은 불가사의한 부동 상태에 있었다. 유기적 구조에서 동학으로, 그리고 '장기 사이의 상호작용'으로의 변화는 곧 이동성으로, 그리고 '운동 기능'으로의 변화이다"(Rabinbach 1992, 91쪽에서 재인용).

이런 점에서 마레는 앞으로 생명과학이, 해부된 절편이나 정지 화면으로서만 유기체를 관찰할 수 있는 가사 상태suspended animation 의 패러다임에서 벗어나 가사 상태의 기관에 다시 기계적인 기능을 되찾아 주는, 영상적으로 생기를 되살리는 기법을 추구하리라고 전망했다. 그는 기계적인 소생의 가능성에 매료된 나머지 수많은 보철 장기 및 살아 있는 듯한 오토마타들을 제작했다. 새로운

---

6. [옮긴이] 현미경을 사용한 관찰을 위해 시료는 보통 다양한 방식으로 고정, 탈수, 치환, 포매, 중합 등의 과정을 거친 후 얇은 절편으로 제작되어야 한다. 즉 이때 얻을 수 있는 이미지는 세포 등 시료가 고정되는 순간의 장면이며, 살아 움직이는 상황, 즉 움직이는 영상 이미지는 얻을 수 없다.

세기가 시작될 때쯤 알렉시스 카렐과 찰스 린드버그 등의 생물학자들은 실제 생물학적 장기를 시간상으로 정지시켜, 이식하고, 다시 소생시켰는데 이는 정지 화면 사진과 거의 같은 방식이었다.[7] 카렐과 린드버그는 그들의 장기 배양 연구가 시공간 안에서 장기를 중지시키고 재구성하는 연습이라고 명시적으로 밝혔다. 해부가 살아 있는 장기의 생명을 결국 멈추게 한다면, 그리고 생체 해부는 그저 죽음 직전까지의 해부를 의미한다면, 장기 이식의 전반적인 목표는 바로 생기를 중단시켰다가 다른 곳에서 생기를 되살리는 데 있다.[8]

마레 철학의 개념적인 영향력은 생의학 기술에 대한 20세기 후반의 접근에서 뚜렷하게 드러난다. 2차 세계대전의 이식 및 보철 유행 직후 출간된 대표적인 대중 과학 저술을 보면 그 전 20여 년간 이루어진 엄청난 기술적 진보는 자세히 보고하고 있지만, 신체적 시간과 동작의 개념적 틀은 마레가 선보인 장기의 영상촬영술과 그다지 다르지 않았다(Longmore 1968). 이 책의 저자는 기계와 신체의 장기는 모두 동일한 에너지 전환 원칙을 따르며 둘 간의 유일한 차이는 생물학적 기계의 월등한 복잡성과 효율성에 있다고 보았다. 이렇게 장기와 기계, 그리고 그 둘의 에너지 전환과정, 기능과 형태는 본래 동등하므로 서로 대체가 가능하다는 주장이다. 보철과 마찬가지로 장기 이식은 "예비 부품"의 기예이다. 형태와 기능 사이

---

7. "장기는 본래 오래 지속하는 것이다. 그것은 운동, **어떤 정체성의 틀** 내에서 일어나는 멈춤 없는 변화이다"(Carrel and Lindberg 1938, 3쪽, 강조는 인용자)
8. 해부, 생체해부, 그리고 장기 이식에 관해서는 같은 책 1~6쪽, 219~21쪽을 보라.

의 본질적인 관계가 유지되는 한, 보철 기기가 장기의 자리를 차지할 수 있듯 장기 하나를 다른 장기로 대체하는 것도 가능해지는 것이다. 이 책은 장기 기술 개발 와중에 겪게 된 기술적 문제들을 검토하면서 "형태의 변형", 즉 이식될 장기에서의 모든 형태적 변화는 그저 이식에 장애 혹은 방해물이 된다는 점을 분명히 했다. 뢸로 (1963, 35쪽)는 이렇게 경고했다. "의도된 바와 다른 모든 동작은 방해가 되는 동작일 것이다." 즉 보철과 장기 이식의 요점은 어떤 종류의 변화도 없이 점 대 점 대체 방식을 통해 시공간의 장기를 빈틈없이 병진 이동하는 일을 실제로 구현하는 데 있다.

이를 위해서 적어도 이식술이 끝날 때까지는 장기를 시간상 정지시켜야 하며, 형태는 굳히고 신진대사는 둔화시켜야만 한다. 전체 장기 이식의 진보는 결국 20세기 중반 전체 장기 관류(수액을 장기에 계속해 관류시킴) 혹은 저체온 냉동법(0도 이상) 등을 통하여 장기를 시간상 정지시켜 두는 장기 보존 기술의 발전과 불가분의 관계에 있었다.[9] 그러나 이식용 장기만 냉동해서는 부족했다. 장기 이식 과학은 또한 이식받는 신체가 보이는 조직 적합도, 면역 반응, 그리고 염증의 문제 등처럼 강체剛體의 매끄러운 공간적 이식 과정에서 나타나는 수많은 어려움에 부딪혔다. 이 문제들은 신체 방사선 조사 혹은 면역억제제 투여 등으로 그저 억제하거나 혹은 극복해야 하는 부정적인 한계들이었다.

---

9. 장기 보존 기술의 역사는 Rubinsky 2002, 27~49, 그리고 M. Phillips 1991을 참조하라.

간단히 말해, 이 모든 방법은 장기의 가변성을 제한하기 위한 의도에서 비롯되었다. 마치 뢸로의 운동학 논문들이 그가 금속의 유연성을 무시하기로 한 이론적 결정을 내린 이후 시작될 수 있었듯 말이다. 생의학적 개입 양식들로서의 보철, 그리고 장기 이식은 형태발생의 과정을 중단시켜 냉동된 형태학상의 유형들을 다루어야 한다. 이 점에서, 깡길렘이 다시 지적한 바 있듯, 19세기 생물학의 분야 중 특히 과정으로서의 형태의 발생을 이해하고 그에 개입하고자 했던 실험발생학의 입장에서 봤을 때 생기에 대한 기계론적 관점은 완전히 이질적이었다. 깡길렘(1992, 119쪽)은 "실험발생학의 작업은 무엇보다도, 활성화된 후 이런저런 기관을 생산하도록 만들어진 '특정한 기계' 종류가 배아 안에 포함되어 있지 않다는 사실을 밝힘으로써([루시앙] 퀴에노Lucien Cuénot), 생명 현상의 해석에서 기계론적 재현의 쇠퇴를 불러왔다. …… [한스] 드리슈[Hans] Driesch, [스벤 오토] 횔슈타디우스[Sven Otto] Hörstadius, [한스] 슈페만[Hans] Spemann, 그리고 [힐데] 만골드[Hilder] Mangold의 연구에 뒤이은 난자의 잠재력에 관한 연구에서 배아적 발생은 쉽게 기계적 모델로 환원될 수 없다는 사실이 명백해졌다."[10]

생물기관 발생 : 형태발생의 조절

---

10. 프랑스어 원문에서 직접 번역함.

깡길렘의 작업에 기대어 논의를 더 진전시켜 보면, 생의학적 과학에 실험발생학이 더해져서 (조직 공학에서처럼) 신체적 재건의 기예가 되었을 때, 생기에 대한 기계론적 관점과 형태발생적인 관점 사이의 차이에는 어떤 변화가 생겼는가? 서로 다른 생의학적 기술에서 형태학적 유형과 형태학적 과정의 역할은 각각 무엇인가? 일정 부분 그 차이는 분명하다. 변화에 대한 신체의 대응을 억압하는 대신, 조직 공학은 결과적으로 형태발생을 조절하고, 뒤바꾸거나, 방향을 돌리기 위해 오히려 형태발생 과정을 강화하고 그와 협업한다. 따라서 조직 공학은 이미 그 형태가 주어져 있는 장기의 이식보다는 형태의 발생, 즉 생물기관 발생organogenesis과 보다 관련이 깊다. 그러나 조직 공학은 어떻게 발생 작용을 새로이 이해하는가? 그리고 어떤 특수한 이식의 양식이 활용되는가? 현재 개발 중인 아래와 같은 기법에서 형태와 형태발생 사이의 관계를 좀 더 파악해 볼 필요가 있다.

세포를 콜라겐 젤에 심어 배양하는 실험이 있는데, 여기서 세포는 더는 젤이 필요하지 않을 때까지 성장하여 자기 주변의 젤을 재조직화한다. 그러나 젤은 피부와 같은 연성 조직 구성체의 성장에 활용되고는 있지만, 그보다 견고한 형태를 만들어 내는 데에는 그다지 성공적이지 못했다. 조직이 구조적으로 약한 특성을 띠기 때문이다. 구조적 취약성 문제를 해결하기 위한 대안적 방법의 하나로 3차원 다공성 생물 분해성 지지체를 이용하는 방식이 제안되었다. 세포를 지지체에 심어 놓으면, 그 상태에서 세포 간 접착력을 제공하는 세포외 기질이 점진적으로 형성된다. 세포와 세포외 기질이 자신들의 구조물을 갖추기 시작하면서 지지체는 천천히 와해된다. 이러한 지지체를 이용하면서 생기는 문제는 지지체가 주변 조직에 유발하는 저수준의, 그러나 장기간의 염증 반응이다. 이러한 염증 문제는 외부 지지체 없이 고유의 세포와 기질을 구축하여 거기에 자리를 잡는 제3의 방법에서는 피해갈 수 있다. 얇은 판형으로 배양된 세포들을 접고, 겹쳐 쌓아 올리고, 동그랗게 말아서 다양한 형태학적 유형 및 조직의 밀도를 구현할 수 있다. 현재 개발 중인 모든 방법 중 이 방식이야말로 젤과 지지체를 전혀 쓰지 않는 체내 기관 발생의 과정에 가장 근접해 있다.[11]

배양할 세포를 뿌리는 과정이 끝나면, 그 생체조직 구성물을 생물 반응기에 넣게 되는데, 이 기기는 무균 환경의 성장배양액 속에서 세포를 배양하면서 동시에 세포에 다양한 물리적 자극을 준다. 여기서 제기되는 중요한 질문들은 다음과 같다. 상호접착 혹은 분리의 다양한 관계로 정의되는 세포의 총체가 특정한 형태 유형으로 접히고 특유의 세포적 특성을 획득할 때, 그 세포의 총체는 어떤 힘 및 긴장 상태에 반응하며, 어떤 한계치를 통과하는가? 재생의학은 힘의 장의 연속적인 변이를 경험하게 되며, 연구역량이 쌓임에 따라 특정한 조직의 품질(밀도, 압축성, 탄력성), 성질, 그리고 형태들(세포 형태, 분화, 기관 형태와 구조)의 발생을 결정하고자 하는 시도를 하게 되었다. 생화학적, 수력학적, 기계적, 심지어 전자기적 힘 등이 여기와 관련되어 있다. 연구자들은 조직 구성물이 특정

---

11. 이들 세 가지 방법에 관해서는 Auger and Germain 2004를 보라.

한 배양액 조건, 이를테면 회전으로 인한 난류, 혹은 수직 층류, 여러 가지 생화학적 자극, 다양한 형태 및 빈도의 파형의 효과, 주기적인 압축 변형, 그리고 극미 중력 조건 등에 있을 때 나타나는 서로 다른 형태학을 탐색하고 있다(Freed and Vunjak-Novakovic 2000; Meija and Vilendrer 2004). 또 다른 연구자들은 지지체의 모양, 다공성, 강성 및 내구성 등의 성질을 실험하여 특정한 종류의 조직 성장에 가장 알맞은 지지체는 어떠해야 하는지를 찾고 있다(Sun, Darling, Starly, and Nam 2004; Sun, Starly, Darling, and Gomez 2004).

위의 사례를 보면 발달한 장기의 형태학적 특성은 장기 이식이나 보철 같은 초기 생의학적 기술에서처럼 구조적인 역할을 더는 하지 않는다. 과거 기술에서 형태는 외부로부터 주어지는 것으로서 장기 자체의 형태발생과는 무관했고, 적어도 장기 이식술이 시행되는 동안에는 변하지 않은 상태를 유지해야 했다. 그러나 조직 공학에는 바로 그 시간에 따른 형태발생의 연속성에 관심을 두고 있다. 조직 공학의 개입 기법은 생물학적 관성에 따라 장기가 굳기를 바라는 것이 아니라, 살아 있는 조직의 활발한 반응성, 시간에 따라 영향을 주고받아 변화하는 능력을 활용한다. 이러한 개입이 일종의 "형태"를 포함하고 있다면, 그것은 젤라틴 질 혹은 다공성 초기 형태(방울 모양의 콜라겐 젤과 스펀지 모양의 틀)로서 조직 구성물이 성장하여 재흡수하도록 설계된 형태이다.

여기서 중요한 것은 자기 파괴적으로 설계된 지지체의 외부로부터의 도입이 아니라, 어떤 관계로 정의된 세포의 총체가 특정한 성질을 띤 특유의 조직 형태로 자기-조립하게 되는 한계 조건을 결정해야 한다는 점이다. 이 두 가지 방법론의 차이는 철학자 질베르 시몽동의 (형태 없는 물질로부터의 형태 만들기인) 주조mould, 그리고 기법의 양식으로서 끊임없는 힘의 변조modulation의 차이에 대한 구분과도 닮아 있다. "주조하기는 확정적으로 변조하는 것이고, 변조하는 것은 지속적이고도 영구적으로 가변성을 띠게 하며 주조하는 것이다"(Simondon 1995, 45쪽).[12]

조직 공학에서 진행 중인 최근 연구는 대체로 실험 단계에 머물러 있다. 그러나 임시방편적인 실험을 넘어 매개 변수 조절과 형태발생의 관계를 공식화하고자 노력하는 이론적인 문헌들 또한 존재한다. 재생 의학의 함의를 온전히 담아내는 일관된 시도는 생의학적 재건 과학의 실용적 관점을 형태발생의 포괄적 이론에 접붙인 생물학자인 도널드 잉버의 작업에서 찾을 수 있다. 잉버는 자신의 작업을, 신호나 전달 같은 발생생물학의 기호학적 개념들을 힘 관계의 관점에서 모두 다시 파악하는, 형태발생의 건축학적, 혹은 역학적 이론이라고 스스로 특징짓고 있다. 잉버(2003, 1397쪽)의 말을 빌리면, "어떻게 ECM(세포외 기질) 또는 세포 변형에 적용되는 물리적 힘이 세포 내에서 일어나는 화학적 활동을 변화시키고 조직 발생을 조절할 수 있나? 답은 분자 생물물리학에 있다. …… 또한, 건축학적 관점을 적용하여 다-분자 및 위계적 상호작용 모두를 고려할 필요가 있다."

---

12. 프랑스어 원문에서 직접 번역함.

그러나 잉버의 관심은, 고전 역학의 나눌 수 있는, 광범위한 힘보다는 장력의 연속적인 변이에 있는 만큼 이를 건축학 혹은 역학의 일종이라고 볼 수는 없다. 조직 형태학 수준에서 연구하면서 그는 유기적 형태의 발생에 관한 장력조합성tensegrity 13의 건축학적 이론에 기대고 있다. 건축학자 벅민스터 풀러가 만들어 낸 장력조합성 개념은 고전적인 석조 아치에서 보듯 압축이 아니라 장력의 연속적인 전달을 통해 유지되는 구조를 가리킨다. 이는 불연속적인 형태가 아니라 연속적인 힘의 장으로부터, 그리고 이미 결정된 본질적인 성질 혹은 품질이 아니라 변환의 잠재적 범위와 같은 능력에서부터 시작하는 구조 이론이다. 이런 점에서 장력조합적 건축은 견고한 몸체와 미리 결정된 재료가 필요 없다.

이 이론의 계산에 따르면 형태의 구조적 안정성은 구성 부분의 강도에 의존하지 않으며, 연속적인 힘과 저항력의 특정한 배열에 대한 기하학적 해법으로서 출현하는 것이다. 따라서 탄력성 있는 신체도 어떤 종류의 힘 관계가 작용하느냐에 따라 견고하고 안정적인 구조를 얻을 수 있다. 고도로 가소성이 좋은, 변형이 쉬운 세포(성체줄기세포 혹은 배아줄기세포)는 세포 간 접착 관계의 기능으로서 특정한 발생 경로를 따라 유도된다. 장력조합성 이론에서의 핵심은 힘의 장, 연결적 관계, "힘 변환"force transduction, 그리고 "원격 작용" 같은 개념들이다. 장력조합성 구조에서는 모든 구성단위가 연결성 상호관계로 구성되어 있으며, 모든 국소적 사건들이 장력의

13. [옮긴이] tense와 integrity의 합성어.

전체적 변조에 반응한다. 잉버는 세포 내, 세포 간과 세포외 기질(접착적 상호작용), 그리고 세포 표면을 가로지르는 등 서로 다른 구조적 수준을 넘나들며 활동하는 연결적 상호작용의 창발적 효과가 바로 형태의 형성이라고 이해하고 있다.

위의 모델에 따르면, 형태, 구조 그리고 나아가 세포 운명의 변화는 연결적 관계의 장을 가로지르며 "원격으로" 혹은 수준을 넘나드는 작용을 하는 장력의 다양한 한계점에 따른 장 field 관계들의 기능이다. 그리고 장력의 다양한 한계점 상에서 나타나는 이들 관계의 연속적인 변형으로 새로운 형태와 구조가 발생한다. 이 점에서 잉버의 세포적 건축 이론은 단순한 선형적 예측은 피하고 있지만, 여전히 예측하는 이론이다. 잉버는 수학적 용어로, 주어진 형태가 변조될 수 있는 매개변수 변이, 상전이가 일어나 다른 형태로 변형되는 한계점을 찾는 데 관심이 있었다. 그리고 거기서부터 잉버는 기술적 개입으로서의 조직 공학에 대한 자신의 해석을 끌어냈다.

위 내용은 재생 의학을 형태발생의 건축학적 혹은 역학적 실천으로 정의하는, 재생 의학에 대한 매우 다른 접근 방식을 선보이고 있다. 비록 조직 공학이 힘의 관계와 연관되어 있기는 하지만, 그 용어는 고전적 의미에서 기계론적이라고 볼 수 없다. 그리고 유전학 혁명이 선호하는 기호학적 모델과는 반대로 조직 공학이 초기 생의학적 공학의 전통으로 복귀하는 모습을 보이지만, 또한 보철학이나 장기 이식 기술의 거리적 변환은 여기에 포함되지 않는다. 조직 공학은 연속적인 형태발생적 공간과 그 공간이 신체의 전체 범위를 생성하는 능력을 탐색하고 있다. 조직 공학은 재생산과 대체의 기법들을, 지속해서 형태를 바꿀 수 있는 기예, 즉 형태가 다시 전의 과정으로 돌아가 계속해 변조가 가능해지는 기예로 대체한다. 한마디로 말하면, 조직 공학이 선보인 신체 변환은 거리적이기보다는 **위상학적**이다.

거리적·위상학적 변환에 관하여

19세기 수학자 펠릭스 클라인은 기하학들을 통해 가능한 변환의 종류를 파악하여 서로 다른 기하학을 구분하는 방법을 제시했다. 변환의 수학에 따르면, 기하학적 형상의 요체가 무엇이냐는 질문은 이제 적절하지 않다. 오히려 이렇게 물어야 한다 : **본질의 변화 없이 어떤 변환이 가능한가?** 여기에서 핵심 개념은 변환 속의 불변성이다. 각각의 공간 유형은 특정한 종류의 변환과 관련해 고유의 불변성 법칙을 내포하고 있으며, 따라서 그 법칙의 함수를 통해 분류될 수 있다. 변환의 수학에서 관심사는 바로 공간의 **능력**, 즉 정적인 특성의 조합이 아니라 어떤 (수행하거나 겪게 되는 변환인) 사건에 대한 반응성으로 정의되는 기하학적 형상에 있다(De-Landa 2002, 18쪽).

공간의 능력이 가장 제한된 특징이 있다고 할 수 있는 유클리드 공간을 예로 들어 보면, 여기서 형상들은 간격, 길이, 그리고 각도의 계량적 특징이 보존되는 한 그 본질에 변함이 없이 변환 과정을 거칠 수 있다. 거리공간 metric space 은 회전·위치 전도·위치 변경 같은,

소위 강체^{剛體} 변환이라 불리는 일군의 변환에 의해 정의되는데, 이 운동에서 신체는 그 형태적 외형 혹은 힘 관련 반응의 변화 없이 움직이게 된다. 그러나 19세기 수학자들은 유클리드 공간의 거리적 불변량으로부터 자유로운 기하학을 여럿 발명했다. 예컨대 아핀 기하학에서 원과 타원은 연속적이며, 사영기하학에서 모든 원뿔 곡선은 동일한 변이의 장에 속하게 된다. 그러나 단연 가장 엄격하지 않은, 가장 유연한 기하학은 위상 공간에서 나타난다.

위상 공간에서는 거리 불변량은 작동하지 않으며, 다른 기하학에서의 사영이나 원뿔 곡선의 불변량 또한 그러하다. 절대 위상 공간에서 내부와 외부는 연속이고, 왼쪽과 오른쪽은 가역적이며, 형태 구조들은 서로의 모습으로 점차 변화^{morph}한다. 위상 공간에서 "점"에 의미를 부여한다면 연속적인 변환에서 각각의 점이 무한대의 속도로 다른 점으로 변해 간다고 봐야 한다(혹은 점은 그렇게 존재하지 않으며, 변환의 연속성이 점의 부동성에 우선한다고 말할 수도 있다). 거리공간에서 강체의, 불연속적인 신체들은 위상 공간에서는 서로 분간하기도 어렵고, 무한정으로 상호 변환이 가능하게 된다. 위상 변환에서 변하지 않고 남겨진 것은 단일 연결적 관계, 즉 공재성^{togetherness} 혹은 점착의 추상적 표지로서의 점성^{viscosity}이다.

이러한 관계들은 점 혹은 힘을 연결하지만, 이 관계로 인한 연결은 광범위한 거리 혹은 각도의 계량적 개념과는 무관하게 작동한다(수학자들은 근접성의 개념을 비계량적 공재성 혹은 응집성 관계에 대한 정의와 거리를 두지 않고 사용한다). 도넛을 뒤틀고 늘리고 치대서 그 형태론적 응집(그리고 도넛 가운데의 구멍과 같은 비응집성의 지점들)은 보존한 채 가능한 모든 모양으로 변형시킨다고 상상해 보라.[14] 끈적거리는 구체에 극단적인 힘을 가해 그 일반적인 방울 형태는 유지한 채 모든 방향으로 압착되어 늘어난다고 상상해 보라. 위상 공간에서는 결합성의 위상적 성질을 보존하는 한, 모양이나 특성quality 그리고 밀도가 그 어떤 변형을 겪는다 해도 변형 전후는 동형이다. 여기서 중요한 점은 도넛의 견고한 형태가 아니라, 특정한 연결성의 한도 내에서 작동하는 연속적인 변이의 장으로서의 도넛 형태발생이다. 위상 공간에서는 오로지 연결 관계의 본질이 변화했을 때만 차이가 인식된다. 그리고 그 순간 우리는 한 위상적 근방neighborhood에서 다른 위상적 근방으로, 한 변이하는 힘의 장에서 다른 장으로 이동한다.

그러나 이들 서로 다른 공간과 기하학들의 관계는 무엇인가? 클라인의 작업이 흥미로운 까닭은 그가 서로 다른 기하학들을 그저 불변량의 한 함수로서 분류하려 했을 뿐만 아니라, 그가 또한 그들 사이의 개체발생적ontogenetic, 혹은 생성적인 관계를 구축했기 때문이다. 클라인의 문제 정식화에 따르면, 불연속의 점진적 창발과 이에 따른 변환 가능성의 상실을 통해 공간의 최대 연속성(위상적인 것)으로부터 공간의 최소 연속성(거리공간)이 생겨날 수 있다(현대 수학적 용어로는 대칭성의 상실, 혹은 대칭성 깨짐이라고

---

14. [옮긴이] 도넛을 이리저리 변형시켜 손잡이 달린 컵 모양으로 만들어도 그 둘은 위상적으로 동형이라는 서술은 위상 수학의 대중적 설명 시 자주 동원된다.

표현한다). 클라인의 변환 수학은 따라서 최초로 공간에 대한 개체발생적 이론을 제시해 주고 있다. "비유적으로 말해, '위상-미분-사영-아핀-유클리드'의 위계는 실제 공간 탄생의 추상적 시나리오를 재현하는 듯 보일 수 있다. 우리가 살고 있고 물리학자들이 연구하고 측정하는 거리공간은 비계량적, 위상적 연속에서뿐만 아니라 일련의 대칭 깨짐 이행을 통해 분화되고 획득된 구조에서 태어났다"(DeLanda 2002, 26쪽).

이 모든 점을 봤을 때 위상 기하는 19세기의 또 다른 생성 이론인 발생학embryology과 개념적인 친화성을 보여 준다. 발생학은 생물학적 형태가 존재하게 되는 과정과 가장 밀접하게 연관된 과학 분야인 만큼, **형태발생의 장**morphogenetic field 15 개념을 만들어 낼 필요가 있었다. 19세기 후반과 20세기 초반에 발전된 이 개념에 의지해 발생학자들은 배 발생의 초기적인 순간들을 활성화하는 듯 보이는 차이와 공명(거리상 떨어진 곳으로부터의 활동)의 비계량적 관계를 해명할 수 있게 되었다. 예컨대 수정란에서 미래 장기가 나타날 공간을 정확히 지정해 찾아낼 수는 없지만, 형태발생의 장에는 결코 차이가 없다고 보지 않는다. 그러나 이 차이는 점증적인, 혹은 비계량적인 특성이 있는, 장의 강도(변화도)의 연속적인 변이, 장 공명 혹은 멀리서부터의 활동(극성)으로 규정되는 모호한 근방, 그리고 서로 다른 속도로 움직이거나 다른 정도로 분열되는 이동

---

15. [옮긴이] 발생생물학에서 비롯된 개념으로서, 발생 초기 단계에 국소적인 생화학적 신호에 반응해 특정한 형태학적 구조 및 장기로 분화 및 발달해 나가는 일군의 세포들이 모여 있는 공간을 의미한다.

세포의 겹들로 나타난다. 발생학자들은 비계량적 차이의 근방들 간의 조우로부터 초기 배아의 최초의 공간화 운동이 나타나서, 결국 점차 관찰 가능한 기관으로 모습을 드러내게 되는 접힘과 함입이 만들어진다고 주장했다. 대부분의 발생학자는 형태발생의 장을 개념화하며 힘의 장과 공명 같은 위상학적 단어를 활용했지만, 그 중 소수는 수학적 용어를 통해 그 비계량학적 관계를 공식화해 보려 노력했다.

다아시 톰슨D'Arcy Thompson은 변환 수학이 생물 과학에 주는 함의를 뚜렷하게 사고했던 최초의 이론 생물학자 중 한 명이다. 유기적 형태의 형태발생에 대한 1917년 연구인 『성장과 형태에 관하여』On Growth and Form에서 톰슨은 생명과학 내의 서로 다른 분야들에 영향을 미친 수학 이론들을 알아보기 시작했다. 유전학의 경우 불연속적인 돌연변이 사건에 관한 관심이 큰 만큼 대체군 수학에 은연중 의존했지만, 변이의 발생 및 형태발생학적 개념은 변환 수학과 공통점이 더 많다고 그는 지적했다. 이 책의 마지막 장인 "변환의 이론, 혹은 관련 형태의 비교에 대해서"에서 톰슨은 유기체적 생명에서 관찰될 수 있는 형태와 구조의 연속적 변이 가능성을 연구하는 한 방식으로서 형태발생적 변환의 포괄적 이론을 발전시키고 있다. 톰슨은 이러한 방법론을 통해 본질의 유형학을 연속적인 형태학적 변환의 격자망으로 대체하며, 유기적 형태의 발생을 이끌거나 뒤트는 다양한 효과를 재생산하는 능력에 주목했다. "형태학의 매우 큰 부분에서, 우리의 본질적인 임무는 관련된 형태들 각각의 정확한 정의가 아니라 그들 간의 정확한 비교이다. 그리고 복잡한 모양의 변형이 [비교의 수단이 된다]"(D. Thompson [1917] 1992, 271쪽).

그 비교를 위해 톰슨은 데카르트 x, y 좌표와 그로부터 가능해지는 곡률을 자신이 탐색할 매개 변수로 선택했다. 이들 형태학적 변형은 다음처럼 이루어진다 : 한 x, y 좌표 체계에서 어떤 유기체의 형태 윤곽을 그린 후, 그 체계를 균일 변형uniform strain시키면 유기체의 형태 또한 그에 상응하는 변형을 이루게 된다. 톰슨(같은 책, 272쪽)이 지적했듯, 이 방법은 둥근 표면을 변형시켜 평평한 표면으로 바꾸거나 그 반대의 작업을 하게 되는 지도제작에서 활용되는 사영 변환[혹은 투영법]과 유사하다. 이러한 변형 방법의 선택에는 그 변형 종류에 상응하는 한계 또한 있다. 사실 톰슨의 변환은 유기적 형태에 대한 특정한 지도의 제작법, 그리고 형태학적 종류들 사이에 존재하는 경험적이고 분류학적인 불연속성을 가정하고 있다. 따라서, 톰슨은 자신의 변환에 한계를 부여했다. "비교를 위해서는, 필요한 변환이 단순한 종류, 그리고 원 좌표뿐만 아니라 변환된 좌표가 조화롭고 대략 대칭적 체계를 구성하는 종류로만 엄격하게 한정해야 한다. 만약 대자연 안에서나 동물학적 분류상 서로 멀리 떨어진 유기체들을 수학이나 아니면 다른 방법을 동원해 비교하려고 시도한다면, 우리는 그에 따라 불가피하고도 겪어야 마땅한 혼란에 빠져들게 될 것이다"(같은 책, 273쪽).

이후 이론 생물학자 조셉 우저(Woodger 1945)는 톰슨의 방법이 지닌 단점을 파헤치며, 톰슨식 변환은 형체로 국한되어 있는 만큼 공간의 특정한 강성을 이미 가정하고 있다고 지적했다. 톰슨의 방식으로는 공간의 곡률을 통해 일어나는 하나의 형태에서 다른 관련된 형태로의 연속적 변이를 따라갈 수는 있지만, 서로 다른 종류 간의 눈에 보이는, 분류상 차이 이상으로 나아가지는 못한다. 우저가 보기에 톰슨의 방법의 한계는 궁극적으로 성체 기관의 발달한 형태에만 초점을 맞추었다는 점에서 비롯된다. 즉 이미 완성된 성체의 형태로 대상을 제한한 만큼, 톰슨은 형태 그 자체의 발생은 설명할 수 없었다. 우저는 보다 포괄적인 형태학 이론이라면 유전적이어야 genetic(1945년 당시 우저는 이 용어를 '생성적인'의 뜻으로 썼다) 한다고 보고, 이를 위해 모양 사이의 불연속성이 뚜렷하지 않은 발생 최초의 순간에서부터 출발할 필요가 있다고 주장했다. 비록 우저가 이러한 결론을 명쾌하게 도출하지는 않았지만, 톰슨의 작업에 대한 그의 비판은 형태발생의 진정한 개체발생적 이론은 상대적으로 제한적인, 사영적 projective인 변환의 비계량적 공간에서부터 유형의 연속적 공간으로 이동할 것을 제안하고 있다.

이러한 제안은 1975년 수학자 르네 톰 René Thom의, 형태발생적 모델에 관한 유명한 연구를 통해 현실화되었다. 톰의 표현을 빌리면 이 연구의 목적은 위상 변환 이론을 활용해 형태발생 장의 발생학적 개념에 수학적 의미를 부여하는 데 있다. "전 지구적 수준에서 지역적 수준에 이르는 통로를 다루는 수학 분야가 바로 위상 기하학인 만큼, 생물학의 근본 문제는 위상학적인 문제이다"(Thom 1975, 151쪽). 생화학적이고 유전학적인 모델은 형태학적 안정성 및 형성에 대한 문제를 다루는 데 성공적이지 않았다고 그는 주장했다. 그 대신 톰은 형태발생에 대한 포괄적인 기하학 이론으로, 생화학의 통찰을 무시하지 않고 더 넓은 역동적 관점으로의 통합을 제안했다. 이 경우 지역적이고 집합적인 사건들이 역동적 관계에 대한 하나의 장 안에서 해석 가능해진다. "세포의 초미세구조의 변화로 형태발생 전체를 설명하는 대신, 우리는 전 지구적 형태발생의 역동적인 배열과 유사한 세포 수준의 역동적 배열을 통해 세포의 초미세구조를 설명하고자 한다"(같은 책, 156쪽).

절대적 연속성의 공간인 형태발생의 장에서 출발해, 르네 톰은 다시 톰슨식으로 성체 형태학의 특정한 부류의 변환 가능성뿐만 아니라 나아가 형태학적인 것 그 자체의 발생 또한 이론화할 수 있었다. 이렇게 그는 신체의 생성이 펠릭스 클라인의 방법을 따라 공간 혹은 기하학적 구조가 연속적으로 펼쳐지는 것으로 보는, 유기체적 형태발생의 일반 이론을 기술하고자 했다. 그에 따르면 가장 변형성·가소성이 높은 연속적인 (위상학적 혹은 발생학적) 공간으로부터 상대적으로 경직된 형태의 성체를 향해 그러한 펼쳐짐은 이동한다. 혹은, 톰 또한 사용했던 현대 비선형 수학의 용어를 빌리자면, 발생 중인 유기체는 위상학적인 것(가장 대칭적인 공간)에서부터 출발하여, 연속적인 분기 내지는 대칭성 깨짐 사건을 통해 변형 가능성은 적지만 더 복잡화된 형태로 현실화되는 공간을 향해 나아간다.

따라서 톰은 형태발생의 장이 그 내부 물질의 연속적인 농도 차이를 현실화할 때 비약적인, 불연속적인 형태(이게 아니라면 혼돈!)로 차이를 실현할 수밖에 없는 바로 그 문턱에서 최초의 공간적인 신체구조(안과 밖의 표면, 좌와 우 등)가 나타난다고 파악했다. 톰은 이 사건들이 단순하거나 선행적인 예측이 불가능하다는 점에서 그것들을 일련의 "재해들"로 간주하고, 유기체 형태발생 시 나타나는 일반적인 공간화 사건 일곱 가지를 접힘, 가장자리, 열장이음 dovetail, 나비 모양, 쌍곡선형 탯줄, 타원형 탯줄, 포물선형 탯줄로 분류했다. 톰의 계획은 최근 소위 구조 생물학자로 불리는 브라이언 굿윈Brian Goodwin과 게리 웹스터Gerry Webster의 1996년 연구에서 이어졌는데, 이들의 연구에서는 위상학적 컴퓨터 모의실험이 중요한 역할을 했다.

만약 조직 공학에서 작동하고 있는 기술적 과정을 개념화해 본다면, 조직 공학이란 신체의 연속적인 기하학적 배열을 재생하기 위해 초기 배아의 위상 공간을 재생산하려는 목표가 있다고 할 수 있다. 톰이 제안한 배 발생의 위상학적 이론은 이제 재생산 가능한 기술적 절차가 되어, 다양한 탄성과 연결성을 가지고 있으며 상대적으로 역할이 고정되지 않은 세포들의 3차원적 배양으로 현실화되었다. 무엇보다 먼저 조직 공학은 몸을 형태발생의 장, 즉 안팎이 상대방의 모습으로 점차 변화하고 장기와 각 부위가 뚜렷이 구분되지 않으며 다만 장기의 장들과 연속적인 힘의 변이들이 두드러진 차이를 나타내는 장소로 되돌린다. 이러한 회귀의 궁극은 고도로 유연하고 상호 변환이 쉬운 초기 배아의 줄기세포로까지 거슬러 올라간다.

이 경우 조직 공학은 몸을 그 고유의 발생학적 변환의 장으로 되돌려, 발생의 또 다른 과정으로 이끈다. 혹은 조직 공학을 통해 무한정 재생을 할 수 있게 된 몸은 괴물 같아지는 등의 변형이 그 전체 장에 걸쳐 가능하게 된다. 최근의 한 저자의 정리에 따르면, "분화된 조직을 재생하려는 우리의 노력을 지배하고 있는 회복의료의 근본 원리는 배아적 발생 수순의 선택적 측면을 반복 재현하는 회복적 환경의 조직화이다. 이를 위해 신체조직 발생의 시작, 형성과 확장이 이루어지는 배아 미세 환경의 모방을 추구하고 있다"(Caplan 2002, 307쪽). 따라서 조직 공학은 몸의 위상학적 입체 영상의 일종, 즉 신체적 변환의 전체 장을 생체 내가 아니라 시험관에서 구현할 수 있도록 해 주는 가상공간을 창조해 낸다! 형태학적 개입인 조직 공학은 설계자가 가상적으로건 현실적으로건 하나의 위상 근방으로부터 형태와 모양의 전체 범위를 재생할 수 있게된 위상학적 건축 및 컴퓨터 지원 설계의 최근 발전과도 유사하다 (Cache 1995; Di Christina 2001).

원론적으로, 이 회귀는 영구히 반복될 수 있어서, 조직 공학은 배 발생을 영속화하고, 모든 발달과는 독립적으로도 몸의 창발을 반복적으로 되풀이할 수 있다. 이때 공간, 형태, 그리고 몸뿐만 아니라 연대기적인 생애에서 분할 가능한 순간들 또한 연속적으로 변환 가능한 대상이 되므로, 어떤 한 신체는 자신이 현실화할 수 있었던, 혹은 앞으로 현실화할 수 있는, 과거 혹은 미래의 어느 순간으로 돌아가거나 이동할 수 있다. 다시 말해 조직 공학은 몸을 비계량적 **공간**으로뿐 아니라 비계량적 **시간**으로도 "회귀"시켜, 형태발생의 다양한 연대기들의 발달 단계를 반복한다.[16] 원론적으로 성체는 자신

16. 따라서 조직 공학의 건축학적 방법은 철학자 브라이언 마수미(Brian Massumi)의

이 이전에 경험하지 못했던 경로까지 포함해, 자신의 배 발생을 반복적으로 되풀이할 수 있게 될 것이다.

장기 조립의 양식들 : 표준 생산에서 유연 생산으로

재생 의학의 탄생은 단순히 새로운 기술적 가능성의 발전 덕분이라고 평가할 수 없으며, 생산양식의 일반적인 전환과도 관련되어 있다. 이 전환은 대량의, 표준화된 재생산의 포드주의적 양식에서 유연화된, 비표준화된 생산의 포스트 포드주의적 경제로의 전환이며, 표준화된 형태(기준)의 재생산에서 변환 가능한, 창발적인, 혹은 변칙적인 것의 재생으로의 전환이다. 사실상 2차 세계대전 후 수혈, 조직 이식 수술 그리고 이후 장기 이식과 같은 생의학 시술들은 물론이고 보철 분야도 대량 산업화의 길을 걸었다. 사회학자 벤저민 코리아는 산업생산에서의 테일러주의/포드주의 혁명에 대한 1994년의 연구에서 대규모 노동의 시간 및 동작 원칙을 상세하게 밝힌 바 있다. 우선 그는 테일러의 개혁이 복잡한 생산의 연쇄를 미숙련 노동자 혹은 단순 기계가 쉽게 수행할 수 있을 정도인 일련의 기초적인 시간 및 동작 단위로 나누고자 했다고 지적했다. 조

신체적 경험의 추상적인 생성적 조건으로서의 "생형도"(biogram)에 대한 서술과 잘 어울린다. "상관적인, 변분적인 연속체는 오로지 위상적으로만 묘사될 수 있는 질적인 공간과 관련되어 있다. 그 재귀성을 무시할 수 없는 만큼, 연속체는 그 비선형적 순간성만큼이나 비유클리드적인 공간이기도 하다"(Massumi 2002, 197쪽).

립 공정의 도입으로 포드주의는 합리화의 과정을 산업용 제품 그 자체로까지 확장했다. 표준화된 포드주의적 제품들은 품질관리, 동등성, 그리고 재생산 가능성의 엄격한 기준을 통과했고 그 덕분에 대량으로 만들어 유통할 수 있었다. 또 산업용 제품은 손실이나 약화 없이 보장된 기간에 그 가치를 유지하는 동일성을 지킬 수 있도록 고안됐다(Coriat 1994, 45~84쪽).

생의학의 영역에서는 표준화된 취합, 처리 및 유통 방법상 몇 가지 특수한 혁신이 필요했다. 그중 가장 핵심적인 혁신은 2차 세계대전 중 탄생한 중앙집중화된 혈액 및 생체 조직 은행으로, 이는 생체 조직의 보관(냉동 보존), 면역학 지식 및 조직 분류 지식의 발전과 불가분의 관계에 있다. 장기 이식이 좀 더 빈번히 이루어진 이후에야, 장기 보존을 최대화하고 동선 및 이동 시간을 최소화하며 보관 및 포장 규격을 통일하기 위해 엄격한 규제 지침이 제정되었을 것이다.[17] 공공 신체조직 은행은 통상 교환 가능한 장기-시간^{organ-time}의 단위를 보관하고, 분류하며, 짝 맞추고, 판별하는 저장소로서 구축되었다. 그 덕분에 각 장기 부위의 교환 가능성은 최대화하는 동시에 장기의 낭비, 손실, 혹은 피로로 인한 비용은 최소화할 수 있게 되었다. 그러나 이러한 표준화 방식은 기능적인 장기 대체의 실제 물질성(보철의 혹은 생물학적인)에 대해서 어느 정도 거리를 두거나, 혹은 유기체적 대체와 기계적인 대체의 차이를 효과적으로 무시할 수 있는 조건을 창출하기 위해 노력했다.

---

17. 이 점에 대해서는 M. Philips 1991을 보라.

어찌 보면 당연하게도, 이식 가능한 장기와 보철용 신체 부위 모두에서 선호 받는 특징은 2차 세계대전 이후 의료 기구(북미와 유럽의 규제에서 모두 채택된 용어)의 정의 속에 잘 녹아 들어가 있다. 예컨대 미국 식품의약품안전청은 의료 기구를 "기구, 장비, 도구, 기기, 장치, 이식물, 시험관 시약, 혹은 기타 유사하거나 관련된 용품으로, 애초 의도된 목적이 사람이나 동물의 신체 내 혹은 피부 위의 화학적 반응을 통해 달성되지 않으며, 그리고 그 의도된 원래 목적이 신진대사 과정을 통해 달성되지 않아야 한다"고 정의하고, 삽입 이후 어떤 식으로든 신체와 상호작용하는 인공 이식물(합성이건 생물학적이건 상관없이)은 여기서 확실히 제외했다.[18]

철학자 질 들뢰즈(1993, 19쪽)는 표준화된 생산과 창발적 생산 사이의 차이를 다음처럼 간결하게 요약하고 있다. "목적은 더는 본질적인 형태에 의해 정의되지 않으며, 마치 매개 변수로 짜인, 일련의 가능한 내리막 혹은 자신을 그려내는 가변 곡률의 표면과 불가분의 관계에 있는, 하강하는 곡선족 a family of curves 모양을 하고, 순수한 기능성을 달성하게 된다. …… 베르나르 까슈가 보여 주었듯, 이는 객체the object의 매우 근대적 개념이다. 그것은 산업 시대의 시작과도, 불변의 법칙('대중에 의해, 대중을 위해 객체는 생산된다')을 부과하고 여전히 본질의 외형을 옹호하고 있는 표준이라는 관념과도 무관하며, 규칙의 변동이 법칙의 영속성을 대체한, 현재 사

<hr />

18. "그 제품은 의료 기구인가요?"(Is the Product a Medical Product?) 문서는 미국 식약청 홈페이지에서 찾을 수 있다(http://www.fda.gov/cdrh/devadvice/312.html, 2006년 3월 접속)

물의 상태를 나타낸다."

비록 여전히 실험적 단계에 머물러 있기는 하지만, 포스트 포드주의적 생의학은 표준화된 형태로 이루어지는 재생산이 변환적인 장에서의 연속적인 장기 재생으로 대체되는 패러다임 전환이라고 볼 수 있다. 예컨대 한편으로는 조직 공학, 그리고 다른 한편으로는 장기 이식 및 보철과 각각 관련된 서로 다른 저장·제작·조립 양식을 비교해 보라. 장기 이식의 대규모 실행에서 필수적인 것은 냉각·냉동·포장·이동을 위한 정확한 기술과 규약이며, 이들은 모두 시간이 흘러도 장기가 형태와 기능을 유지할 수 있도록 고안되어 있다. 물론 재생 의학에서도 이들 방법이 폐기되지는 않으며, 오히려 그러한 표준화된 조직 및 장기 공급의 준비성에 크게 의존한다(Naughton 2002). 그러나 조직 공학에는 새로운 중요한 요소가 도입된다. 바로 생물 반응 장치bioreactor이다. 생물 반응 장치는 어떤 의미로는 조직 구성물을 저장하고 이동하는 데 사용되는 일종의 보육기기이지만, 이 장치의 목적은 조직이 조절되고, 변형되고, 연속적으로 개조될 수 있는 조건을 제공하는 데 있다. 제작의 도구로서 생물 반응 장치가 약속하는 것은 표준화된 등가물이 아니라, 하나의 조직 출처에서 생성되는 다양한 조직 형태의 가능성 전체이다.

이러한 새로운 생산 양식에는 고유의 추상적 개념화 및 모의실험 방법이 필요하다. 컴퓨터를 사용한 위상학적 모형화 방법이 가장 발전한 곳은 바로 건축 분야이다. 건축가들은 위상 공간의 가상 모의실험에서 실제 제작으로까지 한발 더 나아갔다. 설계 이론가 베르나르 까슈는 컴퓨터를 사용한 모형 제작법을 건축에 응용할 때 두 단계가 있다고 구분했다. 1세대 컴퓨터 설계 장치는 그저 손으로 그리는 전통적인 설계에 베지어Beziers나 스플라인Splines 19 과 같은 근사화된 곡선에 더해 평행 이동과 회전의 표준 기하학적 조합들을 추가하는 정도의 확장에 불과했다. 그러나 2세대 설계는 예전에는 이용 불가능했던 모수 함수, 프랙털 기하학, 그리고 연속적인 위상학적 모형제작을 도입했다. 까슈(1995, 88쪽)는 "이제 우리는 이제 객체를 설계한다기보다는 계산하게 되는 2세대 장치를 그려볼 수 있게 되었다. 모수 함수의 사용으로 거대한 두 가능성이 우리에게 열렸다. 첫째, 이 개념화 양식을 통해 전통적인 제도 방법으로는 표현하기 어려웠을 복잡한 형태들을 설계할 수 있게 되었다. 초보적이거나 단순한 윤곽선을 구성하는 대신, 변동이 심한 곡선과 얼마간의 입체감이 있는 표면을 그릴 수 있게 될 것이다. 둘째, 2세대 장치는 비표준화된 생산 양식의 토대를 구축했다. 실은 계산 매개변수의 수정만으로 동일한 일련의 객체들을 각각 서로 다른 모양으로 제작할 수 있게 되었다. 이에 따라 독특한 객체들의 생산이 산업화된다."

건축과 비교해 보면 조직 공학에서의 컴퓨터 이용 모형제작은 이제 걸음마 단계에 들어섰다.[20] 그러나 이미 생물학자들과 컴퓨터 과학자들은 위상학적 모형을 조직공학에 적용하는 방식을 자세히

---

19. [옮긴이] 컴퓨터 설계 시 부드러운 곡선을 표현하기 위해 사용되는 공식으로 도출된 곡선 종류들.

20. 건축에서의 컴퓨터 이용 설계와 컴퓨터 이용 조직 공학(CATE, computer-aided tissue engineering)은 실제로 겹치는 부분이 있다. Sun, Darling, Starly, and Nam 2004, Sun, Starly, Darling, and Gomez 2004를 보라.

검토하고 있다.[21] 이들 이론가는 내성 재료에 "추상적" 모형을 부과하지 않으며 그저 조직 구성물을 실제로 조절하는 실험들, 극단적인 변이성, 예상 밖의 저항, 그리고 살아 있는 생물의 독특한 생성성generativity을 강조하는 실험의 결과를 보고 그에 따라 대응하고 있다.

그 본질적인 차이를 고려한다면 당연하게도, 떠오르는 분야인 재생 의학이 겪고 있는 주요 문제 중 하나는 연방 규제 기관들이 설정해 놓은 표준 명세서에 생생하게 살아 움직이는 의학적 구성물을 부합시키는 데 있어서의 어려움이다. 지금까지 조직 공학에 관여하고 있는 대부분의 기업은 자신들이 구성해 낸 신체조직을 어느 정도의 안정성 및 재생산성을 갖춘 표준화된 형태를 의미하는 전통적인 "의료 기구"로 정의하여 상품화하려는 시도를 진행 중이다. 그러나 재생산 의료 산업에 대한 한 논평가가 지적했듯, 조직 공학의 구성물은 이식된 이후에도 주변 조직들에 지속해서 반응하면서 성장할 때만 제대로 작동한다(Naughton 2002). 즉 조직 공학 구성물의 생산성이란 쉽게 예측하기 힘든 방식으로 계속해서 자기 변환하고, 성장하며, 서서히 변화morph하는 능력에 달려 있다. 이 능력에 기술성technicity의 한 형태로서의 조직공학의 본질적 새로움뿐만 아니라 고장, 사고, 혹은 오류의 가능성 또한 내포되어 있을 것이다. 대개의 줄기세포 과학자들을 여전히 괴롭히는 위험 중 하나는 바로 지나친 조직 변이 가능성이다. 특히 극히 조형력이 높고 변

---

21. 예컨대 D'Inverno, Theise, and Prophet 2005의 작업을 보라.

이가 잘 일어나는 초기 배아의 세포들은 너무 증식한 나머지 건강의 복원이 아니라 암(癌)성의 성장을 일으킬 수 있다.

이러한 변이 가능성이야말로 포드주의와 정반대인 포스트 포드주의적인 생의학 생산 기법을 특징짓는 어떤 구조적인 실패 사례라는 주장도 가능하다. 산업 시대의 기계 몸이 피로, 소모, 혹은 엔트로피의 문제로 고통 받았다면(Rabinbach 1992), 후기 산업시대의 몸은 생명의 잉여와 구분 불가능한 잉여 생산성에, 즉 과잉생산의 위기 혹은 위험하고도 과도한 암의 생명력에 의해 압도될 공산이 크다.

생기(生氣)의 양식들 : 신체 시간의 재고

의료 인류학자 마거릿 록(Lock 2001, 291~94쪽)은 생기에 대한 생의학적 이해를, 중세 기독교의 신체의 분열과 부활 이미지와 비교하며, 근대 시기 장기 이식을 그러한 중세적 믿음의 일종의 상호화되고 민주화된 예시라고 보았다. 얼핏 그러한 중세적 믿음은 생명과학과 무관한 것처럼 보이지만 사실은 그렇지 않다. 저온 생물학의 초기 개척자들은 조직과 장기의 냉동·보관·해동 전 과정을 그 후 부활이 이어지는, 문자 그대로 가사 상태의 형태라고 생각했다(Billingham 1976). 이 분야에서 이루어진 초기 여러 실험 중 많은 수가 어떤 동물 종들에게서 나타나는 동면, 동결 저항성 및 가사 상태로 가는 능력에 관한 연구와 병행하여 진행되었다. 그리고 이들 연구는 18세기 후반 죽음과 부활에 대한 논쟁을 통해 생겨났는데, 여기서 부활은 신학과 자연 과학 양쪽 모두와 관련된 문제로 보았다(Rensberger 1996, 248~55쪽).

그러나 그러한 비교의 관심이 무엇이었건 간에 장기 이식의 절차는 맑스가 분석했던, 인간 노동 시간(장기-시간)이 상품 형태로 추상화된, 즉 교환 가능한, 그리고 물신화된 노동 시간으로 변환되는 과정에서 작동하는 성변화聖變化, transubstantiation, 일시적 정지, 그리고 부활의 과정과 비교하는 편이 더 나을 것이다.

> 살아 있는 노동은 사물을……붙잡아, 죽음으로부터 깨워, 그저 가능성에서 현실의, 그리고 유효한 사용가치로 변화시켜야만 한다. 노동의 불길에 휩싸여, 그 유기체의 일부로 전유되어, 그리고 그 과정에서 그들의 개념과 그들의 소명에 적합한 기능의 수행을 위한 생기 넘치는 에너지를 주입받아, 사물들은 새로운 사용가치, 새로운 생산물 형성의 요소로서, 실로 목적을 가지고 소모된다……. (Marx [1867] 1990, 289~90쪽)

> 노동이 특정한 목적을 향하는 생산적인 활동인 한, 실을 잣고 옷감을 짜거나 쇠를 벼리거나 하는 한, 노동은 그저 죽은 것들을 접하게 되는 것만으로 생산의 수단을 일으켜, 그들에 생명을 불어넣어 노동 과정의 요소가 되도록 하여 새로운 생산물을 형성하는 데 합친다……(같은 책, 308쪽).

생산적 노동이 생산 수단들을 새로운 생산물의 구성 요소로 변화시키면서, 그 수단들의 가치는 윤회를 경험하게 된다. 그것은 소비된 몸을 버리고 새로이 창조된 몸을 차지한다. 그러나 이 환생은, 말하자면, 진행 중인 실제 노동의 뒤편에서 일어난다(같은 책, 314쪽)

달리 말하면 장기 이식은 작동하는 장기의 시간-동작 능력이 노동자의 몸에서 추출되어 호환 가능한 시간과 돈의 단위로 변환되는 과정과 비교할 수 있다. 여기서 장기 이식의 경우 말 그대로 생물학적 장기 그 자체의 분리가 중요하다는 점이 차이점이기는 하다. 그러나 두 노동 형태는 장기의 살아 있는 시간(힘의 소모, 혹은 부정적으로 표현해 피로로 측정되는 시간)을 몸의 단일성으로부터 추출해 저장, 냉동하고, 교환 가능한 등가물로 변환하여 세대와 신체의 경계 그리고 (이종 간 이식 실험의 경우) 심지어 종의 경계를 넘어 순환시키는 운동이라는 공통점을 공유한다. 이 과정이 진행되는 와중에 기계적 힘의 소모와 신체적 노동은 완전히 동등해진다. 대량 상품 생산과 20세기 중반 장기 과학이 공유하는 것은 바로 시간에 대한 공통의 이해이다. 여기서 모든 운동은 최후에는 일련의 호환 가능한, 동등한 현재들, 즉 추상적 장기-시간으로 환원된다.

바로 이 지점이 재생 의학이 놀랍도록 다른 모습을 드러내는 곳이다. 장기 이식 의학에서는 생명을 가사 상태로 유지할 필요가 있다면, 재생 의학에서는 생명을 영속적인 **자기-변환**의 상태로 붙잡아 두는 데 더욱 주목한다고 볼 수 있다. 재생 의학이 동원하는 생명은 언제나 자기 과잉 상태에 있다. 물론 그렇다고 해도 재생 의학에서 조직과 장기 보존 방법은 여전히 필요한데, 조직 구성물이 일단 만들어진 후에는 이 방법들이 필수적이기 때문이다. 그러나 재생 의학과 함께 작동하는 것은 그러한 가사 상태와 냉동 형태의 순간을 피할 수 있도록 해 주는 신체의 능력이다. 만약 재생 의학이 무언가를 "재생산"한다면, 그것은 이런저런 일반적인 형태가 아니라 변환의 과정 그 자체이다. 재생 의학이 끌어내고자 하는 것은 생성의 순간, 즉 모든 가능한 형태가 재생될 수 있는, 그 실현과는 별도로 사고할 수 있는 창발의 순간이다.

그렇다면 어떤 의미에서 우리는 "순간"moment이라는 용어를 이해할 수 있을까? 교환 가능한 장기-시간의 동결된 현재와 대조했을 때, 재생 의학은 엄격하게 비계량적인, 그리고 분할 불가능한 시간에 대한 이해를 요구한다. 혹은 재생 의학은, 심지어 일시적 정지의 극한점에서조차도, 변환과 변화의 연속성 혹은 생성으로 인해 언제나 "찰나"instant는 무효가 된다고 주장한다. 다시 말해 '찰나' 그 자신이 포함되어 있지 않으며, 그 자신에게는 현재적이지 않은 찰나는 (들뢰즈에 따르면) 영속적으로 곧 존재하게 될 것이고 이미 지나갔으며, 곧 솟아오를 것이고 언제나 가라앉아 있으며, 곧 태어날 것이고 언제나 다시 태어나 있다.[22] 이러한 기술적 용어로 생성적 순간의

---

22. 비계량적 시간의 최소 조건의 특성을 어떻게 기술할 수 있을까? 위상 공간에 대한 클라인의 공식화에 따르면 각각의 "찰나" 혹은 "현재"가 다른 찰나 혹은 현재와 연속적인, 과거가 연속적으로 "무한의 속도로" 미래로 점변(morph)해 나가는 동시에

구체적 예를 들어 보면, 재생 의학은 변환적 가능성의 전체 영역을 유지하는 가운데 배 발생 과정을 이끌어나가야 한다. 재생 의학은 배아적 존재가 이런저런 특정한 기관으로 성장하지 않는 상태, 즉 자기-영속화하는, 비실현화하는, 그리고 끝날 수 없는 배 발생의 과정을 필요로 한다. 이것이 말 그대로 생물학자들이 배아줄기세포주를 배양하고 "불멸화"할 때 달성하고자 노력하는 목적이다.

지금까지 몸의 시공간적 변환성을 이해하기 위해 조직 공학과 재생 의학의 의미를 살펴보았다. 다음 장에서는 신체 생성, 재생산, 그리고 재생의 문제로 분석의 범위를 넓힌다. 이들 문제를 보기 위해 줄기세포 과학 발전에 대한, 그리고 몸의 재생산과 재생과 관련된 현대 생물학의 여러 근본적인 가정에 대한 줄기세포 과학의 도

모든 즉각적 현재로부터 도피해 나가는 순간성을 상상하여야 한다. 과거와 미래의, 태어나지 않은 이와 거듭난 이 사이의 영속적인 연속성; 곧 진전 없는 과정으로서의 배 발생. 이는 들뢰즈적 개념인 '되기'(becoming) 개념과 매우 가까운 시간에 대한 이해이다. 이를테면 『감각의 논리』(*Logic of Sense*)에서 들뢰즈(1990, 80쪽)는 사건의 '되기'가 곧 "언제나 다가오며 또한 이미 지나간" 것이라고 서술하고 있다. 시몽동(1995, 223쪽)은 위상학적 시간의 철학을 요청하며, "진짜" 생명공학은 비계량적 공간 및 비연대기적 시간 안에서 몸을 재생시키기 위해 애쓸 것이라고 주장했다. 생의학의 미래 가능성에 대한 이러한 관점은 생명을 영속적인 태어남의 과정으로 보는 시몽동의 철학적 특성과 함께 파악될 수 있다. "개체는 그 자신 안에서 그 탄생을 이끄는 동학에 집중하고 연속적인 개체화의 방식으로 이 최초의 활동을 영속화한다; 산다는 것은 영구적인 상대적 탄생을 영속화하는 것이다. 살아 있는 존재를 그저 유기체로 정의하는 것은 충분하지 않다. 살아 있는 존재는 그 최초의 개체화의 관점에서 보았을 때 유기체이지만, 계속해서 자기 자신을 조직화하고 또 조직화하는 유기체로서만 살아 있게 된다; 유기체의 조직화는 최초의 개체화의 결과이며, 이는 절대적이라고 말할 수 있지만, 개체화는 생명 그 자체라기보다는 생명의 조건이다; 그것은 생명 그 자체인 영속적 탄생의 조건이다"(Simondon 1989,번역 및 강조는 인용자). 또한 비계량적 시간에 대해서는 Massumi 2002, 185~86, 200쪽을 보라.

전을 보다 구체적으로 탐구해야 한다. 다음 장에서 나는 재생산 의학과 재생 의학의 기법들이 함축하고 있는 서로 다른 세포적, 그리고 신체적 생성성을 비교할 것이다. 이에 더해 이러한 기술들에 적용되는 경제적, 사회적 생산성의 특수한 형태들 또한 알아보고자 한다. 만약 재생산 과학의 어떤 측면이 오랫동안 상업적 신체조직 시장의 일부였다면, 새로운 줄기세포 과학은 어떤 자본주의적 투자 형태의 특징을 띄는가? 줄기세포 과학이 생산해 낸 배아체적 신체와 최근 시장 경제에서 증식 중인 고도로 금융화된 자본 축적 양식은 어떤 관계인가? 마지막으로, 21세기의 새로운 신체조직 경제에서 재생산 및 재생 노동은 어떤 자리에 놓이게 될 것인가?

5장

재생의 노동
줄기세포와 자본의 배아체들

금융, 돈의 오고 감을 관리하는 일은 그저 접근 가능한 부에 대한 서비스만을 의미하지 않는다. 금융은 일과 생애 주기의 합병으로서, 자기 자신을 인수하는 수단으로서의 자신을 스스로 드러낸다. 일상생활의 금융화는 어떻게 출세하는가에 대한 제안일 뿐만 아니라 신체와 영혼의 광범위한 변화의 매개체이기도 하다.

— 랜디 마틴, 『일상생활의 금융화』[1]

줄기세포 연구 분야에는 꽤 복잡한 역사가 있어서 그 기원을 찾으려면 여러 방면으로 거슬러 올라가야 한다. 그중 한 방향이 바로 인간 재생산 의학(혹은 생식 의학reproductive medicine) 분야이다. 최초로 체외 수정 실험을 성공시킨 생물학자 중 한 명인 R. G. 에드워즈는 2001년 논문에서 1960년대 초반에 이미 그의 실험실에서 배아줄기세포를 배양하려는 최초의 시도가 이루어졌다고 주장했다. 배아줄기세포를 이식용 조직으로 사용하려는 계획이 세워지기 한참 이전의 일이다. 논문에서 에드워즈는 그의 학생들이 통상적인 실험실에서의 연구 와중에 어떻게 극 초기 단계의 배아, 즉 자궁 착상 이전의 배아에서 유래된 세포를 배양하려고 시도하게 되었는지를 회상하고 있다. 이 세포주들의 특성은 예상 밖이었다. 첫째, 이들은 "장기간의 생존이라는 엄청난 특성"을 띠고 있었다(Edwards 2001, 349쪽). 마치 암세포처럼 이 세포들은 노화 없이 무한정 자신을 재생산할 수 있는 것으로 드러났다. 더구나 이 세포주들은 유례없이 가소성이 좋고 변형성이 뛰어나 여기서 혈액, 근육, 연결 조직 및 뉴런을 포함해 분화 세포 유형의 스펙트럼 전체를 생산할 수 있을 정도였다. 동일한 세포주를 다시 배양한 후 이 세포가 공식적으로 배아줄기세포라고 간주하기까지 30여 년이 걸렸지만, 그동안 이 세포들은 실험적 수집품의 영역에서 벗어나 완전히 새로운 과학적·임상적 사업의 중심부에 확고히 자리를 잡았다. 바로 줄기세포 과학이었다. 그리고 줄기세포 과학은 더 넓은

---

1. Martin 2002, 3쪽.

학문 분야로서의 "재생 의학"regenerative medicine에 포함되었다.

　오늘날 재생산 의학과 줄기세포 과학은 일련의 복합적인 과학적, 기술적, 그리고 제도적 접속점을 거쳐 서로 소통하고 있다(Franklin 2006). 체외수정IVF 분야의 많은 주요 인물들이 줄기세포 과학에 관여하고 있고, 체외수정과 줄기세포 과학의 운명은 현재 대부분의 배아줄기세포주가 체외수정 유래 배아에서 수립되었다는 점에서 서로 긴밀하고 필연적인 교환을 통해 결합해 있다. 줄기세포 치료법이 임상 시험 단계에 들어서기 시작함에 따라, 체외수정 클리닉 및 배아줄기세포주 시설을 함께 둘 수 있도록 특수하게 설계된 여러 새로운 연구 센터들이 영국을 비롯한 다른 국가들에 설립되고 있다(같은 책).

　그러나 재생산 의학과 줄기세포 과학은 근본적인 측면에서 서로 다르다. 무엇보다도 기술적 본질과 세포의 실제 생성성generativity에 대한 관심에서 차이가 난다. 같은 소재로 시작했어도, 재생산 의학과 줄기세포 과학은 체외에서 배양하는 실험적 생명 형태로부터 끌어내려는 반응이 다르고, 신체적 생성 자체에 대해서도 다르게 해석한다. 재생 의학의 경우 재생산의 표준화와 시간 단위의 확장을 추구하고 있지만, 여전히 19세기 후반 독일 생물학자 아우구스트 바이스만이 제창한 유성, 생식질 전달 패러다임의 매개변수 내에 머물러 있다. 반면 줄기세포 과학은 아직 걸음마 단계에 있지만, 이미 세포 재생의 가능성에 대한 전혀 다른 관점을 제공해 주고 있으며, 이는 생물학적 생성성을 사고할 때 우선 떠올리게 되는 바이스만주의 패러다임을 장기적으로 대체하게 될 것이라고 나는 생각한다.

또한, 재생산 및 재생 의학이 관여되어 있는 제도적, 정치적, 그리고 경제적 맥락 또한 중요한 차이를 보인다. 이들 맥락에 따라 실험적 생명 형태에 부여되는 가치가 근본적으로 변화되며, 그 생성의 약속은 특정한 한계로 제한되는 동시에 다른 것들로부터는 해방이 강제된다. 재생산과 재생 의학은 서로 다른 "생체조직 경제학"에 관여한다고 볼 수 있다. 혹은 고도로 중층화된 경제 속에서 서로 다른 단계 혹은 순간으로 기능하고 있다고 볼 수도 있다(Waldby and Mitchell 2006). 이 장에서는 이 두 순간 사이의 차이에 대해 검토한 후 그 둘이 함께 작용하는 방식에 대해 이해해 보고자 한다. 특히 체외수정과 줄기세포 과학이 발달하는 이때, 나는 기업이 지원하는 과학 연구와 서비스 측면에서 고도로 탈규제화된 시장이 연방 정부의 때로는 엄격한 억제 방침과 병존하는 미국이라는 독특한 맥락에 관심이 있다(Green 2001; Jasanoff 2005).

북미의 재생산 의료 서비스에 관한 면밀한 연구에서 캐리스 톰슨은 그녀가 "재생산의 생의학적 양식"이라고 부르는 정치를 숙고하는 데에 유용한 전제들을 정리했다. 톰슨의 책은 "미국 생의학은 경제의 생산 및 재생산 부문 모두에 참여하고 있다"는 관찰에서 시작하지만, 특히 배아처럼 특정한 인간 생체조직의 상업화를 제한하는 법적·윤리적 한계의 다양한 방식 또한 지적하고 있다(C. Thompson 2005, 250쪽). 이 장의 앞 부분에서 나는 재생산 노동의 완전한 표준화와 생체조직의 상품화가 금지되지 않는 재생산 과학의 영역들을 살펴봄으로써 톰슨의 작업을 구체화하는 동시에 톰슨의 결론을 좀 더 복잡하게 만들고자 한다.[2] 인간 재생 의학에서 뚜렷하게 나타나는 배아의 명백한 신성화는, 지난 수십 년간 재생산의 대량 생산이 완전히 꽃을 피운 북미 농축산업 재생산 과학 역사의 맥락 속에서 파악해야 한다고 나는 주장한다.

그러나 그러한 실행들은 농산업에만 국한되어 있지 않으며, 부족한 생체조직 공급을 메우기 위해 종종 다양한 하층계급 여성의 재생산 노동을 해결책으로 찾곤 하는 인간 재생산 의학 분야에서도 — 공식화는 덜 되어 있다 해도 — 만연해 있다(Dickenson 2001; Waldby and Cooper 2007). 또한, 나는 새로이 떠오르는 줄기세포 과학 분야가 완전히 다른 축적 과정에 통합되어 가고 있으며, 이는 맑스주의적 의미에서 (유기적, 인간) 생산 혹은 재생산으로 환원 불가능하다고 주장하고자 한다. 이 장의 후반부에서는 미국 줄기세포 연구 분야를 특징짓는 경제적 가치평가의 특수한 양식들을 탐구할 것이다. 특히 이제 모습을 드러내고 있는, 재생산의 대량 생산을 포함하고 있는 일종의 배아 선물 시장futures market에 대해 여기서 보여 주고자 한다.

---

2. 여기서 내가 생각하는 노동가치이론은 맑스의 『자본』 1권에 상술되어 있는 내용이다. 다른 글에서 나는 노동가치이론은 인간 재생산의 근본 원리에 대한 특정한 이해와 불가분의 관계에 있다고 주장한 바 있다. Cooper 2002를 보라. 그러나 또한 (생산 및 재생산) 노동에 대한 또 다른 관점이 맑스의 작업에서 추출될 수 있다고 믿는다. 이런 점에서 나는 안또니오 네그리([1979] 1984)와 같은 이탈리아 자율주의 사상가들에게, 비록 이들이 노동과 욕망의 성 정치를 충분히 고려하지 않고 있기는 하지만, 동의하고 있다.

재생산 의학 : 농축산업의 인간화

　재생산 의학의 역사는 재생산 혹은 번식이 농축산업 과학의 하위 분야로 여겨지던 20세기 초반까지 거슬러 올라간다. 과학사가 아델 클락(Clarke 1998)은 이 분야에 대한 자신의 뛰어난 역사서에서, 유전학과 발생학이 서로 개별적인 분야로 갈라지던 그 당시에 어떻게 포유류 번식 또한 독자적인 영역을 형성하게 되었는지를 밝히고 있다. 클락은 농축산업이 점차 전문화하고, 기계화되며, 산업적으로 조직화하던 시기에 이러한 분할이 일어났다고 주장한다. 이후 산업 생산의 원리는 종자에서부터(Kloppenburg 1988), 동물 번식에 이르기까지 모든 분야에 걸쳐 적용되었고, 그 과정에서 농축산업의 합리화를 연구하는 과학 문헌들이 대거 쏟아져 나왔다. 클락은 당시 번식 과학의 출현에서 가장 기초가 되는 문헌을 1910년 출간된 F. H. A. 마셜의 『번식의 생리학』*Physiology of Reproduction*으로 보았다(Clarke 1998, 68쪽).

　마셜은 이 책에서 발생과 유전적 특성의 전달에 관한 연구와는 구분되는 분야로서 포유류 번식 연구를 확립했을 뿐만 아니라, 번식력, 수정, 발정 주기와 임신 진단 등 재생산 과학의 특수한 관심사에 대해서도 밝혔다. 이들은 곧 인공 수정, 사전 성별 선택, 쌍둥이 임신하기 등과 같이 실용적으로 응용되었다(같은 책, 45쪽). 바로 이러한 산업적인 가축 생산의 맥락에서 재생산 의학 일반, 그리고 부인과학gynecology이 독자적인 과학 연구 분야로 처음 출현했다. 부인과학 창시자의 말을 직접 들어 보면, "생식 생리학은 부인과학의 과학적 기반을 형성하며, 동물 번식 연구와 긴밀한 관계를 유지해야 한다"(Marshall 1910, 1쪽, Clarke 1998, 71쪽에서 재인용).

최초로 재생산 기술들이 산업적 규모에서 이뤄지고 그 공정이 표준화된 것은 1970년대 북미 축우 산업에서였다. 새로이 시도된 공정 중 하나는 암소들의 발정 주기를 일치시켜 난자를 주는 소와 수정란을 이식받는 소가 동시에 배란하도록 호르몬 주사를 놓는 것이었다. 또 다른 발전은 과배란이었다. 호르몬 요법을 활용해 비정상적으로 많은 수의 난자를 생산하도록 자극하여 인공 수정을 시킨 후 카테터[3]로 암소의 몸에서 대거 뽑아내는 방식이 개발되었다. 마지막으로 상업적 규모의 배아 이식을 위한 기술 개발에 주요한 단계인 냉동 보존 기법이 발달하여, 공여와 이식 과정 사이에 배아를 저장하고, 운반하고, 해동하는 일이 가능해졌다.

여타 포드주의적 제조 분야들처럼, 이들 공정의 목적은 재생산 노동의 단위 시간에서 최대한의 산출물을 얻어내 상대적인 잉여가치(우유와 고기) 생산을 증대하는 것에 있었다. 조립 공정 생산의 표준에 발맞추어, 동물 재생산 과학은 비생산적인 (차라리 **비재생산적인**) 시간을 제거하기 위해 동물들에게 주어진 자연적인 번식 햇수를 초과해 번식능력을 확장하거나 이후 사용을 위해 배아를 냉동 저장하고, 잉여가치 생산의 최대화를 위해 한 번에 생산할 수 있는 난자 개수를 늘려(과배란) 쌍둥이를 임신하게 하며, 시공간의 제한을 극복하기 위해 생식체와 배아를 냉동해 운반하고, 재생산

---

3. [옮긴이] catheter. 의료용으로 사용되는 얇은 관.

원료의 유통 장벽을 넘어서고자 인공 수정·조직 이식법·체외 수정법을 사용하며, 마지막으로 재생산을 표준화하고 오류를 제거하기 위해 해부 현미경 및 착상 전 유전자 진단을 활용한다. 이러한 기술적 개입의 전체적인 효과로, 재생산 과정의 각 순간이 교환 가능해지며 계통적 시간의 순서가 붕괴하고, 신체와 혈통의 경계가 파괴되었다. 여러 논자가 지적했듯, 특히 계통적 시간의 삭제, 혼란, 또는 역전에서 나타나는 새로운 재생산 과학의 불안한 영향은 이 기술이 인간에 적용되기 한참 전, 생명윤리학자들이 관심을 가지기 전부터 동물 생물학 분야에서 이미 명확했다(Correa 1985, 74~76쪽; Landecker 2005).

클락에 따르면 가축 산업에서 재생산 의학이야말로 포드주의의 대량생산 기법을 동물 번식에 응용한 가장 훌륭한 사례를 보여준다.

1910년과 1963년 사이 재생산 과학들은 우수한 현대적 사업을 설계했다. 현대적 접근은 재생산을 통제하고 강화하기 위해 재생산의 보편 법칙을 추구했다. 현대에 들어서 주로 재생산 과학자들과 임상의들은 월경, 피임, 유산, 출산, 그리고 폐경과 같은 재생산 과정에 주목했다. 농축산업 재생산 과학자들은 또한 인공 수정에도 초점을 맞추었다. 재생산 과정의 합리화에는 재생산 과정의 통제를 촉진하는 새로운 상품·기술·보건의료 서비스의 생산과 유통 등이 포함되어 있는데, 재생산에 대한 통제는 바로 이 재생산 과정의 합리화에 방점을 찍은 포드주의적인 대량생산 추구를 통해 달성되었고, 현재도 이는 유효하다(Clarke 1998, 9~10쪽).

기실, 미국 축우 산업이 1970년대 도입한 방법들은 극단적 형태의 포드주의적 대량 생산을 대변해 주는 것으로 보인다. 그 방법들은 생물학적 재생산에 대량 상품 생산이라는 지상 명령을 적용했을 뿐만 아니라, 중단·속도증가·시간 단위의 재배열 등을 통해 유례없는 정도로 재생산의 시간성에 개입했다.[4] 미국 식육 산업은 포드주의적 생산성의 쇠퇴를 상쇄할 만큼 생산성에서 증가세를 보인 분야라 할 수 있다.[5] 농축산업의 대규모 기계화 과정에서 그 파생 효과로, 양도 가능한, 상업적으로 가격이 매겨진 생식기관들을 위한 시장이 탄생했고 이에 따라 실제 인공적 재생산을 실행하는 서비스뿐만 아니라 생체조직의 조달·저장·교환에 특화된 사업의 수요 또한 발생했다.

그렇다면 농축산업의 재생산 의학과 1970년대에 모습을 드러낸 인간 재생산 기술의 전체 스펙트럼은 어떤 관계인가? 마셜이 애

---

4. 분명 맑스는 생물학적 재생산이 계절과 하루 중 시간의 자연적인 순환에서부터 식물과 동물의 발아와 임신 시기 등에 이르기까지 특정한 내재적 한계에 종속된다고 믿었다. 맑스([1857] 1993, 742쪽)가 훌륭하게 지적했듯, 육류의 재생력에는 본래부터의 제약이 있다. "재생산 단계(특히 순환 시간)에 관해서, 사용가치는 자신에게 제한을 둔다는 데 주목하라. 밀은 일 년에 한 차례 재생산되어야 한다. 우유처럼 부패하는 것들은 훨씬 자주 재생산되어야 한다. 발굽이 있는 동물의 고기는 그렇게 자주 재생산될 필요는 없는데, 왜냐하면 그 동물은 살아 있어 시간에 구애받지 않기 때문이다. 그러나 도축되어 시장에 나온 육류는 짧은 시간 안에 화폐 형태로 재생산되지 않으면 부패한다. 가치와 사용가치의 재생산은 부분적으로 일치하고, 부분적으로는 아니다."

5. 이 점에 대해서는 Boyd and Watts 1997을 보라.

초에 생각했던, 동물 재생산 과학과 기반을 공유하는 부인과학(Clarke 1998, 71쪽)과 현재 우리가 보는 현상은 본질에서 같은가? 그리고 재생산 보조기술Assisted Reproductive Technologies, ARTs은 페미니스트 비평가 지나 코리아(Correa 1985)의 설득력 있는 비판에서 보듯 산업적인 식육 생산 형태를 여성에게 적용한 것인가?

분명 농축산 과학과 인간 재생산 의학의 기술적인 유사성은 부정할 수 없다. 현재의 인간 재생산 의학 분야는 1960년대 후반에서 70년대 초반에 수술적 방법과 호르몬 치료에서의 중요한 발전을 통해 탄생했다(Wood and Trounson 1999). 그러나 체외수정 과정에 적용되는 대부분의 기본 기법들은 동물 재생산 과학의 맥락에서 발명된 것들로서 그 역사는 18세기 후반으로까지 거슬러 올라간다(Biggers 1984). 실패하긴 했지만, 최초의 동물 체외 수정 실험은 수정과 관련된 기본적인 과정들이 막 발견되었을 즈음인 1878년 시행되었다. 1890년, 재생산 생물학의 개척자 중 한 명인 월터 힙Walter Heape은 나팔관에서 흘러나온 토끼의 수정된 난자를 대리모 토끼에게 이식함으로써 배아 이식의 가능성을 선보였다. 1934년 생물학자 그레고리 핀커스는 토끼 난자를 성공적으로 체외 수정시켰다고 발표했지만, 이후 그 진위는 의심을 받고 있다. 결국, 1950년대 후반이 되어서 난자 수집 및 재생산 주기에 대한 이해, 그리고 배아 이식 및 배양에서는 사소하지만 핵심적인 일련의 발전이 선행된 이후에야 토끼의 체외 수정이 논란의 여지없이 가능하다는 사실이 확인됐다. 배아 및 난자 냉동기법의 진보와 함께 이러한 발전의 물결 덕분에 인간 재생산 의학이 실행 가능한 시술로 탈바꿈할 수 있었다.

인간 및 동물 재생산 의학의 관계에 대한 질문으로 되돌아가면, 두 분야가 기술 발전의 역사는 공유하고 있다는 점이 분명하지만, 실제 사회적으로 사용이 되면서부터 이들에게 같은 생산 기준이 적용되었는지는 불분명하다. 캐리스 톰슨(2005, 253쪽)이 주장했듯, 상당히 사유화된 미국의 재생산 보조기술 서비스 시장에서조차도 농축산 분야에서는 이미 오래전에 표준이 된 대량 상품화는 거부하고 있다. "지난 20년간 재생산 기술 클리닉에서는 상당한 혁신과 표준화가 진행되었다……그러나 그 목표는 사용되는 생체 조직의 생산력에 대한 부가 가치적 이용이 아니라, 재생산 그 자체였다. 배아들은 재생산 보조기술 클리닉에서 도구이나 원료이지만, 또한 배아가 그저 도구가 되는 경우는 점차 드물게 되었다. 배아는 불임 클리닉에서 잠재적인 향후 임신을 위해 보관되며, 배아의 재생산력은 다른 형태의 노동으로 거의 환원되지 않는다."

재생산 보조기술은 사회적, 성적, 그리고 생물학적 재생산의 영역을 경제 공간 안으로 재편입하는 일반적인 경향에 동참한다. 이 경향은 포스트 포드주의적 복지 국가로의 이동을 나타내는 특성이라고 말할 수 있다(Bakker 2003). 그러나 보조기술을 매개로 재생산을 시판 가능한 상품으로 바꾸는 과정은 엄격한 규제 허용치 안에서 이루어졌는데 왜냐하면 그것이 바로 인간의 재생산 분야와 연관되어 있기 때문이다. 미국 내에서 인간 재생산 의학은 대부분 사유화된, 가정 내 서비스의 형태를 띠고 있으며, 특수한 경우 또 다른 서비스 공급자들(정자 및 난자 기증자, 대리모 등)에게 위탁되

는데 이는 가사 노동과 아동 보육이 점점 더 상업 서비스의 대상이
되는 상황과 유사하다.

포괄적인 연방 규제가 부재한 조건에서 재생산 서비스 및 생체
조직의 지위와 관련해 다양한, 때로는 혼란스러울 정도로 다양한
주법, 클리닉 지침, 그리고 판례들이 있으므로, 분쟁은 종종 법정
에서 그때그때 상황에 맞춰 해결되곤 한다. 그러나 통상적으로 배
아의 지위, 그리고 배아와 배아 부모(대리모 혹은 아니든)의 관계
를 둘러싼 법적 문제는 계약과 가족법의 조합을 통해 다루어지고
있다. 냉동 배아 관련 분쟁의 경우, 법원은 상속 및 양육권 법과 전
통적인 재산법 모두를 참조하고 있다. 과학철학자 제인 마이엔샤인
(Maienschein 2003, 151쪽)은 이렇게 비평했다. "냉동 난자는 때로
재산으로 간주되고, 때로는 그 권리와 필요가 소유권이 아닌 양육
권 문제로 다루어져야만 하는 잠재적인 인간으로 취급된다." 다시
말해, 배아에는 기껏해야 양도할 수 없는 가족의 재산이라는 지위
를 부여하되, 다만 자유로운 매매가 가능한 상품으로서의 유통은
금지한다.

단, 인간 난자 구매에는 예외적으로 시장의 법칙이 적용되곤 한
다. 그리고 재생산 보조기술이 난자 시장과 연결된 바로 그 지점에
서 재생산 의학은 덜 가족적이고, 더욱 야만적인 종류의 재생산 노
동에 접근하게 된다. 이제 난자 시장은 다양한 여성 하층 계급의 보
상 수준이 낮고 규제 영역 밖에 있는 노동에 더 많이 의존하게 된
다는 점에서, 농축산 산업을 지배하는 노동과 생체조직의 냉혹한
상품화와 인간 재생산 의학 간의 차이는 거의 찾기 힘들 정도가 된

다. 더구나 거래를 통한 재생산 노동이 증가하고 있는 만큼, 여성주의적 생명 윤리의 경우 기존의 몇 가지 가정에 대한 재고를 통해, 보살핌, 긍지, 존경, 그리고 (고지된 동의라는) 자유주의적인 윤리적 계약이 아니라 노동관계와 불평등한 교환으로 그 핵심적인 질문의 영역을 바꿀 필요가 있다. 이러한 움직임은 선진국의 포드주의적 가족 임금 하에서의 재생산 노동을 연구하는 여성주의 이론가들이 최초로 제기했다. 그리고 이제는 그 어느 때보다 더, 탈식민주의 여성학자들이 성 노동의 전 지구적 동학을 다루어온 그런 방식으로 재생산 노동의 초국가적 수준을 다시 고려해야만 한다(Kempadoo and Doezema 1998).

그러나 그 질문으로 가기 전에, 재생산 및 재생 의학이 수정된 난자의 생성성generativity을 동원하는 방식을 먼저 살펴보자. 여기서는 최근 줄기세포 과학 발전의 기술적·이론적 결과를 살펴보며, 재생산 및 재생 의학이 산출한 생식에 대한 특수한 이해에 초점을 맞추고자 한다.

재생산 및 재생 의학 : 생식을 재고하기

대부분의 20세기 생명공학 기술들처럼, 재생산 의학 또한 바이스만 생식 이론의 일반적 틀 내에서 발전해 왔다. 바이스만의 이론은 생물의 세대를 이해할 때 유전 정보가 수직적 전달 방식, 즉 생식 계열germ line을 통해 윗세대에서 아래 세대로 흘러간다고 보고,

생식 계열은 살아 있는 존재의 필멸하는 신체the soma 내에서 자신을 재생산하되 그 자신은 대대로 이어지며 불멸한다고 주장했다. 재조합에 대한 멘델의 법칙이 20세기 초반에 재발견되고, 바이스만의 세대 이론은 초기 전달 유전학에서부터 분자 생물학에 이르기까지 유전heredity에 대한 유전자 이론genetic theories에 결정적인 영향력을 행사했다. 이는 또한 세포 이론에도 중요한 흔적을 남기는데, 바로 신체가 체세포와 생식세포라는 두 가지 서로 다른 세포 계열을 보유하고 있다는 관념이 그것이다. 이 계열들은 발생의 초기 단계에 구분되어, 기능을 나누게 된다.

세포의 성장과 노화에 관한 기념비적 연구에서 미국 세포 생물학자 찰스 마이넛(Minot 1908)은 바이스만의 "배종적germinal 방법론"을 적용하여 세포의 성장·노화·죽음에 대한 미세과정을 이해하고자 했다. 마이넛은 바이스만적 관점의 핵심이, 신체적 삶somatic life의 필멸성이 세포의 수준에도 반영되어 체세포의 분열 및 분화에 어떤 내생적인 한계를 부과하리라는 생각이라고 보았다. 모든 세포가 배아적인 높은 가소성의 상태에서 시작된다고 가정했을 때, 성장 과정을 통해 세포는 분화되고, 특수화된 기능을 얻으며, 신체의 기능적 조직화에 기여하게 된다. 이에 따라 마이넛은 한편으로는 분화·조직화·기능 간의 도치된 관계를, 다른 한편으로는 세포적 역능을 공식화했다. 이 관계를 이후 세포적 발생의 규칙으로 간주한다.

이 규칙에 따르면 분화 와중에 있는 모든 체세포는 잠재력을 상실하게 된다. 특수한 기능을 얻는 대신 세포는 그들이 가졌던 배아적 가소성 일부를 희생하게 된다. 따라서 세포의 분화는 여러 가능성의 전진적이고 비가역적인 소진을 통해 일어나며 세포의 노화와 죽음으로 끝이 난다. 마이넛(1908, 215쪽)의 말을 빌리면, "세포들이 단순한 단계를 지나 보다 복잡한 조직화로 움직이며 추가적인 능력을 획득하게 되면, 그들은 자신이 가졌던 활력의 일부·성장력의 일부·영속의 가능성 중 일부를 잃게 된다. 그리고 진화의 과정에서 조직화는 더욱 고도화되며, 이에 따라 변화의 필요성은 더욱더 긴요하게 다가온다. 그러나 이에는 끝이 수반된다. 분화는 그 불가피한 결론인 죽음을 불러일으킨다. 죽음은 우리의 조직화, 그리고 우리 안에 존재하는 분화를 위하여 우리가 치러야만 하는 대가이다." 주목할 만한 내용으로, 마이넛(같은 책, 205~6쪽)은 병리학적 예외, 즉 암세포 성장의 미분화된 가분성을 참조하여 세포 발생의 규칙을 수립했다. "억제성 통제에서 벗어나 과성장하는 현상은 익숙히 알려져 있다. 종양, 암, 육종, 그리고 다양한 여러 형태의 비정상적인 신체 성장에서 그러한 사례를 만나게 된다. 이 현상은 어떤 이유로 보통은 세포들에 대한 조절을 유지하는 억제력의 통제를 벗어나, 유전된 세포 성장력이 미성숙 유형에 머물기 때문이다." 암성 세포는 한마디로 말해 분화를 거부함으로써 노화와 죽음을 피하는 세포이다. 이렇게 암세포는 바이스만의 세대에 대한 정상적 규칙과 동등한 수준으로 대비되는, 궁극적이면서 병리적인 가치를 대표하게 되었다. 그리하여 암세포는 분화와 분열의 정상적 한계에 대한 무관함이라는 오로지 부정적인 용어로만 정의될 수 있다.

그러나 19세기 말, 그리고 20세기 생의학에서 성장의 분류 체계에 대한 보다 완전한 이해는 아마도 정상적인 것과 병리적인 것의 정서적인 연관을 살펴봐야만 가능해질 것이다. 1929년 출간된 『혐오』라는 저술에서 현상학자 아우렐 콜나이(Kolnai, [1929] 2004, 72쪽)는 병리적인 것에 대한 생물학적 이론들은, 그리고 혐오감, 역겨움, 혹은 그것들이 생산하는 공포감은, 삶과 죽음, 살아 있는 것과 죽은 것의 (비틀린) 관계에 대한 암묵적인 감각에 기반을 두고 있다고 설파했다. "삶과 죽음을 주저함 없이 나타내는 방식으로 구성된 어떤 형성물에 얼마나 가까운지에 따라, 혹은 그러한 형성물이 내포한 도발적인 혹은 불안감을 주는 효과로 인해 혐오감이 유발된다는 결론을 내릴 수 있다." 병리적인 것을 의미하는, 그리고 보는 이에게 혐오를 유발하는 현상은 (생기 없는 시체 같은) 생명의 부재 혹은 부정이 아니라, 오히려 생명의 미친 듯한, 억제되지 않은 과잉생산, 즉 맹아·유성 생식·유기적 형태의 적절한 종말의 외부에서 자신을 재생산하는 생명이다. 이것이 바로 우리가 병리적인 것과 연관시키게 되는 "생명의 과잉," 죽음을 향해 성장하지 않는 성장으로서의 "극단적인 증식과 성장"이다(같은 책, 72쪽, 75쪽).

따라서 암에서 특별히 혐오스러운 점은 암의 단순한 부정이 아니라 생명의 전이되는 과잉생산에 있다. 만약 암으로 죽는다면, 그것은 장기가 직접 변질하기 때문이 아니라 발랄한 생명력(세포 분열)의 왜곡으로 세포가 그저 축적만 될 뿐 다른 종말은 모두 피해가기 때문이다. 콜나이는 성장, 재생산, 그리고 재생의 생성 과정이 유기적 공간과 시간의 범위를 벗어날 때 바로 생명의 과잉생산이 발생한다고 쓰고 있다. 생명의 과잉은 "생명에 설정된 모든 경계를 파괴하고, 주변에 침투하려고 노력하며," "실제의 한계를 초과하거나 혹은 자신이 마치 유사-'개인적인', 목적의식이 있는 유기적 개체인 양" 움직인다(같은 책, 73쪽, 62쪽). 생명의 과잉에는 "그 제한 없는 의도에 부합하는 과장된 팽창성"이 있다 (같은 책, 73쪽).

무엇보다도 병리적인 성장을 규정하는 것은 바로 삶과 죽음의 변증법에서 벗어나려고 하며, 내부적인 부정negative과 헤겔적인 생명의 한계를 완전히 지우려는 그 경향에 있다. 이런 점에서 콜나이는 19세기의 병리적인 것에 대한 지배적인 정의는 변증법의 수학에 완전히 반대되는 생명의 일원론을 암시한다고 주장한다.6 암적인 성장은 생식의 시간에 대한 한계와 죽음의 인정을 거부하고 대신 자신만의 거침없는 자기-축적을 추구한다. 그러나 궁극적으로, 콜나이는 잉여의 병리적인 생산은 생명의 한 종류를 구성한다는 점을 인정하고, 이는 어떤 진정한 생산적 힘도 없는 생명이라고 결론을 내린다. 20세기 생의학 일반의 입장이 그러하듯, 콜나이는 생명인 듯한 암이라 해도 본질에서 불모의 존재라고 보았다. 생명의 과잉생산은 최후에는 언제나 죽음을 초래한다. "이 생명의 과잉에 비-생명, 죽음이 자리한다. 생명의 축적을 통한 죽음으로의 귀결은 단순한 죽음 혹은 존재하기를 멈추는 것과 비교할 때 특히 왜곡된 특성을 띠고 있다"(같은 책, 74쪽).

---

6. 유기체적 생명에 대한 헤겔의 개념화를 이해하려면 특히 Hegel 1970을 보라. 특히 이 저작은 맑스의 『자본』 1권에 나오는 인간 노동 및 재생산에 대한 맑스의 이론에 영향을 미친 듯하다. 그러나 맑스의 저술 중 일부는 생기(animation)의 더욱 병적인, 기실 괴물스러운, 활기 띤 모습을 떠올리게 한다.

병리적인 것의 분류 체계 안에서 볼 때, 줄기세포 과학의 발전으로 야기된 문제는 놀랍도록 뚜렷해진다. 생물학자들이 배아줄기세포주에서 발견했다고 주장한 것은 실은 최근까지 암성 성장과 연관되어 있었던 여러 특성이다. 무한정 가능한 분열 혹은 "불멸성", 생물학적 용어를 쓰자면 분화, 그리고 나아가 전이의 가능성에서 보이는 독특한 가소성을 고려하면 배아줄기세포주는 유사-암세포처럼 행동하는 듯하다.7 그러나 19세기 중반 세포 병리학의 탄생 이후 암이 가장 병리적인 성장으로 규정된 반면 최근의 과학은 줄기세포를 가장 양성의, 재생의, 그리고 치료적인 역할을 하는 세포로 묘사한다. 세포에 대한 19세기 및 20세기 이론들은 암세포의 "생명"이란 본래 불임이어서 신체의 생식에 어떠한 **진정한 작업**도 수행하지 못한다고 간주했지만, 줄기세포 과학은 배아줄기세포주의 유사-암성 특성이 대단히 생산적이라고 주장하는 듯하다. 배양된 배아줄기세포로부터 생식세포를 생산하는 데 성공한 최근 실험들 덕분에, 바이스만의 생식 계열 이론보다는 배아줄기세포의 증식적이고 자가-재생적인 힘에 따라 "생명 그 자체"를 보다 포괄적으로 정의하는 일이 더욱 타당해 보이게 되었다.

여기서 줄기세포 연구 계보의 또 다른 줄기를 떠올려보자. 이는 재생산 의학보다 더 앞선, 세포의 재생, 암, 그리고 배 발생에 대한 초기 작업으로까지 거슬러 올라가는 연구들이다. 특히 1960년대 및 70년대 배아 종양에 대한 일련의 연구들이 중요한데, 여기서 "배

---

7. 이러한 유사-암적인 특성에 관해서는 Shostak 2001, 179~83쪽을 보라.

아줄기세포"라는 용어는 "배아 암종 embryonal carcinoma 세포"라는 용어와 같은 의미로 처음으로 사용되었다. 이들 유사–배아 종양(기형종teratoma, 혹은 기형암종teratocarcinoma)은 세포 생물학자들의 관심을 끌었는데, 왜냐하면 이들은 정상적인 것과 병리적인 성장에 대한 지배적인 규정에서 일탈하여 배 발생의 정상적 과정을 비틀어 보여 주는 듯했기 때문이다.[8]

따라서 재생산 의학과 재생 의학이 같은 실험적 생체 조직의 목록에 의존하고 있다 하더라도, 그들이 각각 작업하는 방식은 매우 달랐다. 재생산 의학의 경우 캐리스 톰슨이 지적했듯 핵심은 수정된 난자 세포를 배양해 미래의 개체의 형태로 키워낸다는 생물학적 약속을 현실화하는 데 있다. 따라서 재생산 의학이 바이오스만적인 재생산 과정을 산업화하여 구성적인 순간들을 동결시키고 해부해서 교환 가능한 시간 등가물로 만들고, 신체 생산을 표준화하는 과정을 거쳤더라도 그 본질적인 전제들에 대해서는 의문을 제기하지 않는다. 반면 줄기세포 과학은 잠재적인 개체의 생산이나, 나아가 특별한 유형의 분화된 세포의 산출을 추구하지 않는다. 오히려 줄기세포 과학은 생물학적 약속 그 자체를, 발생기의 변형 가능성의 상태로 생산하고자 한다. 더욱 정확히 말해, 줄기세포 과학은 생물학적 약속이 자기–재생적, 자기–축적적, 그리고 자기–갱신적이 되도록 하는 배양 조건을 발견하고자 한다. 줄기세포 과학은 배아줄기세포가, 아직 실현되지 않은 생명의 잉여의 형태로, 영구적으로 자신의

---

8. 이 점은 Parson 2004, 25~26쪽을 보라. 또한 Cooper 2004를 참조할 수 있다.

잠재력을 재생할 수 있도록 이 세포들을 배양하고자 한다.

생식을 판매하기 : 가족 계약에서 배아 선물^{先物} 시장까지

재생산 의학과 재생 의학의 차이는 그저 기술적인 분야로 국한되지 않는다. 영국이나 독일 등과 달리 미국에서는 이 두 분야 모두 연방 정부의 규제를 받지 않고 있다. 그러나 그 외 모든 측면에서, 북미 줄기세포 과학 사업은 재생산 의학의 지배적인 경제적 기반구조와는 다른 기반에 속해 있다.

재생산 보조기술 분야는 복잡한 법적 관계가 특징인데, 어떤 생체조직(이를테면 난자)의 완전한 상품화와 고도로 제한된 상품 형태(배아의 경우)가 공존하고 있으며, 여기에 여러 상업적 구성물들(임상 시험, 시술 및 대리모 협약 서비스 계약) 및 양육권과 재산권의 혼종적인 법적 형태가 함께하고 있다(다시 한 번, 배아와 관련되어 있다). 재생산 보조기술을 둘러싼 법적 용어의 스펙트럼 한쪽 끝은 상속법 분야를 향하지만, 다른 한쪽 끝은 산업화한 농축산업을 오랫동안 지배해 온 대량 상품화 방향을 향해 있다. 반면 미국의 줄기세포 과학은 놀랍도록 다른 상업화 및 법적 평가 잣대의 대상이 되어 왔다. 이 분야에서는 생체조직과 공정의 상품화는 그다지 우세하지 않거나 제한적인 형태로만 나타났다. 그보다는 이 책의 1장에서 분석한 바 있듯 고도로 금융화된, 축적의 약속 형태로의 통합이야말로 이 분야를 지배하고 있다. 여기에는 배아 선물시장 같은 것이 형성되어 있는데, 이는 자본의 약속과 세포주의 생물학적 가능성을 묶어서 융합하려는 시도이다. 생물학적인 약속에 특화된 시장과 기술의 발달은 미국 및 세계 자본시장 모두에서 일어나고 있는 선물 거래의 증가라는 거대한 추세의 일부로 이해할 수 있다.

미국에서 농축산 상품의 선물 시장 운영은 100년 전에 이미 시작되어 선물 계약, 옵션, 선도 거래 등 표준화된 다양한 투기적 수단이 활용되고 있다. 파생상품이라는 이름이 붙은 이들 선견지명적인 도구들은 원래 예측 불가능한 가격 변동의 위험을 회피하기 위한 수단으로 설계되었지만, 애초의 용도보다는 투기적인 목적으로 더욱 자주 활용되고 있다. 1970년대 은행과 금융시장의 규제 완화의 결과, 파생시장과 파생 상품들 그리고 거래 규모가 기하급수적으로 팽창했다. 선물 상품 시장은 이제 전 세계에 존재하며, 주가지수의 선물 거래까지 포함한 상품으로까지 확장되었다. 한편 미국 선물 시장은 점진적으로 선물 상품 판매에서부터 통화에 대한 선물로, 그리고 최종적으로 선물 계약에 대한 선물로 이동해 왔다. 문화 비평가 마크 테일러(Taylor 2004, 167쪽)에 따르면, "물건 혹은 물건에 대한 옵션거래 덕분에 화폐의 교환 및 통화의 무형적 옵션과 선물의 매매가 점차 늘어나면서, 게임의 본질이 변했다. 거래소는 농축산물 시장보다는 판돈 큰 카지노를 닮게 되었다. …… 물건에 대한 내기에서 주식에 대한 내기, 나아가 지수, 옵션 및 선물에 대한 내기로의 이동이 계속되면서 도박은 그 본모습을 찾았고 투자는 내기에 대한 내기라는 후기근대적인 게임이 되었다."

달리 말하자면 금융시장은 유형적인 물건을 미리 판매하는 것에서, 자기-지시적인 미래 계약의 거래를 통해 약속으로부터 약속을 축적하는 방향으로 이동해 왔다. 한 측면에서는 이 상황이 기호와 망상적 추상이 상품의 실체적 세계에 거둔 궁극적인 승리를 의미한다고 받아들여질 수도 있겠지만, 또한 그보다 훨씬 현실적으로 보아서, 포스트 포드주의적 축적 모델이 생산의 핵심에 투기를 끌고 들어와 둘 사이를 구분 불가능하게 만들었다고 볼 수 있다.[9] 이는 줄기세포 과학과 같이 새로 떠오른 고위험 분야인 생명과학 실험에서 더욱 뚜렷한데, 생명공학 벤처기업의 자본 시장 내 주식 공모 대부분은 거대 투자신탁회사 및 연기금으로 구성된 벤처기업 투자기금의 초기 투자 덕분에 가능해졌다. 따라서 투기적 약속 및 위험 감수의 기예와 생명과학 실험의 실제 문화 사이에는 강고한 제도적 연대가 구축된다.[10] 기실 우리는 현재 투기의 인식적·실험적·상업적 양식들이 서로 교환되는 현장을 보고 있으며, 최근 생명과학은 점차 세포적 생명 그 자체의 불확정적인 약속에 장단을 맞추고 있다. (그렇다면 질문은 다음과 같다. 생명과학이라는 실천은

---

9. 경제학자 크리스티안 마라찌(Marazzi 2002)는 이러한 현상의 개념적이고 정치적인 결과를 더욱 충실히 추적하고 있다. 마라찌는 한편으로는 기호에 대한 후기근대적 물신주의, 다른 한편으로는 생산의 근본에 대한 향수를 불러일으키는 호소라는 한 쌍의 위험을 잘 피하고 있다.

10. 따라서 나는 과학적 창의력의 특징을 실험 과정 중 예측하지 못했던 결과와의 조우라고 보았던 과학철학자 한스-요르크 라인베르거(Hans-Jörg Rheinberger)의 주장에 전적으로 동의하며, 최근 자본주의적 축적 양식은 예상치 않은 상황에도 전혀 개의치 않는다고 본다. 따라서 과학에 대한 저항 정치의 문제는 훨씬 복잡하게 되었다. Rheinberger 1997을 보라.

연구비 지원이라는 상업적 명령으로부터 어느 정도로 자신을 구분해 낼 수 있을까?)

미국 줄기세포 시장의 급성장은 약속으로부터 약속을 생산하는 투기적 축적의 논리가, 실험적 생명 형태이자 무한정한 잉여 가능성의 재생을 약속하는 불멸화된 배아적 줄기세포주의 특정한 생식성과 함께 가고 있다는 사실을 보여 주는 경우이다. 나아가 최근의 자본주의 축적 형태는 자기-재생적인 줄기세포 과학의 배아체를 통해, 영구히 초기 단계에 있는 금융 시장의 동학이 자신을 물질화하려는 시도라고 해석할 수도 있다. 맑스가 금융자본의 "무의식적인 집착"이라고 일컬었던 것이 영구적인 배 발생을 통해 자신의 신체를 낳으려고 시도하고 있다. 이는 제론이라는 생명공학 신생기업의 명백한 전략이기도 한데, 이 기업의 역사는 여러 가지로 생명과학 상업화의 투기적 전환을 잘 보여 주는 사례이다.

후기-노인학Post-gerontology

1990년 설립되고 1996년 나스닥에 상장된 제론 사는 1990년대에 출현한 수많은 생명공학 기업의 전형적인 사례로서, 벤처기업 투자자본이 투자했고 특허 보유 목록을 통해 미래 매출의 희망을 보여 주는 정도가 전부인 회사이다. 제론 사는 떠오르는 분야인 재생의학이 장래에 이윤이 남는 시장이 될 때쯤 이 분야를 독점하려는 계획을 가장 성공적으로 수행해 온 회사 중 하나이다. 회사 명칭에서 보여 주듯 제론 사는 세포 노화의 모든 측면에 특화되어 있고, 진단과 치료 양쪽에서 세포 불멸화의 병리적인, 그리고 재생적인 가능성을 활용하고 있다. 다시 말해, 암과 관련된 세포의 불멸화를 표적으로 하는 것에서부터 무한정 계속되는 세포 생산의 원천으로서 줄기세포의 (암세포와) 동일한 특성을 활용하는 것까지 말이다. 제론 사의 세 가지 주요 제품 기반(플랫폼)은 암세포에 불멸성을 부여하는 효소인 말단소체복원효소telomerase를 표적으로 하는 진단 및 치료 복합체, 미분화된 인간 배아주기세포주의 유도, 유지 및 확장, 그리고 마지막으로 치료에 적합한 세포로 줄기세포를 분화·복제하는 기술이다.[11] 미국 연방 정부의 지원이 없는 상황에서 위스콘신 대학의 제임스 톰슨과 존스 홉킨스 대학의 존 기어하트가 수행한 선구적인 줄기세포 연구를 바로 제론 사가 후원했다. 배아줄기세포 연구를 복제와 결합하는 전략적 움직임 속에서, 1999년 제론 사는 돌리 복제로 유명한 로슬린 연구소의 복제 부문을 인수해 면역-호환적 이식 신체조직의 생산을 목표로 하는 연구 프로그램을 출범시켰다.

회사의 미래 성장을 전망하면서 제론 사의 2000년 『연간 보고서』는 회사의 가장 촉망받는 잠재적 제품인 인간 배아줄기세포주의 기적적인 재생적 잠재력을 이렇게 묘사하고 있다. "지금까지 발견된 모든 인간 줄기세포들과는 달리, 인간 배아줄기세포는 심장, 근육, 간, 뉴런 및 뼈세포에 이르기까지 신체의 모든 부분의 세포

---

11. Geron 2003a를 보라.

로 발달할 수 있다. 이 세포들에서는 또한 말단소체복원효소가 안정적이면서도 높은 수준으로 발현된다는 점에서 독특한데, 이로 인해 이들 세포는 다시 미분화된 상태로 돌아갈 수 있다. 이러한 자기-갱신 능력 덕분에 인간 배아줄기세포는 신체의 모든 세포 및 조직의 제조를 위한 잠재적인 원료가 된다. …… 제론 사와 협력사들은 복제된 인간배아줄기세포가 무한정 증식하는 역량을 보유할 뿐만 아니라 신체 내 모든 세포 종류를 형성할 능력이 있다는 점을 지금까지 증명해 왔다"(Geron 2000).

자기-재생적인 줄기세포주에 대한 문서 상의 내용을 보면, 제론 사는 가장 중요한 잠재적 투자자 중 하나인 제약 부문의 악화된 성장 전망에 대한 해결책을 제시하는 듯 보인다. 제약 산업의 블록버스터 약품들이 쇠락에 직면해 있는데, 재생 의학은 제약 산업의 수명을 연장해 주겠다는 약속을 하고 있다. 바로 후기 노인학이라는 방법을 통해서 말이다. 하지만 이 제품이 시장에서 어떤 평가를 받을지 미리 알 수는 없다. 그런 만큼 2003년 발간된 재정 상황 연간 보고서에서 제론 사는 다음과 같은 용어들을 통해 불확실한 미래를 예측하려는 시도에 대한 면책 조건을 내걸고 있다. "이 문서에는 …… 위험과 불확실성을 포함해 미래를 예측하는 진술이 포함되어 있다. '예상한다', '믿는다', '계획한다', '기대한다', '미래', '의도한다' 그리고 이와 유사한 표현들을 통해 미래 예측적 진술들을 알아볼 수 있다. 이 진술들은 문서 전체에 걸쳐 등장하며 …… 그리고 [이 진술들에는] 무엇보다 우리 기업의 운영 및 관련 산업발전에 대한 우리의 의도, 믿음, 혹은 최근에 언급된 예상들이 포함되어 있다. 그러나 독자는 이렇게 미래 예측적 진술들에 지나치게 의존해서는 안 된다.…… 우리의 실제 성과는 위의 예상과는 현저히 다를 수 있다"(Geron 2003b).

이처럼 미분화된 줄기세포주에는 다양한, 다능성의 미래를 열 수 있는 능력이 있다 해도 재생 의학의 미래 수익은 예언할 수 없다. 2003년 당시 제론 사의 치료제 대부분은 임상 시험의 첫 단계에 머물러 있었으며 상업화를 위한 승인을 얻기까지 지난한 과정을 남겨두고 있었다. 이 제품들은 모두 신기술이었기 때문에 부작용도 예측 불가능하다는 위험이 있었고, 이는 본래 계산 불가능한 위험 인 탓에 제론 사는 제품 책임 보험에도 가입할 수 없었다.[12] 2003년, 제론 사(2003b)는 치료제 생산으로 그때까지 얻은 이익은 전혀 없으며 "이후 이익이 생긴다 해도 앞으로 수년 동안은" 기대하지 않는다고 밝혔다. 그리고 이때는 기업 공개 후였기 때문에, 보고서 공개와 낙태 반대운동, 그리고 대통령 담화 이후 제론 사의 주가는 심하게 출렁였다.[13] 한 산업계 보고서에서 최근 밝혔듯, 재생 의학 분야는 전반적으로 아직 투자자들에게 믿음을 주지 못하고 있으며, 갈망하고 있는 제약 부문과의 협력은 여전히 오리무중인 상태다(Fletcher 2001, 204~5쪽을 보라).

본질적인 불확실성의 지평에 선 제론 사가 미래에 대한 믿음을 유지할 수 있도록 하는 유일한 동력은 바로 미래에 발명될 제품들

---

12. 이러한 불확실성의 제반 요소들에 대해서 Geron 2003b를 보라.
13. [옮긴이] 이 책 6장에서 보다 상세한 설명을 들을 수 있다.

이 사용하게 될 자신들의 지적 재산권에 있다. 인간 배아줄기세포는 "생명 그 자체"가 성장의 모든 한계를 극복할 수 있으리라는 점을 증명한 듯 보이지만, 그 실제 경제적 가치는 배아줄기세포의 자기 재생력이 아니라 성장의 미래 가능성을 갈무리하도록 설계된 완전히 새로운 재산권 형태에서 비롯된다. 설사 전혀 예측불허인 상황에서조차도 말이다.[14] 불확실한 미래를 넘어선 재산권을 발명함으로써 생물학적 특허는 배아줄기세포주의 예측 불가능한 잠재력에 부응했다. 미국 특허상표청의 극도로 관대한 조항에 따라, 제론 사는 제임스 톰슨 박사가 분리해 낸 조작되지 않은 배아줄기세포주를 상업적 목적으로 분화시킬 수 있는 배타적 권리를 보유하게 되었다. 이때 제론 사는 변형된 줄기세포주를 세 개까지 확보할 수 있도록 허용되었는데, 이 세 가지로 분화된 줄기세포주들은 가장 중요한 의학적 응용분야들에 적용될 수 있다.[15] 특허가 재생 의

---

14. 생물학적 특허는 일반적인 특허권의 오랜 역사 속에 위치시킬 수 있지만, 또한 이는 근본적인 파열음을 내는데, 왜냐하면 생물학적 특허가 특허의 범위를 생명 그 자체로 넓힐 뿐만 아니라, 발명의 순간성 또한 재발명하기 때문이다.

15. 1998년, 조작되지 않은 다섯 개의 인간 배아세포주를 수립한 이후, 제임스 톰슨 박사는 위스콘신 동문 연구재단(Wisconsin Alumni Research Foundation, WARF)을 통해 특허를 신청했다. 그렇게 2001년 인정된 미국 특허 6,200,806에는 인간 배아줄기세포주를 분리해 내는 방법(과정)과 그렇게 해서 수립된 조작되지 않은 줄기세포주 다섯 종류(결과물) 모두가 포함되어 있다. 줄기세포 특허에 대한 유럽위원회의 논평에 따르면 이는 "매우 광범위한 특허권으로서, 이로써 WARF는 이들 다섯 인간배아줄기세포주로 작업하는 사람들, 줄기세포를 분리할 때 제임스 톰슨의 방법을 쓰는 사람들, 그리고 그 작업의 목적 (연구, 상업화) 모두에 대해 통제를 할 수 있게 된다"(European Group on Ethics in Science and New Technologies to the European Commission 2002, 63쪽). WARF는 이 연구를 지원한 제론 사와 배타적인 사용권 협약을 맺었으나, 변형되지 않은 줄기세포주를 학술 연구진들에게 배포하는 권리는 지키게 되었다. 이 협약에 따라 제론 사는 세 종류의 변형된 줄기세포주를 개발할 권

학이 약속한 미래의 현실화를 보장할 수는 없다. 그러나 만약 약속이 현실화된다면, 미래의 발명품이 어떤 형태를 취하건 간에 이익은 제론 사로 가게 될 것이다. 배아줄기세포주의 자기 재생적 생명은, 만약 약속이 현실화된다면, 잉여가치로 분장한 채 등장하게 될 것이다.

특허권의 정치적 중요성이란 더할 나위 없이 결정적이다. 사람과 사물의 패러다임 너머, 또한 산업적 특허의 한계 너머, 재산 그 자체를 혁명적으로 바꾸려는 전방위적인 입법 및 정치적 캠페인이 없었다면 생명공학 "혁명"이란 상상도 할 수 없었을 것이다. 이제 최근 특허법의 발전이 기술적 발명 및 생물학적 재생 모두의 법적 지위를 점검해 온 방식에 대해 살펴보도록 한다.

생성의 재발명

기계와 산업 발명의 시대로까지 거슬러 올라가 보면, 상대적으로 최근의 특허법은 기술적 생산과 생물학적 생명을 근본적으로 분리해서 규정하고 있다. 17세기에서 19세기 후반 사이에 특허법은 발명의 행위란 무기물의 변환이라고 정의했으며, 따라서 자연법칙과 모든 생물학적 재생산(식물, 동물, 인간)은 통상적인 기계의 영역에서 제외했다. 법사학자인 버나드 에델만에 따르면 그때까지 특허

리를 보유하게 된다.

법은 고전적 전통의 법인격 개념, 다시 말해 법적·영적 존재로서 물질적인 것 혹은 권리의 대상이 아닌 것으로 규정되는 권리의 주체인 개인 개념과 조화로이 공존할 수 있었다. 19세기 말까지, 그리고 몇 가지 예외 사항을 제외하면 1980년대까지도, "개인"은 교환관계 영역의 외부에 존재한다는 관념으로 발명과 기술의 산업적 모델에 대한 법적 담론은 수렴했다. 이때 인간의 발생은 경제적 재생산 과정과 융합되거나 발명의 법칙 내에 포함될 수 없다고 본 것이다(B. Edelman 1989, 969~70쪽).

영역 간의 구분이 엄격했던 산업 혁명 당시에는 생물학적 재생산, 재산의 상속, 그리고 발명의 법칙은 상호 배타적이지만 또한 유비적인 관계에 있다고 보았다. 예를 들어 유럽 및 미국의 특허법은 발명을 독창적인 "구상" 행위라고 서술했는데, 이때 특허를 받은 기계의 "재생산"은 아버지의 이름을 후대로 전달하는 행위로 여겨졌다(Strather 1999, 163~65쪽). 유사한 방식으로, 20세기 초반 유전자적 유전의 과학은 상속법에서 용어를 빌렸다. 바이스만이 생식질적 재생산 이론을 공식화할 당시, 그는 법인격의 상속을 유비로 써서 생명 그 자체를 상상했다. 생식 계열은 "개인"에 대응하고, 이 개인은 각각 후대에 "신탁"trust을 남긴다는 식이다.

21세기 초반 영국과 미국의 특허법은 인간 재생산을 발명의 영역에서 계속해 제외해 두고 있었다. 영국의 특허법에서 인간 배아줄기세포는 "분화 전능성", 즉 "인간 신체 전제로 성장할 가능성"을 보유하고 있으므로 특허의 대상이 될 수 없었다. 당시 영국 특허법은 분화 전능성과 분화 다능성 세포에 대한 구분에 따르고 있는데,

이는 기존 과학과는 거리가 멀었다.[16] 미국에서는 특허 가능한 발명의 영역에서 인간을 제외한다는 조항이 최근에야 명시화되었다. 1987년 상무부 차관이자 특허상표청장인 도널드 퀴그^{Donald J. Quigg}는 "인간을 대상으로 하거나 혹은 그 범위에 포함한 청구는 특허 가능한 주제로 고려하지 않을 것"이라고 공표했다(Slatter 2002에서 재인용). 2004년 미 의회는 미국 특허상표청의 인간 생체에 대한 특허 허가를 금지함으로써 이 공표를 법제화했다. 법 문구를 보면, "이 법 아래에서 책정된, 혹은 가용하게 되었던 어떤 연구비도 인간 생체를 대상으로 하거나 혹은 포함하는 특허 청구에 활용되어서는 안 된다"(Wilkie 2004, 42쪽에서 재인용).[17] 이 진술은 인간 생체를 어떻게 정의해야 하는지에 대한, 그리고 "인간 생체를 포함하는"이라는 문구를 어떻게 해석해야 하는지에 대한 의문을 불러일으켰다. 한 언론인이 지적했듯, 지적 재산권 전문 변호사들이 지금처럼 우리의 인간됨의 존재론적 질문에 사로잡힌 적이 없었다(Slater 2002).

그러나 문제는 상업적 관계에서 인간을 면제시킨다는 관점을 명백히 견지해 온 특허법 그 자체의 법적 전통에 있다기보다는, 인간 생식에 대하여 생물학적 담론과 법적 담론 사이에서 증대되는 긴장에서 비롯되었다. 생명윤리 위원회는 인간의 존엄성에 대한

---

16. A. Brimelow, "Inventions Involing Human Embryonic Stem Cells," April 2003. (영국 지적 재산권 사무소 웹사이트에서 열람 가능하다. http://www.ipo.gov.uk/patent/p-decisionmaking/p-law/p-law-notice/p-law-notice-stemcells.htm.)

17. 여기서 참조한 법안은 U.S. Congress, Consolidated Appropriations Act, 2004, HR 2673, Sec. 634 (2004년 1월 30일) 이다.

전통적 옹호를 지겹도록 반복했지만, 줄기세포 과학 측은 인격성 personhood이라는 법적 개념과 바이스만적인 생식 계열 재생산 모델의 관계를 느슨하게 만드는 방식을 통해 포유류 재생의 전체 문제를 재설정하기 시작했다.[18] 재생 의학은 인간 개인의 재생산에는 그다지 관심이 없는 대신, 인간 형태학의 발생 한계를 뛰어넘는 줄기세포의 다양한 분화능력 및 무한정한 재생능력에 더 주목했다. 만약 생물학자들이 점차 더 배아줄기세포를 원proto–생명의 일종으로서, 모든 인간 (재)생식의 시작점이자 궁극적인 자원으로 정의하게 된다면, 이는 곧 생물학자들이 배아줄기세포를 생식계열의 재생산과 개인적 인간됨의 세대 간 전달과는 다른 의미를 지닌 것으로 본다는 뜻이다. 즉 한 줄기세포 전문가가 썼듯 이러한 관점은, 배아줄기세포주는 발생할 수 있는 능력의 측면에서 잠재적인 인격체와는

---

18. 최근 줄기세포 연구에서 인간 발달 잠재력의 전통적인 개념에 대한 문제 제기는 Waldby and Squier 2003을 참조하라. 바이스만주의 배종적(germinal) 재생산 모델과 줄기세포 재생 사이의 차별화에 대해서는 Cooper 2003을 보라. 인간 배아줄기세포 특허 이야기는 1980년으로 거슬러 올라가는 생물학적 발명을 둘러싼 결정의 역사에서 최근의 사건이다. 일반적으로, 생명공학적 특허의 짧은 역사에서 발견되는 두 가지 주요한 분기적 순간을 지적하고자 한다. 이 두 가지 모두 바이스만주의의 권위와 인간다움의 법적 개념을 훼손했는데, 첫 번째는 유전자 도입으로 인한 생명의 재정의(따라서 1980년대 동안 재조합 DNA 기술과 유전적으로 가공된 유기체와 관련된 일련의 시험 사례들 전체)였고, 두 번째는 최근 줄기세포 연구 발전과 맞물린, 특히 불멸화된 배아줄기세포주의 법적 지위와 관련되어 있다. 인간 배아줄기세포주에 대한 최근 특허에 결정적인 선례는 악명 높은 존 무어(John Moore) 사건으로, 어떤 환자의 비장에서 유래한 불멸화된 암세포주는 그 환자의 개인 소유물로 간주할 수 없으며 대신 특허 가능한 발명으로 분류되어야 한다는 판결이다. 이 사건은 Lock 2002를 참조하라. 그러나 배아줄기세포 특허의 중요성은 이보다 심원한데, 왜냐하면 이 특허는 생식 그 자체에 대한 대대적인 재정의를 포함하고 있기 때문이다. 여기서 문제가 되는 대상은 그저 병리적인, 암적 세포주가 아니라, 줄기세포 과학자들에 의하면 모든 신체 재생의 궁극적 원천이다.

"동등하지 않다"(Pederson 1999, 47쪽)고 본다. 이 경우 배아줄기세 포는 현존하는 발명의 법적 정의에서 특허의 대상이 된다.

이에 따라, 인간은 상업적 교환 대상이 아니어야 한다는 미국 특허상표청의 주장은 더욱 단호해졌지만, 동시에 **생물학적 개인을 온 전하게 남겨두기만 한다면** 인간 생명은 재발명되고, 재생되고, 재평가 될 수 있다는 주장에 논리적으로 동의하게 되었다. 이에 따라 2001 년 미국 특허상표청은 "다능성 인간 배아줄기세포의 정제 표본" 및 그 분리에 대한 방법론 특허를 승인하고 특허번호 6,200,806을 부 여했다. 이 특허는 모든 인간 배아줄기세포 및 그로부터 유래된 세 포들까지도 포괄한다.[19] 이 결정은 역사적으로 너무나 중요하다. 비 록 이 법이 인간의 전체 형태는 제외하고 있다고 하지만, 모든 신체 에 통용되는 인간 (재)생식의 일반적 과정을 최초로 발명법의 범위 에 편입했기 때문이다. 여기서 중요한 점은 인간의 생물학적 생명의 가치에 대한 현저한 법적 재구성이 일어났다는 사실이다. 잠재적 인 격체는 상품화될 수 없지만, 불멸화된 인간 줄기세포의 잉여적 생 명은 특허가능한 발명의 범위 내에 포함될 수 있을 것이다. 이러한 최근의 특허법 확대는 배아줄기세포의 자기 재생을 잉여가치의 축 적과 동일시한다. 세포주가 세분되고 확장되어 연구자들 사이에서 순환하면, 그 "지적 가치"가 축적되고 증대되어, 수익의 형태로 특허 권자에게로 돌아온다는 생각이다. 이러한 재산권은 법의 강제력을

---

19. 이 특허에 대해서는 과학 및 신기술의 윤리에 대한 유럽그룹(European Group on Ethics in Science and New Technologies to the European Commission 2002, 63 쪽)에서 상세히 검토하고 있다.

통해 생명의 자기 재생이 가치의 자기 증식과 일치할 것이라고 간주하고, 미래 줄기세포의 예상대로의 구현은 구체적인 형태로 나타나기도 전에 이미 전용될 수 있다고 규정한다.

상품화 또는 금융화?

어떻게 생물학적 특허에서 작동하는 상업화의 특정한 형태를 정의할 수 있을까? 의료 인류학자 낸시 쉐퍼-휴즈Nancy Scheper-Hughes와 로익 바캉Loïc Wacquant(2000)이 주장한 바대로 우리가 마주하고 있는 것은 생물학적 생명의 일반화된 상품화인가, 아니면 전혀 새로운 종류의 경제학적 가치평가인가? 나는 여기서 쟁점이 재생산 시간의 단순한 중단과 균등화가 아니라, 생명의 가치와 생산성의 상당히 급진적인 변질에 있다고 본다. 특허법은 줄기세포주의 가치에 대해, (맑스의 상품에 대한 정의인) 교환 가능한 등가물로서가 아니라, 미래 자가 가치 증식하는 생물학적 약속이어서 미리 예단하거나 계산할 수 없는 자기 재생하는 잉여가치로서 우선 파악한다. 이런 방식으로 미국 특허상표청은 생명의 가치를 재료적인 수준(생체 조직의 자기 재생적 가능성을 의도적으로 높이는 세포주 기술)과 상업적 수준(세포주에게 원래부터 주어져 있지 않은, 세포주가 분할되고 확장되고 연구자들 사이에 널리 활용되면서 축적되고 증대되는 지적 가치) 모두에서 자기 축적적이라고 재정의한다.[20]

따라서 여기서 우리가 살펴보아야 하는 지점은 물신화된 상품 형태에 대한 맑스의 고찰보다는 맑스가 밝힌 자본의 공식 쪽으로서, 맑스는 금융 자본, 혹은 이자가 붙는 자본의 독특한 생성성generativity을 흥미로워했다.[21] 맑스는 금융 자본이 특이적인 사물 혹은 상품과 연동될 수는 있지만, 결코 그것과 등가는 아니라고 지적했다. 잉여의 생산을 위해 선물의 선물futures for futures을 거래할 때, 그 투기적 가치는 교환 외부에 있는 어떤 근원적인 실체와도 더는 관련이 없다고 볼 수 있다.[22] 맑스는 앞날을 내다본 듯 자기 증식하는 자본의 논리를 경이로움과 기괴함 사이 어딘가에 자리한 자기 재생적인 생명의 일종이라고 서술했다. "여기서 가치는 과정의 대상으로서, 끊임없이 화폐와 상품의 형태를 번갈아 가며 취하는 가운데 자신의 크기를 바꾸며, 본래 가치로 여겨지는 그 자체에서 잉여가치를 떼어내고, 독자적으로 자신을 평가한다. 잉여가치를 더하게 되는 과정의 운동은 그 고유의 운동으로, 그것의 가치 증식은 곧 자기 가치 증식이다 …… 가치가 된 덕분에, 그것은 자신에게 가치를 더할 수 있는 불가사의한 능력을 얻게 되었다. 그것은 새끼를 치며 불

---

20. 문화 이론가 캐서린 월비(Waldby 2002)는 줄기세포주에 체현된 자기 축적적인 "생명-가치"에 대한 명징한 관점을 보여 준다. 월비는 "생명-가치"의 생산은 궁극적으로 "생명-가치의 수익, 단편적인 생명력의 잉여"를 발생시키려는 목적으로 특정한 생물학적 과정을 조정·억제하거나 촉진하려는 시도이자, 신체의 순간성에 대한 개입이라고 보았다(같은 책, 310쪽).

21. 이와 비슷하게, 현재의 맥락에서 맑스 경제학의 가장 빛나는 부분은 그가 생산 영역에서부터 시작해 모든 가치를 끌어낸 『자본』 1권이 아니라, 투기적인 금융 자본의 논리로부터 "다시 짚어 보는" 작업을 했던 『요강』과 『자본』 3권이다.

22. 이 점은 맑스 [1894] 1981, 513, 607~10쪽을 참조하라.

어나거나, 적어도 황금알을 낳는다"(Marx [1867] 1990, 255쪽).

요약하자면, 최근 생명과학에서 중요하고도 새로운 변화는 생물학적 생명의 상업화가 아니라(이는 기정의 사실이다) 생명의 투기적 잉여가치로의 변형이다.[23] 무엇보다도 먼저 이는 실제 일어나고 있는 물질적 과정이다. 불멸화된 세포주, 유사 암세포적 성장, 처녀 생식을 통한 수정 등, 생명과학은 영구적인 배 발생의 단계에서 "생명 그 자체"를 배양하는 데 관심을 두고 있다.[24] 약속 promissory 생명 형태가 상업적인 결말로 끝나야 한다는 법은 없는 만큼, 자기 재생적 생명이 자기 가치 증식하는 자본으로 변형되기 위해서는 결정적으로 입법적인 조치가 필요하다. 세포주 특허에 대한 법적 결정의 소급 효과로 (재산권의 인정 행위는 언제나 정치력의 동원을 시사한다), 생물학적 약속은 경제적 잉여가치, 즉 "그 자신보다 더 큰 가치"(Marx [1867] 1990, 257쪽)의 형태를 다시 띠게 되었다.

산업 생산의 정당한 가치 창조력 혹은 보조를 맞춘 상품 교환에 대한 옹호와 금융 자본의 병리적인 과잉에 대한 비방은 여기서

---

23. 이 점에서 나는 분자 유전 생명과학의 점증하는 상업화를 "상품화"의 사례로 해석하는 널리 퍼진 견해에 반대한다. 특히 낸시 쉐퍼-휴즈와 로익 바캉이 2002년 편집한 책을 참조하라. 여기서 내 말은 생물학적 산출물들이 상품으로 기능하지 않는다는 주장이 아니라, 투기적인 잉여가치로의 전환이 상품화의 과정에 선행하고 있다는 지적이다. 현재의 기업가적 과학의 맥락에서 "지적 재산권"의 이름 아래 세포주의 투기적 가치를 보유하는 일은 세포주 자체를 보유하는 일보다 더욱 중요해졌다. 사물의 재산권은 그것의 미래 창발적 힘의 재산권에 포함되어, 덮어쓰기 되어 있다.
24. 발생 생물학자들이 생물과학사에 있는 모든 종류의 생물학적 수수께끼들을 다시 논의하고 있는 현상은 결코 우연이 아니다. 특히 (영속적인 배아로 묘사되는) 히드라 같은 자기 재생적인 동물들이나 (잠재적으로 불멸의 배아적 종양인) 기형암종. 이에 대해서는 Cooper 2003, 2004를 참조하라. 맑스의 자본 공식과 줄기세포 연구와의 관계에 대한 보다 상세한 독해는 Cooper 2002를 보라.

문제가 아니다. 자본에 대한 도덕적인 대응의 특징은 금융 자본이 본래 암적이라는 생각, 따라서 생산의 근본을 정당하지 않게 왜곡한다는 지적에 있다.[25] 그러나 나는 여기서 정치경제학 비판을 가장 "병리적인" 성장이 이루어지고 있는 영역에 적용하는 것이 타당함을 보이면서, 생명과 노동의 적절한 혹은 유기적인 (재)생산이라는 관념에 의문을 제기하고자 했다.

전 지구적 난자 시장

몇몇 예외 사례는 있지만, 줄기세포 및 관련 상품 시장은 아직은 연구 시장으로서, 거래는 실험실 간 생체 조직, 특허, 그리고 지식의 교환과 판매에 국한되어 있다. 이런 이유로 재생 의학 시장의 가능한 미래에 대한 분석은 여전히 불명확하다.[26] 그러나 만약 재생 의학 시장이 성공적으로 상업화될 경우, 임상적인, 재생산적인 혹은 생의학적인 노동으로 자본의 신체를 생성하기 위해 신체의 어

---

25. 흥미롭게도, 『자본』 3권에서 보여 주고 있는 논조를 봤을 때 맑스마저도 이 선입견에서 벗어나지 못했다고 볼 수 있다. 그러나 맑스의 저작은 다른 용도에도 적합할 만큼 충분히 양면적이다.

26. 여기서 하나의 예외는 탯줄 혈액 시장으로, 월비(Waldby 2006)는 창발적인, 생명 투기적인 투자의 형태로 이를 분석하고 있다. 사적인 혈액은행은 이들 기술의 잠재적 고객들을 자기 자신의 경영자이자 미래 자본의 본체의 주주라며 상찬하고 있다. 여기서 소비자들의 생물학적 생명 기회는 랜디 마틴이 그의 『일상생활의 금융화』(2002)에서 탐색한 바 있는 투기적 생명 주기 투자의 전략으로 편입되고 있는 듯하다.

떤 부분이 필요할 것인가? 체외수정 시술에 필요한 난자의 부족 사태를 해결하기 위한 방식으로 미국과 동유럽에서 이미 발달한 상업적 난자 시장은 통합된 생명경제의 가능한 미래 형태를 예상하는 데 도움이 된다. 여기서 우리는 기존의 여성화된 노동(가사 ,성, 그리고 모성)의 초국적 경제와 긴밀한 동반상승 효과 아래에서 임상적 재생산 노동의 새로운 시장이 창출되는 현장을 목격하고 있는 듯하다.[27] 동유럽의 신흥 난자 시장에 대한 최근 보고를 보면 이 재생산 경제의 어느 한 부문에 참여하는 여성은 다른 부문으로도 옮겨갈 개연성이 높아서, 생의학·재생산 노동과 성·가사노동 간의 경계는 극히 유동적이다. 임상 시험을 인도나 중국 등지로 외주를 주는 추세처럼, 생체조직 조달 및 생체조직 시장 또한 이 같은 방향을 따르게 될 것 같다.

　이러한 추세들이 최근 일어난 현상인 만큼 이들이 어디로 향하게 될지에 대한 예측은 쉽지 않다.[28] 그러나 생의학 서비스 분야에서 "성공적인" 초국적 시장이 산출하게 될 고된 임상적 노동의 종류들은 이 추세 속에서 확인할 수 있다. 여기서 밝혀진 것은 부채 형태의 폭력과 약속의 이면이다. 만약 약속이 실현된다면, 자본의 미래 배아체적 신체는 재생산적 노동과 생체조직의 꾸준한 "기증하

---

27. 재생산 노동, 난자 기증, 그리고 새로운 재생산 기술에 대한 논점의 사전적 토론은 Dickenson 2001을 보라. 도나 디킨슨은 새로운 재생산 및 재생 기술의 생명윤리적 토론은 배아의 존엄성 문제의 중재를 하느라 여성의 재생산 노동에 대한 질문 전반을 매번 삭제한다는, 매우 적절한 논점을 짚어냈다.

28. 그런데도 인간 난자 시장을 분석한 최초의 시도는 Waldby and Cooper 2007을 보라.

기"를 계속해 필요로 하게 될 것이다. 이렇게 자본의 약속된 자기 재생의 꿈은 채무인에게 직접 체화된 빚 갚기 노동의 형태와 마주치게 된다. 배아체적 자본이 요구하는 것은 자기 재생적인, 무궁무진한, 침묵 속에서 희생하는 재생산적 노동이라는 원천, 일종의 전 지구적인 여성 노동이다. 배아체적 신체가 자신을 재생할 수 있다는 믿음을 통해 이 노동은 신비화된다.

다시 한 번, 새로운 재생산 경제의 전 지구적 동학을 예단하기에는 너무 이르지만, 복지 국가의 재생산 정치와 식민주의적 생명 정치의 차이점을 밝히는 것은 지금도 가능하다. 바이오생산의 후기근대적 양식은 우생학적이지 않다. 지금의 바이오생산은 표준화된 재생산 규범 확립에는 더는 관심이 없으며, 그보다는 신체적 생성의 일반화된 탈표준화의 달성이 주된 관심사이다. 이러한 차이는 최근 생명과학 및 경제학에서의 정상적인, 그리고 병리적인 성장이라는 관념을 둘러싼 혼란에서 드러난다. 더구나 재생산적 생명에 대한 신자유주의적 관리는 국가에 기반을 두고 있지 않다. 그 반대로, 재생산 서비스 분야에서 여성화된 모성 노동은 점점 더 급진적으로 사유화, 그리고 탈국가화되고 있다. 이러한 추세를 요약하자면, 신자유주의적 생명정치는 국가의 생물학적 자원 — 국가에 복무하는, 생명의 당연시 되는 "선물" — 으로서의 재생산 노동과 가족 임금이라는 이상을 폐기하고, 자신의 약속을, 생명공학 혁명의 기술적 역능으로 현재의 모든 성장의 한계를 극복하리라는 기대로 가득 찬 투기적 미래로 이전한다.

그러나 이 변화는 (재)생산의 기본 및 생명의 내재적 가치에 대한 극우적인 정체성주의적identitarian 호소의 폐기를 의미하지 않는다. 그 반대로, 지난 수십 년간 우리는 심지어 절망적으로 불확실한 초국가적 미래상에서조차도 민족적·국가적·인종적 정체성의 근본성을 재확립하고자 시도하는 신근본주의적 운동의 기이한 확산을 목격해 왔다. 다음 장에서 나는 특히 북미의 복음주의적 운동, 생명과 재생산 문제에서 가장 삐걱거리는 거친 견해를 거리낌 없이 밝혀온 신근본주의적 운동의 발흥에 주목하고자 한다. 이 운동은 20세기 중반 인권 담론의 기본적 교의인 생명권을 받아들여 잠재적인, 혹은 태어나지 않은 인간의 생명권이라는 미래적 방식으로 재구성했다는 점에서 매우 중요하다. 이러한 이름 다시 붙이기는 너무나 성공적이어서 "생명권"의 생명 옹호-낙태 반대pro-life적 의미가 애초 담론의 맥락과 의미를 대부분 지워 버렸다. 이를 통해 "생명권"은 오늘날의 신근본주의적 운동의 본질적인 특징, 즉 재산, 국가됨nationhood, 그리고 미래를 향한 의무에 대한 질문을 예언적인 복고의 지평으로 투사하는 경향으로 나아가게 되었다.[29]

---

29. [옮긴이] 이하에서 별도의 설명이 없는 한, "생명권" 및 "생명권 운동"은 모두 이러한 낙태 반대의 의미를 띤 신근본주의적 운동을 가리킨다.

6장

거듭난 태아

신제국주의, 복음주의 우파, 그리고 생명의 문화

나는 또한 인간 생명은 우리 창조주로부터의 신성한 선물이라고 믿습니다. 나는 생명의 가치를 낮추는 문화가 걱정이고, 여러분의 대통령으로서 미국과 전 세계에서 생명 존중을 육성하고 격려할 중요한 의무가 내게 있다고 믿습니다.

— 조지 W. 부시, 2001[1]

2002년 초, 조지 W. 부시는 1월 22일을 미국 '인간 생명 존엄성의 날'로 지정한다는 선언을 담은 성명을 발표했다(White House 2002). 이날을 위한 연설에서 부시는 대중들에게 미국은 어떤 양도할 수 없는 권리들 위에 세워졌으며, 그중 가장 우선적인 권리가 바로 생명권임을 상기시켰다. 또한 이 연설에서 부시는 생명 옹호 측에 인기가 많은 상투적인 수사, 즉 독립선언문에 서명한 선지자들은 생물학적인 존재만으로도 부여받게 되는 근본적인 존엄성을 이미 인정하고 있었다는 주장을 놀라울 정도로 열심히 반복했다. 이 근본적이고 양도 불가능한 생명의 권리는 우리 중 가장 죄가 없으면서도 무방비한 존재들에게까지 확대되어야만 한다고 부시는 주장했다. 태어나지 않은 이들까지 포함해서. "태아들은 이 세상에서 환영받아야 하며 법에서 보호받아야 합니다"(앞의 글).

이 연설에서 더욱 주목할 만한 점은 바로 생명권에서 신보수주의적인 "정의의 전쟁" 수사로의 매끈한 이동이다. 태아에 대한 호소를 끝내자마자 부시는 자신이 생명 그 자체에 대한 폭력적 행동이라고 해석한 2001년 9월 11일의 사건을 회상했다. 이날 벌어진 사건들로 인해 미국인들은 무기한 계속되는 전쟁, 바로 "생명 그 자체를 보존하고 지키기 위한", 즉 국가의 건국 가치를 위한 전쟁에 참전하게 되었다고 그는 주장했다. 시제의 흥미로운 혼동 속에서, 부시의 연설 속 태아는 테러리즘의 미래 행동의 죄 없는 희생자로 출현하는 한편 미국 건국의 아버지들이 남긴 역사적 유산은 미래 세대의

---

1. White House 2001.

잠재적 생명 속으로 이어지게 되었다. 생명을 위한 부시의 간청은 진혼가인 동시에 무장에의 호소였다. 향수를 불러일으키는 미래 시제의 표현에서 부시는 미국인들에게 미리 태아의 상실을 슬퍼하는 한편 우리의 "불확실한 시대"에 직면한 태아의 미래 생명을 보호하자고 호소했다.[2]

2001년 9월 11일의 테러리스트 공격 때문에, 부시 대통령 임기 초반의 가장 폭발력 있는 시험이 테러리즘이 아니라 배아줄기세포 연구에 대한 연방 연구비 지원 여부를 둘러싼 문제였음은 쉽게 잊히곤 한다. 이 논란은 사기업 제론의 지원을 받은 과학자들이 냉동 배아 및 유산된 태아의 세포를 사용해 최초의 불멸화된 세포주를 수립했다고 선언한 1998년 이래로 꾸준히 계속되었다. 부시는 비타협적인 생명 옹호-낙태 반대 의제를 선거 운동 때 내세웠지만, 당선 이후에는 배아줄기세포 연구에 대한 결정을 계속해 뒤로 미루었다. 2001년 7월 부시는 인간 배아를 사용한 어떤 실험도 반대한다는 가톨릭의 기존 견해를 고수하던 교황을 방문했다(White House 2001). 그러나 그해 8월 11일, 부시는 놀라운 발표를 했다. 이미 수립된 60여 개의 배아줄기세포주(실제 숫자는 이보다 적었다)를 사용하는 연구에 대해서는 연방 정부의 연구비 사용을 허가한다고 선

---

2. 여기서 나는 시간적 생략에 대한 브라이언 마수미의 논의를 떠올린다. 「우리의 장래 사망자를 위한 장송곡 : 자본주의적 권력에 대한 참여적 비판을 향하여」(Requiem for Our Prospective Dead : Toward a Participatory Critique of Capitalist Power, 1998)를 참조하라. 전쟁의 동기는 그 시작부터 생명권의 수사법에서 드러났다. 예컨대 다음을 보라. Paul Marx, *The Death Peddlers : War on the Unborn, Past, Present, Future* (1971).

언한 것이다. 줄기세포 연구에 대해 이러한 양보를 하면서, 미국 정부는 태아의 말살을 용납하지 않는다고 부시는 밝혔다. 그는 과학자들이 이미 "생사가 걸린 결정"을 내렸다고 주장했다. 국가는 이미 결정이 내려진 이후 상황에 개입하여 생명을 진흥시키리라고 확언했으나 이 경우 진흥의 대상은 잠재적인 인간의 생명이 아니라 줄기세포 연구에서 약속한 영구히 갱신되는 생명의 유토피아였다.

발표 몇 달 전부터 부시는 종교적 우파가 받게 될 충격을 완화하기 위해 보편적인 의료 보장을 태아에게까지 확대하여, 적어도 탄생의 순간까지 태아는 조건 없이 보건 의료 혜택을 보장받은 미국 최초이자 유일의 인구 집단이 되도록 만들었다(Borger 2001). 그러나 정책이 실제 보건의료 현장에 도입될 때, 정부의 이런 태도는 태어나지 않은 태아를 인권의 추상적이고 보편적인 주체로 공식적으로 인정한다는 점에서 중요하게 받아들여졌다. 이는 생명 옹호-낙태 반대 운동 진영이 지난 수십 년간 성취하고자 했던 과제였다.

한편 줄기세포 연구 분야에 대한 미국 행정부의 공식적인 도덕적 입장과 아주 대조적으로 미국 의회는 특허법에 대한 최대한의 자유주의적인 해석을 하여, 변형되지 않은 배아줄기세포주에 대한 특허를 허가했다. 이런 이유로, 연구용으로 승인된 줄기세포주 개수를 제한하는 부시의 결정은 즉각적으로 실제 줄기세포주에 대한 특허를 보유하고 있는 소수의 기업을 위한 거대한 전속 시장을 보장해 주는 결과를 낳게 되었다. 특히 한 회사는 부시의 결정 덕분에 앞으로 돈을 벌어들일 일만 남은 듯 보였다. 회사명도 적절하게 제론이라고 지은 이 재생 의학에 특화된 신생 생명공학 기업은 당시 사용가능한, 그리고 의학적으로 가장 중요한 줄기세포주 모두에 대한 배타적인 사용권을 보유하고 있었다. 생의학 부문의 신자유주의적 이해관계와 종교적 우파 사이에서 어정쩡한 태도를 보였던 부시가 정치적으로 절묘한 한 수를 선보인 듯했다. "인간 생명의 존엄성과 근본적 가치"에 대한 믿음을 주장함과 동시에 그는 "필수적인 의학 연구를 진흥"할 수 있었고, 또한 당시 떠오르던 미국 생명공학 부문의 투기적 가치들을 떠들썩한 소란 없이 보호할 수 있었다.

새로운 인간 생명 존엄성의 날을 선포하는 보도자료에서 부시는 생명의 미래에 대한 자신의 믿음을 피력했다. 그러나 그는 어떤 종류의 미래를 믿는가? 그리고 그는 어떤 시제로 말하는가? 부시의 생명 옹호-낙태 반대 수사는 생명의 생의학적이고 정치적인 미래에 대한 두 가지 매우 상이한 비전 사이에서 동요한다. 하나는 국가의 미래와 "생명 그 자체"를 동일시하여 태아를 국가 및 가족의 절대적 보호관찰 하에 두고자 하며, 다른 하나는 생의학 연구를 금융 자본 투자의 불확실한 투기적 미래로 남들의 눈에 띄지 않게 넘겨주려고 한다. 한편으로 생명은 양도 불가능한 선물로 보이지만, 다른 한편으로는 특허를 받은 배아줄기세포주는 끝없이 재생 가능한 선물, 자기 재생적이면서 또한 자기 가치 증식하는 자본으로 기능하는 듯 보인다.

조지 부시의 연설 이면에 자리한 중요한 문제는 생명 가치의 결정이다. 생물학적 생명의 약속은 어떻게 평가되는가? 그 가치는 상대적인가 절대적인가? 아마도 가장 심각한 문제는 (이미 결정되었든 혹은 예측이든 간에) 미래상과 관련해 한시적으로라도 생명을 평가하는 일일 것이다. 무엇으로 구성되었건 상관없이 이 가치는 향후 실현될 것인가? 요즘의 생명과학은 유기적 형태에서 기인하는 한계와는 무관하다는 특징으로 정의되는 "원prototype-생명"의 비밀을 밝히려 하는데, 그렇다면 이러한 노력에도 불구하고 그 꿈의 실현을 제약하는 한계란 무엇인가? 부시의 줄기세포에 관한 결정에서 흥미로운 사실은 그가 찾아낸 두 가지 해법은 생명의 가치에 대해 명백히 충돌하고 있는 평가임에도 불구하고 실행에서는 서로 매끄럽게 잘 기능하고 있다는 점에 있다. 언론 보고서들에 따르면 부시는 생명의 존엄성을 필사적으로 보호하려는 생명 옹호-낙태 반대3 지지자들, 그리고 줄기세포 연구에 대한 어떤 종류의 연방 규제에 대해서도 맹렬히 반대하는 비공공 분야 생의학 부문의 대변인들을 반반씩 섞어서 자신의 윤리위원회들을 채워 놓았다. 이토록 상반된 두 입장은 여하튼 조지 W. 부시라는 인격 속에서 공존해 나갔다.

태아에 대한 부시의 연설은 대중용 선언의 일반적인 자기 논조는 유지하는 동시에 미국 정계의 세 가지 경향, 즉 신보수주의·신자유주의적 경제학·생명 옹호 혹은 생명정치의 문화를 교묘하게 엮어내고 있다. 이들 경향은 1970년대 중반 이래로 다양한 긴장과

---

3. [옮긴이] pro-life, 문자 그대로는 '생명 옹호'이지만 통상적으로 낙태 반대 운동의 의미를 띄고 있어서 '낙태-반대'라는 문구를 추가하였다.

연합 속에서 공존해 오고 있었다. 그러나 이들은 점차 서로 가까워지고 있다. 조지 길더 같은 신자유주의자가 공공연히 자신의 복음주의적 신앙을 긍정하기 시작했다. 윌리엄 크리스톨 같은 신보수주의자는 생명권의 옹호를 위해 복음주의 우파와 연합해 오고 있으며 줄기세포 연구에 반대하고 있다. 이 둘은 모두 최근 미국 학교에서 창조론 교육 운동을 옹호하고 있다. 자유시장 옹호 가톨릭 신보수주의자 마이클 노박Michael Novak은 끝없는 성장의 자본주의와 생명의 절대적 한계에 대한 흔들리지 않는 신앙 사이의 긴장을 언제나 아주 행복하게 구현해 내고 있다. 한편 인종 정치와 국내 도덕문제를 둘러싼 싸움에 기꺼이 뛰어들었던 복음주의자들은, 중동에서 거둔 미국의 승리를 세계의 종말과 그리스도 재림의 서곡으로 해석하고 미국 제국주의의 군사적이고 개입주의적인 노선에 점차 더 많은 지지를 보내고 있다. 대통령 부시 하에서뿐만 아니라 부시 개인에게서도 이러한 경향들의 차이는 점점 더 구분하기 어려워지고 있다.

조지 W. 부시의 일대기는 지난 30년간 미국 프로테스탄트주의에서 일어난 의미심장한 전환과 많은 점에서 보조를 맞추고 있다. 주류 감리교도로 자라난 부시는 40세 즈음이 되어 복음주의 기독교 신자로 다시 태어났다(Kaplan 2004, 68~71쪽, K. Philps 2004, 229~44쪽). 그 과정에서 부시는 개인적인 자기 변화 및 규율에 기반을 둔 종교에서 팽창주의가 강한, 심지어 세계 개조 철학을 채택하고 있는 종교로 개종했다. 부시의 여러 측근의 증언에 따르면 부시는 자신의 미국 대통령직 수임이 신성한 선거의 표시이며, 자신의 개인적인 부흥 revival이 곧 미국의 부흥이자 궁극적으로 전 세계의 부흥과도 연결된다고 생각했다. 그러나 이러한 부시의 생각에는 팻 로버트슨 같은 복음주의 우파의 유명인들만이 동의했다. 결국 그의 2000년 선거 승리는 상당 부분 (백인) 복음주의 우파 덕분이었다(Kaplan 2004, 3쪽). 그 보답으로, 복음주의 우파는 거의 모든 정부 정책 분야에 걸쳐 전무후무한 영향력을 행사할 수 있었다(같은 책, 2~7쪽).

부시의 경제철학 역시 부와 원죄에 대한 프로테스탄트적 관점의 극적인 전환을 반영하고 있다. 후기 프로테스탄트주의의 윤리는 노동보다는 투자 지향적이고, 노동 규율보다는 금융 자본의 유혹에 훨씬 더 쉽게 따랐으며, 복음주의적 기독교인들은 여러 자유시장 및 공급 중시 경제학자들의 저술에서 자신들의 동맹을 발견했다. 비록 부시의 경제관은 자신의 석유 회사 경영 경험보다는 투자은행과 금융권(엔론을 생각해 보라)에 종사했던 경험에 더 많은 영향을 받기는 했지만, 2004년 출간한 부시 가문의 전기에서 케빈 필립스는 조지 W. 부시 자신 또한 근본적으로 공급 중시 측이었다는 점을 잘 보여 주고 있다.

반면 부시의 신보수주의적 운동으로의 전환은 그렇게 즉각적이지 않았는데, 사람들의 생각보다 더 9·11 사건이 부시에게는 우발적으로 큰 영향을 미친 듯하다. 2001년 후반 이전 부시 행정부의 국방 정책에 대한 주의 깊은 연구에서 정치이론가 스테판 할퍼와 조너선 클락은 집권 초반 부시는 불필요하게 중동 등에서 국가건설 과정에 개입하는 일을 매우 꺼렸다고 지적했다(Halper and

Clarke 2004, 112~56쪽). 그러나 9·11 사건이 발생하고, 부시가 신보수주의자들과 연합을 할 이유는 이제 충분해졌다. 1970년대 중반 이후로 신보수주의자들은 전략적으로 공급 중심 경제학 연구의 선지자들과 연계해 왔으며, 1990년대에는 생명권 운동의 대중추수적인 호소로 관심을 돌린 바 있었다(같은 책, 42쪽, 196~200쪽). 9·11 공격 이후 신보수주의자들은 조지 W. 부시에게 잘 짜인 전쟁의 청사진을 내보일 수 있었고, 이는 기독교 우파의 천년 왕국에 대한 열망과 자유시장 자본주의의 복음주의적 성향 모두를 만족하게 하는 계획이었다.

어떻게 이러한 제국주의자들과 경제 및 도덕 철학자들이 부시 정권 아래에서 그토록 긴밀히 동업할 수 있었고, 왜 그들은 약속의 생명 혹은 미래 생명의 "문화"를 중심으로 강박적으로 모여들었는가? 이 질문에 답하기 위해 나는 경제와 신앙의 관계에 대한 게오르그 짐멜Georg Simmel의 1907년 저술을 우선 참조하고자 한다. 이어서 프로테스탄트주의와 자본주의의 연계, 그리고 현 상황과 더욱 관계가 깊은, 미국 복음주의 부흥의 역사와 미국 자유주의 및 생명의 독특한 문화들 간의 연계에 관해 토론하고자 한다. 복음주의적 프로테스탄트주의는 부채, 신앙, 그리고 생명에 대한 교리를 발전시켜 왔는데, 나는 이들이 로마 가톨릭의 전통 및 주류적인 종교개혁과 프로테스탄트주의와도 근본적으로 다르다고 본다. 오늘날 "생명의 문화" 운동에 영향을 미치고 있는 이 종교적 입장을 납득하기 위해 그들 간의 차이를 이해하는 것은 필수적이다.

그러나 또한 복음주의 운동이 지난 30년간 생명, 부채, 그리고 신앙에 대한 전통적인 관심을 성정치를 중심으로 재구성하며 자신을 스스로 변화시켜 온 방식을 살펴보는 것도 마찬가지로 매우 중요하다. 나는 신복음주의 운동이 초기 미국 부흥운동의 혁명적이고 미래지향적인 추진력에, 새로이 부각된 성적 근본주의를 결합했다고 본다.[4] 조지 W. 부시의 생명정치 문화에 영향을 미친 것은 바로 이 역행적 욕망으로서, 이는 줄기세포 연구에 대한 그의 양면적

---

4. 여기서 나는 낸시 애머맨의 미국 복음주의 운동과 20세기 근본주의적 변형에 관한 연구를 따르고 있다. Ammerman 1991을 보라. 특히, 나는 이후 "거듭남 사상" 및 생명 옹호-낙태 반대 정치와 관련을 맺게 된, 1970년대 중반의 복음주의적 부흥에 관심을 두고 있다. 아마도 거듭남 운동은 미국 프로테스탄트주의의 다양한 복음주의적 흐름 ─ 공화주의·반권위주의·개인적 거듭남 ─ 들의 지속적인 관심사들을 침례교적 근본주의의 반동적인 경향과 함께 묶어냈다고 볼 수 있겠다. 현재 복음주의 기독교의 근본주의적 분파로 알려진 흐름은 20세기 전반부에 프로테스탄트 교회의 진보적 힘들에 대한 내부적인 대응으로 출현했다. 애머맨은 "근본주의는 전통주의 혹은 정통주의, 심지어 단순한 부흥주의 운동과도 다르다. 그것은 그 전통들 및 정통들의 와해에 대한 의식적이고 조직적인 반대 운동이라는 점에서 다르다"(같은 책, 14쪽). 학교에서 진화 교육을 금지하기 위해 벌였던 전투에서 패배한 후 수십 년 동안 [이 같은 노력은 계속해 진행 중이지만, 저자가 이야기하는 시간대는 1920년대로 보인다. ─ 옮긴이], 근본주의자들이 상대적인 관점에서 보자면 정치적인 암연 속으로 후퇴했던 탓에, 심지어 [자유주의와 보다 친화성을 띠고 있어서 타협적 관점을 보여주었던 ─ 옮긴이] 비분리주의적 복음주의자의 신세대인 빌리 그레이엄 같은 이들도 대중적인 미디어를 통해 점차 더 많이 관여하려는 경향을 보였다. 1970년대가 되고 복음주의자들이 미국의 도덕적 몰락에 대해 집착하기 시작하며 이 틈이 메꿔지고 근본주의자들은 다시 한 번 그들의 믿음을 위한 전투를 위해 밖으로 나섰다. 이 재결합이 최근의 거듭남 운동 내의 미래 지향적이고 전환적이지만 그럼에도 불구하고 복고적인, 명백한 모순적 경향들의 공존을 설명해 주고 있다. 복음주의적 운동은 보통 주류 프로테스탄트주의의 지류로 이해되곤 한다. 또 다른 논평가들은 프로테스탄트와 가톨릭 교회 모두 우파의, 복음주의적인, 그리고 자유시장 옹호파들을 동시에 길러냈다고 지적하기도 한다. 예컨대 Kintz 1997, 218, 226, 230쪽을 보라. 이러한 수렴은 조지 W. 부시가 바티칸의 조언에 종종 의지한 데서 명백히 드러난다. 이러한 수렴 때문에, 나는 마이클 노박(2001)과 같이 복음주의 사상에 영향을 준 (또한 받았다고도 볼 수 있는) 가톨릭 자유시장 신보수주의자의 저작을 인용한다.

인 태도에 가장 뚜렷하게 반영되어 있다. 이 욕망은, 비록 미래 혹은 태어나지 않은 생명을 대상으로 제한되어 있다 해도, 생명의 투기적 재발명이 근본주의를 강요하기 위한 폭력적 요구와 손을 잡은 오늘날 자본주의적 추세의 특징이기도 하다.

경제와 믿음

최근 경제적 제국주의의 가장 폭력적인 현현에 맞서고자 할 때 그 종교적, 구원적, 그리고 신앙 같은 차원을 함께 고려하지 않기란 점점 더 어려워지고 있는 듯하다. 그러나 현대 경제학 문헌들에서 이 둘의 관계를 깨우쳐 주는 경우는 매우 드물다.[5] 다만 예전 저술이지만 주목할 만한 예외적인 사례 중 하나가 바로 사회학자 게오르그 짐멜의 『돈의 철학』*Philosophy of Money*으로, 근대 자본주의의 발흥에 대한 인류학적·역사적·경제학적 관점을 결합한 이 저술의 접근 방식은 지금까지도 여전히 유효하다. 짐멜은 모든 경제적 관계

---

5. 그러나 금융 부문에서 감정의 역할에 주목한 문헌들이 최근 늘어나고 있다. 특히 Pixley 2004를 보라. 믿음, 신뢰성, 신용/부채 관계들과 정치적 구성 간의 관계에 특히 주목한 두 편의 최근 저술이 있는데, 미셸 아글리에타와 앙드레 오를레앙 (Aglietta and Orléan 1998, 2002)이 저자들이다. 아글레에타와 오를레앙의 작업을 따라, 한 사람에게 선물이 되는 무언가가 다른 이에게는 아마 부채로 경험될 수 있다는 점을 고려할 때, 나 또한 선물과 부채 사이에 본질적인 구분을 하지 않는다. 다만 서로 다른 종류의, 그리고 시간적 관점에서 서로 다른 선물/부채 관계들 사이는 구분한다. 즉, 여기서 적절한 질문은 다음과 같다: 그 선물/부채는 상환될 수 있는 것인가.

가, 향후 신뢰가 요구되는 때에 한정해 어떤 믿음의 요소를 수반하게 되다는 점을 언급하며 시작한다. 그러나 오로지 화폐 경제에서만 이 믿음은 미래에 대한 단순한 귀납적 지식을 넘어서게 되며, "유사 종교적" 색채를 띠게 된다(Simmel 1978, 179쪽). 결국 화폐 경제는 교환되는 대상(돈) 그 자체가 믿음의 산물이다. 모든 돈은 부채에서 창출되는 만큼, 교환되기 이전이라도 이미 약속 혹은 신용의 특성을 가지게 된다. 짐멜은 이 믿음이 가진 양면적 측면에 주목했다. 돈은 한편으로는 채권자에 대한 약속을, 다른 한편으로 채무자에게는 폭력의 위협을 체화하고 있어서, 의무와 신뢰를 동시에 합쳐 놓고 있다.

시장 경제의 경우 믿음의 양면적 관계는 공동체의 구성원 전체로 확장된다. 짐멜은 자본주의 경제는 공동체의 생활 전체가 부채 형태에 빚지고 있는 경우라고 주장했다. 한편, 경제생활에서 유사 종교적 특성이 구축되었다고 했는데, 그렇다면 짐멜은 어떻게 자본주의의 특정한 종교적 형태를 규정하고 있는가? 자본주의는 어떤 종류의 믿음을 요구하는가? 그 약속과 의무는 얼마나 세속적인가? 그리고 자본주의적 폭력의 특수한 형태는 무엇인가? 자본주의에 관한 역사학적 연구에서 짐멜은 근대 초기 시장 경제의 발흥은 가톨릭 교회 및 토지 재산 기반과 밀접하게 연결된 중세 군주의 기득권 형태와는 달랐으며, 따라서 혼란을 일으켰다고 밝혔다. 이 주장의 기본 전제는, 돈의 철학은 다양한 군주 권력의 정치 신학들과 구별해야 한다는 것이다. 그 대부분이 중세 시대로부터 지금까지 이어지고 있는 근대 초기 기독교적 믿음의 철학과 자본주의의 유사 종교적 믿음 사이에는 어떤 차이가 있는가?

먼저 지적해 둘 사실은, 토마스 아퀴나스 등의 저술에서 알 수 있듯 로마 가톨릭 교회의 철학은 중세 교회의 권위가 정치와 경제 양쪽으로 확장된 만큼이나 정치적이면서 동시에 경제적인 신학이라는 점이다. 아퀴나스의 저술을 보면 양 부문을 결합한 것은 기반foundation, 기원, 그리고 시간(초월성 혹은 영원성)에 대한 공통의 이해이다. 기반이라는 관념은 은사the Gift의 교리에서 가장 뚜렷하게 밝혀지는데, 여기서 아퀴나스는 신학적·정치적·경제적 구성 문제를 아우르고 있다. 아퀴나스(1945, 359~362쪽)의 저술에서 삼위일체의 유한한 그리고 무한한 성육신들incarnations을 재결합하는 생명의 은사the Gift of Life가 바로 성령이다. 이처럼 은사는 또한 신이 생명을 창조한 근원 행위이며, 따라서 피조물의 관점에서 봤을 때 생명은 일련의 빚 얻기, 그리고 죗값을 갚기 위한 부단한 여정이다. 아퀴나스의 신학에서는 암묵적으로, 그 안에서 모든 부채가 소멸하는 유한하고 무한한 영속적 실체, 기원적 존재가 이 은사(이는 또한 부채이기도 하다)를 보증한다고 보고 있다. 이렇게 기독교 신앙은, 비록 현세에서는 달성하기 어렵다 해도, 생명의 부채의 궁극적 이행, 유한함과 무한함의 최종적 재결합을 약속한다. 기독교는 신앙이 깊은 자는 죗값에 최종적 한계가 있음을 믿으라 가르친다.

가격과 교환에 대한 논의를 포함하고 있는 아퀴나스의 법리학 저술을 보면 그의 경제 철학이 이와 정확히 같은 부채의 수학을 공유하고 있음을 잘 알 수 있다.[6] 아퀴나스는 국가와 같은 모든 제도화된 정치적 형태는 정의justice에 대한 감각을 유지하기 위해서, 안정적인 준거 혹은 사용가치에 의해, 즉 가치의 가치에 대한 궁극적 보증인에 의해 보증되어야 한다고 전제한다. 이러한 방식으로 아퀴나스의 경제 철학은 부채 상환의 가능성에 기초하고 있다. 각각의 인간 생명이 원래의 은사를 대갚음할 수 있듯, 모든 교환 가치는 "공정 가격"으로 평가되어야 한다.

중세의 경제 철학에 대한 역사적 작업은 그 관념들이 초기 기독교 교회의 실제 입장을 매우 잘 반영하고 있었다는 점을 강조해 왔다.[7] 중세 교회는 거래보다는 토지 재산에 근거한 부를 보유하고 있던, 고유의 역량을 지닌 경제, 그리고 정치권력이었다. 따라서 교회는 교환과 가격 통제에 대한 국가 통제를 어느 정도 선까지는, 즉 규제가 교회 재산의 "공정 가격"을 유지하도록 작용하는 한 반대하지 않았다. 그러나 교회는 특히 고리대금업과 같은 특정 형태의 거래 이익은 맹렬히 반대했다. 고리대금업은 결국 가격의 불안정성에 돈을 거는 신용/부채 관계이다. 고리대금업은 끊임없이 갱신되는 부채를 통해 돈을 벌고, 기본적인 준비금이나 가치 보증인 없이 이를 반복한다. 여기에는 가치의 측정 가능성에 대한 어떤 믿음도 없고, 부채의 최종 상환 또한 관심사가 아니다.

바로 이 지점에서 짐멜은 초기 기독교 교회의 경제 이론과 근대 자본주의의 특정한 믿음 형태 사이의 근본적인 차이를 짚어내고 있다. 짐멜은 추상적 형태로서의 자본주의 경제는 모든 절대적

---

6. 아퀴나스의 경제 철학에 대한 개괄은 Blaug 1991에 포함된 논문들을 보라.
7. 예컨대 Gilchrist 1969를 보라.

기초, 최종적 [가치] 측정의 모든 가능성, 모든 실체적 가치를 없앤다고 보았다. "돈이 표시하리라고 기대되는 가치가, 그리고 발현되리라 기대되는 상호적 관계가 순수하게 심리적이라는 사실로 인해, 공간이나 무게 같은 측정의 안정성은 불가능해진다"(Simmel 1978, 190쪽). 물론 이 주장으로 짐멜이 역사적으로 교환 가치의 측정 가능성을 유지하기 위해 고안된 모든 종류의 제도들의 존재를 부정하려는 것은 아니었다. 오히려 짐멜의 『돈의 철학』에서는 부분적으로 귀금속에서부터 중앙은행, 그리고 노동가치론에 이르기까지 관련 제도들의 상세한 역사를 다룬다. 이러한 제도들과 폭력의 법적인 형태가 없다면 채권자들은 부채의 상환을 요구할 수 없을 것이다. 그러나 짐멜은 이 개별 제도들은 자본주의의 창조적인 논리가 아니라 상호관계에 기반을 두고 있었다고 주장한다. 달리 말하면, 근대 자본주의는 사회적 형태로, 그 속에서 법은 더는 창조의 원천 역할을 하지 못하고, 제도로서, 폭력의 위협을 통해 귀납적인 믿음을 계속 유지해 주는 힘을 보유하게 된다. 중세 교회의 경제 신학과 뚜렷이 대비되게도, 자본주의는 고리대금업의 논리를 일반화한, 모든 제도적 한계를 자기 재생산으로 끊임없이 혁신하는 추상적 양식이다. 그렇다면 믿음의 자본주의적인 독특한 양식은 무엇인가?

다시 태어난 국가 : 미국, 복음주의, 그리고 생명의 문화

이는 바로 사회학자 막스 베버[Max Weber]가 프로테스탄트 신앙과 근대 자본주의의 시작 사이의 역사적 친화성을 분석한 유명한 저서 『프로테스탄트 윤리와 자본주의 정신』에서 열중했던 질문이다. 베버는 사업하는 삶과 노동 규율을, 목적을 위한 수단으로서가 아니라 신에 대한 믿음의 지극한 표현으로서 찬양하는 첫 번째 종교로 칼뱅주의를 지목했다. 세속적 추구를 거부해 온 로마 가톨릭 전통과의 대비를 통해, 프로테스탄트주의는 "세상 속의 신"을 도입하여 신의 창조에 대한 사색적 관계가 아닌 몰입적이고 전환적인 관계로의 변화를 도모했다(Weber, [1904~5] 2001, 75쪽). 17세기 후반에 나타난 여러 프로테스탄트주의의 변주들에서 부의 창출에 대한 보다 극단적인 태도 변화가 있었다고 베버는 주장했다. 심지어 고리대금업, 즉 약속과 부채를 통한 돈의 창출이 믿음을 표현하는 정당한 방식이라고 용인되기도 했다. 엄격한 칼뱅주의적 예정설 교리로부터의 탈피가 가장 분명하게 드러난 경우는 이후 감리교와 같은 덜 "귀족적인" 형태의 프로테스탄트 신앙의 발흥에서였는데, 감리교파는 복음주의 목사 존 웨슬리가 창시한 **거듭남**重生, regeneration **또는 새로남**the new birth 교리가 그 핵심이다(같은 책, 89~90쪽). 거듭남을 통한 개종이라는 감리교 철학은 영국에서 발전했으나 미국에서 번영했다. 베버의 분석은 여기서 끝난다.

여기서 유럽 프로테스탄트 종교개혁에 대한 베버의 관점은 미국 프로테스탄트주의의 특수한, 특히 생명·믿음·부에 대한 이해에서 보인 창의력에 대한 설명으로 보완될 필요가 있다.[8] 우선, 역사

---

8. 여기서 흥미로운 점은 "거듭남 사상" 혹은 재생이 미국 복음주의 일반에서 띠는 중

가 마크 놀(Mark Noll 2002, 5쪽)이 썼듯 미국 프로테스탄트주의에서 가장 성공적인 흐름은 자의식이 강한 복음주의로, 이들은 급진적으로 민주화된 형태의 예배를 드리고, 개종과 거듭남의 개인적 경험에 중점을 두었다. 미국인들이 감리교를 받아들이는 과정에서 현세의 삶에 신성화를 불러일으키는 것은 물론 제도적 중재의 필요성을 거부했는데 이는 웨슬리 본인조차도 예상하지 못한 정도였다. 미국 복음주의자들에게 다시 태어남은 비록 무의식적이지만 자율적인 자기 갱신의 경험으로서, 마치 자아가 세계 속에 있는 존재이듯, 자아 안에 온전히 성령이 충만하게 된다.

나아가 미국적 복음주의의 경험은 독특하게도 유럽적 전통의 복음주의를 훨씬 능가하는 부의 창출에 대한 열정에 반영되었다. 놀(같은 책, 174쪽)에 따르면, 미국 복음주의자들의 반권위주의는 모든 기반적 가치에 대한 반감으로 표현된다. 이들은 모든 제도적 보증 및 규제하는 권위로부터 [신성한] 약속을 분리하는 돈의 권능을 믿으며, 시장 자체가 급진적인 자기 조직화 및 연금술적인 과정이라고 여긴다. 이를 통해 거듭남의 교리는 부의 창출을 순수한 부채 형태에서 찾는 자유시장의 신학과 구분이 불가능할 정도로 융합된다. 즉 최종적인 상환 없이 돈에서 돈이, 생명에서 생명이 재생된다. 이는 은사the Gift와 그에 수반되는 주권의 정치 신학에 대한

요성이다. 미국 프로테스탄트 복음주의 내의 다양한 종파들에 대해 개괄해 보려는 시도는 하지 않겠지만, 이는 분명 오늘날의 공화당-남부 침례교 연합의 역사적 이해와 관련되어 있으리라 본다. 해당 역사에 대한 상세한 내용은 K. Phillips 2006을 참조하라.

가톨릭 교리의 관점에서 볼 때 완전히 생경한 잉여로서의 생명 문화이다. 극한까지 밀어붙여 생각해 보면, 복음주의는 자아의 즉각적인 개종(자아를 황홀한 감정이 넘치는 상태로 만드는 것)이 가치의 금융적 변형(자본이 잉여로서의 자신을 재창출할 수 있는 망상적 과정)과 정서적인 등가물이라고 보는 듯하다.[9]

재생의 교리는 국가됨nationhood에 대한 복음주의적 이해에 매우 독특한 생기론을 도입하고 있다. 놀(같은 책, 173~74쪽)이 상술해 놓은 바에 따르면, 미국 독립혁명과 남북전쟁 사이에 프로테스탄트 복음주의적 믿음은 기하급수적으로 확산하여 공화주의 담론과 종교적 경험을 융합시키는 데 결정적으로 이바지했다. 그런 만큼 특히 미국 건국과 독립의 언어와 복음주의적 개종의 언어는 떼려야 뗄 수 없는 관계가 되었다. 이렇게 미국의 건국을 신이 주신 은총이라고 보는 관점은 근래 근본주의자들만의 전유물이 아니다. 이 비유는 19세기 후반 미국에서 충분히 널리 퍼져 있었던 탓에, 에이브러햄 링컨은 미국 국민 자신의 거듭남을 호소하며 미국인을 신이

---

9. 생명에 대한 (주권을 상정하는) 가톨릭의 철학과 프로테스탄트, 복음주의적 생명 문화(생명은 자기 재생적 부채의 형태로 이해된다) 사이에는 중요한 차이가 있다. 프로테스탄트 전통에서 주권은 형성적(formative)이라기보다는 개혁적(*reformative*)이다. 그것은 기반 없는 것의 기반을 다시 세우려는 시도이다. 조르조 아감벤의 벌거벗은 생명의 철학(1998)이 최근 생명정치의 문화 현상에 대한 비판적 참여에는 전혀 맞지 않는다는 것이 내 주장의 한 가지 중요한 결론이다. 기실 그가 권력의 주권 모델을, 도치된 형태로라도 권력 그 자체의 구성 요소로 복귀시키는 한, 그의 철학적 표현은 생명권 운동의 표현과 매우 근접하게 된다. 달리 말하자면, 벌거벗은 생명은 행복한 삶의 유예된 도치이며, 그 가장 대중적인 상징적 모습을 태어나지 않은 태아에게서 찾게 된다. 아감벤의 생명정치의 철학은 부정의 신학이라기보다는 가사 상태의 신학이다.

"거의 선택한 인민"almost chosen people들이라고 지칭할 수 있었다.

　이러한 초기 미국의 복음주의와 1970년대 생명권 운동은 어떤 관계인가? 오늘날 거듭남의 경험은 어떻게 바뀌었나? 그리고 그 경험은 자본주의에 대한 복음주의적 시각과 어떻게 연결되어 있는가? 이 질문들에 답하기 위해 먼저 지난 30여 년간 미국 자본주의가 세계의 나머지 국가들과의 관계를 재정의하며 채무자와 채권자 모두를 변형해 온 방식을 살펴보아야 한다. 나는 오늘날 미국 제국주의가 끊임없이 갱신되는 부채라는 불안정한 기반 위에 구축되어 있으며, 따라서 부의 창출에 대한 복음주의적 교리를 극한적 조건으로까지 끌고 나가는 듯 보인다는 주장을 지금부터 펼치고자 한다. 또한, 부의 창출에 대한 신자유주의적 이론들은 이러한 경제적 믿음의 특별한 형태를 반기고 있다.

부채 제국주의 : 1971년 이후의 미국

　미국 부채 제국주의란 말은 무엇을 의미하는가? 경제학자 마이클 허드슨(2003)은 지난 30여 년간 수정되고 다시 쓰이고 있는 미국 제국주의에 관한 연구를 통해 미국 제국주의 권력의 본질이 1970년대 초반 닉슨이 브레튼 우즈 체제의 금환본위제를 포기하면서 급격한 변화를 겪게 되었다고 주장했다. 허드슨은 애초에 닉슨 행정부에 고용되어 베트남 전쟁 비용과 예산 부족의 관계에 대한 보고서를 작성했다. 다양한 연방 부처들의 요구에 따라, 허드슨은 이 문제에 관하여 장편의 책을 1972년 출간했다. 책의 결론은 비판적이었다. 금본위제를 폐지함으로써, 미국은 효과적으로 자신의 부채 상환 부담에서 벗어날 수 있는 초제국주의의 모습을 갖추기 시작했다고 허드슨은 주장했다. 미국 행정부는 이 주장을 경고가 아니라 오히려 어떤 희생을 치르더라도 지켜야 할, 예기치 않았던 성공의 비결로 받아들였다. 허드슨의 책은 대중적으로는 거부되었지만 워싱턴에서는 잘 팔린 것으로 알려져 있다. 그는 보수파인 허드슨 연구소에 경제자문역으로 즉시 고용되었다.

허드슨의 주장은 복합적이며, 미국의 급상승하는 부채를 임박한 쇠퇴의 조짐으로 보곤 하는 좌파 평론가들의 주류와 상충하는 견해다. 허드슨은 1970년대 초기를 전환점으로 규정한다. 1971년 전까지 미국은 전 세계를 대상으로 한 채권자 노릇을 했다. 2차 세계대전 이후 달러화는 금태환이 가능했고 따라서 전통적 측정 단위와 연동된 채 남아 있을 수 있었다. 금본위제가 지탱되는 동안에는 금본위제로 인해 미국에 정치적·경제적 한계가 부과되었다. 잉여 달러를 보유한 국가는 아무 때나 미국에 금태환을 요구할 수 있으므로 미국은 과도한 국제수지 적자를 피해야만 했다. 최소한의 명목상 기초가 미국을 보증하고 있었다.

그러나 1971년 금태환 중지 이후 외국 정부가 더는 잉여 달러를 금으로 바꿀 수 없게 되자 미국 정부는 책임질 걱정 없이 막대한 국제수지 적자를 쌓을 수 있게 되었다. 이 과정을 거쳐 결국 순 수입국인 미국이 한계 없는 부채를 창출하고 또한 자신의 권력을 유지하는 일이 가능하게 되었다. 허드슨은 이 전략이, 근본적으로 새로운 제국주의, 즉 **최종 상환의 기대가 전혀 없는** 부채의 끝없는 창출에 의존하는 초제국주의의 개시를 알렸다고 주장했다. 허드슨은 이 과정의 구체적 측면을 다음처럼 설명했다. 미국이 수입을 엄청나게 한 결과 아시아, 동유럽 및 유럽 중앙은행에 쌓이게 된 달러는 미국 재무부 이외에는 갈 곳이 없게 되었다. 달러의 금태환 정지 이후 잉여 달러를 보유한 국가들은 미국 재무부 채권(그리고 그보다 적은 규모로 기업 주식 및 채권)의 구매 이외에 다른 "선택지"가 없었다. 결국, 강요된 대출의 과정을 통해 이들은 잉여 달러를 미국 재무부로 빌려줘서 결국 미국 정부의 부채에 돈을 보탰다.

허드슨(같은 책, ix쪽)은 이 강제 대출이 손해나는 사업이라고 지적했다. 달러 가치 하락으로 인해 미국 재무부 차용증서의 가치가 점진적으로 감소하기 때문이다. 이는 예측 가능한 수익이 없는 "대출"로, 미국은 부채를 갚을 수도 없고 앞으로 갚지도 않을 것이며, 적어도 국제적 힘의 균형이 현재의 상태를 유지하는 한 무한히 그 만기를 연장할 것이다(같은 책, xv~xvi쪽). 강제 대출을 원동력으로 한 미국 부채 창출은 구원 없는[10] 숭배의 대상이자 세계 자본주의의 원천으로서 효과적으로 기능하고 있다. 1972년에 시작된 추세는 이제 노골화되었고, 특히 조지 W. 부시 시절에 부채 규모는 더욱 확대되었다. 그의 재임 기간 동안 미국 재무부가 쌓은 국제적인 부채 규모는 600억 달러를 넘었고,[11] 무역 적자뿐 아니라 정부

---

10. [옮긴이] 'redemption'의 이중적 의미를 고려할 때 '구원 없는'(without redemption)은 또한 '상환 없는'으로 해석할 수 있다.
11. [옮긴이] 레이건 시절 미국 부채 규모는 총 2조 9천억 달러, 연방 계좌의 내부 부채

재정 적자를 메꾸는 데 쓰였다. 허드슨은 미국 부채 창출 주기가 세계 무역의 작동에 필수불가결한 요소가 되어 여기에 어떤 변동이라도 발생한다면 미국 이외의 국가들에도 재앙적 결과를 낳게 될 것이라고 2003년 저서에서 주장했다.[12]

허드슨의 저술에서 배울 수 있는 오늘날 국가로서의 미국과 미국 제국주의의 특성은 무엇인가? 그리고 영구적인 부채를 원천으로 하여 자신은 물론 세계 권력관계를 재창출하고자 하는 국가를 정확히 무엇이라 규정해야 하는가? 경제적·정치적 국가됨nationhood에 대한 기존 이론들의 관점에서 봤을 때, 허드슨의 분석에서는 국가의 자기 재생산이 끊임없이 계속될 가능성과 끊임없는 부채의 순간성이 접목되어 버린 만큼, 허드슨이 미국 국가의 토대가 철저하게 부재한 상태라는 불안한 결론을 내리는 듯 보일 것이다. 국가로서의 미국은 이제 최소한의 예비금이나 비축물에도 의지하지 않은 채, 부채의 회전율이 일으킨 동반 상승효과에 편승해 현재에는 발

(사회보장 혹은 건강보험 기금 등에서 빌려 쓴 돈)는 6770억 달러였고, 조지 W. 부시 집권 동안 총부채는 4조 달러, 연방 계좌 내부 부채는 1조 달러가 되었다. 이 규모는 더욱 빠르게 늘어나 매년 최고 기록을 경신하고 있다. 외국 중앙은행이 보유한 미국 재무부 채권의 규모 역시 2008년 당시 이미 2조 5천억 달러를 넘어섰고 급증 추세를 이어가 금융위기 여파를 수습 중이던 2010년이면 4조 5천억 달러, 즉 당시 미국 재무부 부채 규모의 거의 절반, 총 미국 국가부채 규모의 삼분의 일에 육박했다.

12. 미국 부채 및 세계 자본 시장의 금융화에서 미국 부채의 역할에 대한 보완적인 읽을거리로 Brenner 2002, 59ff, 206ff쪽을 보라. 또한, 남미 등 지역에서의 신자유주의, 부채 예속, 그리고 신복음주의 운동 간의 연계에 대한 놀라운 분석으로 Naylor 1987이 있다. 여기서 짚고 넘어가야 할 내용은, 부채에 대한 모든 최근의 복음주의 철학이 꼭 제국주의적이지는 않다는 점이다. 해방 신학은 제3세계 부채에 저항하는 믿음의 사례이다.

닫지도 않은 채 미래가 과거로 또 과거가 미래로 점차 변하는 morph 시간 왜곡 현상 속에 존재하고 있다. 경제적 측면에서 봤을 때 국가로서의 미국이라는 관념은 순전히 약속으로, 혹은 신용상으로 존재하게 되었다. 믿으라 요구하고 갚는다 약속하지만, 최종적인 책임은 지려 하지 않는다. 미국의 폭증하는 부채는 상환이 가까워 올 때 이미 갱신되며, 해산달이 되기도 전에 이미 다시 태어나 있다. 미국은 다시 태어난 태아이다.

허드슨의 작업에서 중요한 점은 미국 부채 창출의 제국주의에 어떤 신비로운 측면이란 없다는 사실을 보여 주었다는 데 있다. 사실, 미국은 모든 경제 기반들을 포기하는 움직임을 통해서야, 가장 호전적인 정치적 힘을 보유한 가장 보호주의적인 무역 상대국으로 자신을 주장할 수 있게 되었다고 허드슨은 지적했다. 부채 제국주의 소용돌이 속의 위치상, 미국은 엄청난 금액을 군사비와 국내 무역 보조금, 그리고 연구개발에 지출하는, 낭비가 심한 보호주의적 국가로 기능할 수 있지만, 세계의 다른 나라들은 IMF가 부과한 엄격한 예산 통제의 대상이 되어야 했다(같은 책, xii쪽). 달리 말하자면 미국은 IMF와 세계은행을 통해 세계 다른 나라들에 부채 상환을 위한 가장 가혹한 정책 수단들을 시행토록 하면서, 정작 자신은 부채를 권력의 원천으로 변환시키며 홀로 "독특하게도 금융적 제약 없이 행동"한다(같은 책, xii).

어떻게 미국은 무역 상대국들이 보유한 잉여 달러를 효과적으로 미국 정부가 발행한 유가증권에 재투자하는 상황을 확립했는가? 허드슨은 제도적 폭력의 실제 사용 혹은 위협적 과시를 본질적인 답으로 제시한다. 미국은 다자간 기구인 IMF나 세계은행 등에서 일방적인 거부권을 행사하고 있다. (경제학자 수장 조지^{Susan} George와 파브리지오 사벨리$^{Fabrizio Sabelli}$는 1994년 저술에서 이들 기구 내부에서 이루어지는 계속된 개혁들을 곧 세계 경제 정책 영역에 정통적인 믿음의 교의를 구축하기 위한 수많은 시도로 파악하고 꼼꼼히 분석했다.) 그러나 세계은행과 IMF의 경제학적 처방은 군사 보복의 위협으로 뒷받침되어야만 했다. 미국 외교가는 오랫동안 금으로의 복귀나 미국 기업들을 매집하는 일을 전쟁 행위로 간주할 것이라는 점을 명확히 했다고 허드슨(2003, ix쪽)은 언급한다. 미국의 과도한 군비 지출은 부채 제국주의를 통해서 충당되었는데, 역설적이게도 이 지출은 부채 제국주의를 강요하기 위해 계획되었다!

이 모든 점을 봤을 때 최근 미국 국민주의의 본질을 알기 위해서는 작은 차이에도 고도로 예민한 해석이 필요하며, 부채 제국주의의 탈영토화, 그리고 재영토화 추세 또한 고려에 포함해야 한다. 즉 기반의 상실이야말로 미국이 기반을 끊임없이 재구축할 수 있도록 해 주며, 여기에는 가장 폭력적이고 물질적인 방식이 동원된다. 부채 제국주의의 시대의 국민주의는 기반 없는 부채 제국주의 기반이 다시 되어줄 수 있으며, 이는 적절한 범위 안에서의 미래의 귀환이다.[13] 부채의 끝없는 회전^{revolution}(만기 연장)과 국가됨의 끝

---

13. 신보수주의 운동에서는 근본으로 돌아가자는 투기적, 그리고 미래 지향적 취지가 매우 또렷하다. 신보수주의의 시조 중 한 명인 어빙 크리스톨(Irving Kristol 1983, xii쪽)은 신보수주의의 독특한 특성에 대한 자기 생각을 이렇게 밝혔다. "이 보수주

없는 복원은 불가분의 관계로 서로 얽혀 있다. 서로가 상대 덕분에 존재할 수 있다. 그리고 서로가 상대를 영속화하면서, 회전은 끊임없이 계속되는 복원 활동이 되고 복원은 끊임없이 계속되는 회전 활동이 된다. 이 운동의 이중적 본성을 이해했을 때야 비로소 우리는 현 자본주의 일반의 회전적인revolutionary 동시에 복원적인 본질, 그 복음주의와 근본주의 또한 파악할 수 있게 된다.

달리 말하면 미국 제국주의는 영속적으로 갱신되고 만기 연장되는 국가됨의 불안정한 상태로 유지될 뿐만 아니라 또한 필연적으로 전 세계를 부채 창출의 주기 속으로 집어삼키고자 하는, 자본의 극단적인, "컬트적인" 형태로 이해될 필요가 있다.[14] 미국 부채 제국주의와 관련된 경제학적 교리는 다양한 신자유주의의 변종 속에서, 그중 특히 레이건 시대의 공급 측 이론들에서 찾을 수 있다. 이 이론적 표현은 신복음주의, 즉 다양한 전투적인 형태로 부활한,

의의 '새로움'은 그것이 단호하게 과거에 대한 동경에서 벗어난다는 데 있다. 또한 신보수주의는 미래를 주장하며, 그리고 무엇보다 이 주장이야말로 좌파 비평가들이 격분해 비난하도록 만든다."

14. 나는 여기서 철학자 발터 벤야민이 1921년 에세이 「종교로서의 자본주의」(Capitalism as Religion)에서 수행한 컬트(cult)에 대한 분석을 떠올린다(Benjamin 1999, 288~91을 참조하라). 이 글에서 벤야민은 자본주의의 특이성이 믿음의 영속성이 아닌 다른 특수한 교의나 신학은 필요로 하지 않는 경향에 있다고 지목했다(같은 책, 288쪽). 신 자신이 약속의 논리에 포함되어 더는 초월적인 참조점이나 보증인으로서 기능할 수 없게 될 때 자본의 종교가 진가를 발휘하게 된다고 벤야민은 주장했다. 그 궁극적인 컬트적 형태에서 자본주의적 종교는 자신의 약속을 지키겠다는 약속, 자신의 폭력을 유지하겠다는 위협일 따름이다. 그것이 베푸는 선물은 미래 지급 약속으로부터 발산되며, 과거의 모든 고정(anchorage)보다 선행한다. 이 점에서 자본주의적 종교는 구제 혹은 속죄가 없는 죄의식과의 관계를 구축한다.

1970년대에 발흥한 기독교 복음주의 신앙 속에서 발견된다. 공급 중시 경제학자들과 신복음주의자들은 부채와 창조론에 대한 강박 관념을 공유하고 있다. 조지 길더 같은 공급 중시 이론가들은 경제학이 신앙의 작용을 이해할 필요가 있다고 보며, 길더를 인용하는 우파 복음주의자들은 생명의 창조와 돈의 창조는 성경적 해석에서 불가분의 관계에 있다고 본다.

신자유주의: 믿음의 경제학

신자유주의 경제학의 사상을 대중적으로 보급하는 데 가장 앞장서고 있는 사람 중 하나인 언론인 조지 길더가 다른 한편으로는 경제 현상은 본래 종교적 성질을 띠고 있다는 주장을 담은 저술을 펴낸 신실한 복음주의자이자 창조론자라는 사실은 결코 우연이 아니다.[15] 길더의 고전적인 저술 『부와 빈곤』 *Wealth and Poverty*(1981)

---

15. 신자유주의의 지적 근원에 대한 몇 가지 논쟁이 있다. 이 개념에 대한 최근 역사를 다루며, 지리학자 데이비드 하비(Harvey 2005, 54쪽)는 통화주의, 합리적 기대, 공공 선택 이론, 그리고 아서 래퍼(Arthur Laffer)의 "그다지 존경할 만하지 않은, 그러나 영향력은 전혀 그렇지 않은 '공급 측 견해'의 복합적인 융합을 포착하고 있다. 많은 다른 학자들처럼, 하비 또한 언론인이자 투자 분석가인 조지 길더가 신자유주의적인 공급 측 경제학 사상을 대중화하는 데 핵심적인 역할을 했다고 지목한다. 그러나 여기서 나는 공급 측 경제학에 대한 경제학자 폴 크루그먼의 더 상세한 분석을 따르는데, 크루그먼은 공급 측 경제학가 사실 통화주의처럼 신고전주의에서 영감을 얻은 균형 경제학 모델에 급진적인 비판을 하고 있다고 주장했다. 부채와 재정 적자 문제야말로 적어도 몇몇 공급 측 경제학자들이 그보다 전통적인 보수주의 경제학자들에게 이의를 제기한 부분이다. Krugman 1994, 82~103, 151~69쪽을 참조하라. 공급 측의 복음은 레이거노믹스와 연관되었고, 레이건 집권기 동안 미국 연방 정

은 미국 부채 제국주의와 부채 기반의 성장에 대한 찬양이자 또한 믿음에 대한 명상록이다. 약속, 신념, 그리고 부채 간의 관계에 관한 인류학적 연구에 기대어, 길더는 당대 미국의 힘이 요구하는 특정한 믿음의 형태를 설명했다. 새로운 자본주의는 선물의 신학, 즉 "자본주의의 선물gift의 원천은 경제의 공급 측"이라는 믿음을 시사하며, 이는 로마 가톨릭의 부채와 상환에 대한 철학과는 근본적으로 다르다고 길더는 설파했다(같은 책, 28쪽). 여기서 믿음의 변동을 측정하고 믿음이 부족하다고 지적할 수 있는 근본적인 가치도, 공정 가격도, 혹은 말word도 없으며, 기대되는 최종 상환도 없다. 길더는 새로운 자본주의의 선물 주기cycle가 독특한 점은 바로 시작과 끝에 대한 반감에 있다고 주장했다(같은 책, 23쪽).

시작은 말도, 성부God the Father도, 혹은 금본위제도 아니라 약속, 부활 전의 그리스도처럼 알 수 없는 미래로부터 우리에게 온 약속이었다. 그리고 끝 또한 상환이 아니라, 미국 정부 부채의 영구적인 만기 연장을 통한 약속 갱신의 명령이다. 약속은 전적으로 불확실할 테지만, 이 말이 곧 약속은 전혀 실현되지 않으리라는 의

부의 부채가 상대적으로 GDP를 처음으로 초과하기 시작했다. 그러나 가장 극단적인 적자의 자유낙하 실험은 조지 W. 부시 행정부 시절에 수행되었다. 다른 학자들은 시카고학파의 통화주의를 보며 신자유주의의 종교적 차원을 분석하기도 했다. 예컨대 Nelson 2002, 그리고 Taylor 2004가 있다. 나는 통화주의는 쉬운 공격 목표일 뿐, 특히 길더가 신봉한 공급 측 사상은 실제 신자유주의 경제 정책 및 대중문화에 훨씬 더 영향력이 컸다고 본다. 이런 점에서 나는 또한 복잡성에 영향을 받은 접근법을 통한 경제학 이해는 (테일러가 봤던 것처럼) 신자유주의의 역이 아니라 오히려 신자유주의의 궁극적 표현이라고 본다. 예컨대 길더는 열성적인 복잡성 이론가이다. 미국 부채에 대한 길더의 생각은 Gilder 1981, 230쪽을 보라. 그리고 부시 집권기 재정 적자에 대한 그의 생각은 Gilder 2004를 참조하라.

미는 아니다. 오히려 반대로, 길더는 약속은 생명의 영구적으로 재생하는 잉여의 형태로 계속 반복해 실현될 것이라고 단언했다. 부채로부터의 수익은 예측 불가능할 테지만, 아무튼 수익은 있을 것이다(같은 책, 25쪽). 우리가 믿음을 유지하는 한, "자본주의적 생산은 믿음을 수반한다. 이웃에 대한, 사회에 대한, 그리고 우주의 보상적인 논리에 대한. 살펴보라, 그리고 발견하라, 주어라, 그러면 받게 될 것이다, 공급은 자신의 수요를 창조한다"(같은 책, 24쪽).

중요한 점은, 길더가 여기서 제안하는 바는 그저 경제학적 교리만이 아니라 생명과 거듭남의 철학 전체라는 데 있다. 신자유주의가 약속하는 것은 그저 자본의 재생이 아니라 미국 부채 제국주의가 추구하는 약속의 미래에서 지구 자체의 재생이라고 길더는 주장했다. 이러한 신념에 따라 길더는 그의 복음주의적이고 신자유주의적인 형제들이 그러하듯 단호한 반환경주의를 표방했다. 부채 제국주의가 활기를 띤 세상에서 지구 자원의 최종적인 고갈이나 성장의 생태적 한계란 없으며, 적절한 시점이 되면 때맞춰 부채 형태 그 자체의 끊임없는 부흥으로 갱신되고 다시 활성화될 것이다(같은 책, 259~69쪽). 길더의 믿음의 교리는 불확실한 미래를 갱신한다는 약속일 뿐만 아니라 이 사안에 계속 반복해서 생명의 잉여를 주입한다는 약속이기도 하다. 이러한 입장은 역설적이게도 재생 의학의 기술적 약속과 매우 긴밀한 관계에 있다. 끝없이 잉여를 위한 자신의 가능성을 재생한다고 약속하는 실험적인 생명 형태인 불멸화된 줄기세포주의 특별한 생성성이 투기적인 축적의 논리와 동행하는 곳 중 하나가 바로 성장 중인 미국 줄기세포 시장이다.

칼 맑스가 금융 자본의 "무의식적인 집착"이라고 언급했던 것은 영구적인 배 발생의 신체로서 자신을 발생시키려는 이 시도에서 드러난다.

길더의 자본 신학은 이렇게 미국 부채 제국주의의 세계 재생적이고 구원적인 힘에 대한 신념을 뒷받침하고 있다. 또한, 이 신학은 오늘날 신복음주의적 믿음의 가장 포괄적인 해설 또한 제공해 주고 있다. 생명의 창조와 돈의 창조를 신학적 교리상 엄밀하게 유사한 질문들로 취급하는, 금융 관리, 투자, 그리고 부채에 대한 방대한 복음주의적 문헌들에서 길더의 저술이 빈번하게 인용되는 것은 결코 우연이 아니다.[16] 이것이 바로 모든 제도적 기초 혹은 측정의 표준으로부터 돈의 창조를 분리하는 믿음, 생명을 기원에서부터 자유로운, 미래의 영속적인 부활이라고 이해하는 종교이다.

그러나 기반에 대한 질문은 여전히 해결되지 않았다. 오히려 반대로, 심지어 미래의 덧없음에 직면해서도, 투기적 자본의 유토피아적인 약속의 충동을 가치의 가치를 재부과하는 명령과 묶어낸다는 점 덕분에 길더의 신자유주의적 철학은 참으로 전형적이다. 문제는 아래와 같이 요약될 수 있다. 부채의 끝없는 약속은 어떻게 현실화되고, 널리 퍼져, 소비될 것인가? 어떻게 기반 없는 약속의 기반을 복원하게 되는가? 미국 재무부에서 흘러나온 자본의 선물은 어떻게 미국의 국가 범위 내로 다시 돌아오도록 강제되는가? 기실 자본

---

16. 복음주의 경제학의 근원에 대한 보다 자세한 토론은 Lienesch 1993, 94~138을 보라.

은 쉽게 돌아오지 않고 세계 각지를 배회하다가 다른 어떤 곳에 재투자될 수도 있고, 어느 곳에도 정착하지 않을 수도 있는데 말이다. 이렇게 부채의 미래 지급promissory future이 미국의 적정 범위 내에 재투자 되지 않을 수 있다는 가능성, 즉 미국은 실현되지도, 거듭나지도, 만기 연장되지도 않는다는 약속의 가능성은 길더의 자본주의 신학을 위협한다. 아마도 더욱 일반적이게도, 길더는 결국에는 믿음으로는 자산 형태로의 재투자를 보장할 수 없다는 공포, 즉 복원 없는 회전, 의무 없는 선물의 공포를 표현하고 있다. 따라서 가치 법칙에 대해 새로이 분명히 해 둘 필요가 있다. 미래의 실현에는 실질적인 한계가 재부과될 필요가 있다.

길더는 세 종류의 상호 보완적인 한계를 지목했다. 첫 번째는 냉혹한 재산법으로 대변된다. 불평등, 결핍, 그리고 빈곤이 없는 경제 성장은 없다. 부채의 노예 없이 부채 제국주의도 불가능하다. 두 번째는 정치적 종류로, 경제 사업에는 반드시 "강한 국가"의 지지가 필요한데, 이때 강한 국가란 그 구성원에 대한 모든 사회적 의무는 가능한 지지 않는 대신 법과 질서에 대해서는 힘껏 투자하는 국가다. 위의 두 조건은 미국 국가the American nation의 생물학적 재생산에 특정한 한계를 시사하고 있다. 미국은 자신을 백인의, 이성애적 가족이라는 특정한 제한 속에서 계속 재생산해야만 한다. 길더의 재산법에 관한 주장은 그의 백인 민족주의, 그리고 스스로가 인정했던 "도덕적 보수주의"와 떼려야 뗄 수 없는 관계이다. 가치의 근본적인 척도는 바로 자산 형태인 국가the nation이다. 국가는 가장 보수적이고 도덕적인 제도들, 즉 주류 이성애 백인의 재생산적 가족을 통해 현실화된다.

이러한 정치적, 경제적, 그리고 도덕적 법의 합성물은 태아의 "생명권" 개념으로 요약된다. 태아는 결국 약속의 형태를 한 미래의 미국 국민이자, 가족적 삶의 성 정치sexual politics 내로 다시 귀속되는 부채의 창조적 힘이다. 그리고 이 새로운 권리가 뚜렷해짐에 따라, 그 재생산은 국민의 여성들에게 부과되는 부채 노예의 특정한 형태가 된다. "반항과 믿음이라는 가장 핵심적인 과정이 바로 핵가족의 중심에 자리하게 된다. …… 여기서 자본 형성의 가장 필수불가결한 행위가 나타난다. 바로 개별 아이에게 잠재된 미지의 미래를 위하여 주고, 아끼고, 희생하는 심리로, 가장 선견지명이 있는 사업 계획보다도 더 장기간 사회적 보상을 얻게 될, 그러나 마음대로는 되지 않는 여러 가능성들의 집합이다"(Gilder 1986, 198~99쪽).

그렇다면 신자유주의적 보수주의의 반동적 경향이 배아적 생명과 그 과학적 재생에 대한 질문으로 향하게 된 것은 우연이 아니다. 줄기세포주는 복음주의적 믿음과 생명의 끝없이 재생 가능한 잉여의 약속을 가장 급진적으로 실체화하는 방법을 봉헌하는 듯 보인다. 동시에 줄기세포주는 표준적인 재생산 법칙에 대한 위협이기도 하므로, 잠재적 인간potential person, 그리고 그의 생명권에 대한 사회적이고 법적인 한계 내에서 포섭될 필요가 있다.

거듭난 태아 : 생명권과 거듭나기 운동

거듭난 복음주의 기독교라고 우리가 알고 있는 운동은 1970년
대 초반 놀라운 부흥을 경험했다. 부활한 형태의 복음주의 운동은
그리스도의 죽음·장례·부활에 대한 일종의 개인적 재현을 통해
신자들에게 거듭나야 한다고 강조하는 자기 변환의 프로테스탄트
윤리를 받아들여 전혀 다른 범위의 무언가로 바뀌었다. 주류 프로
테스탄트주의나 초기 복음주의 부흥과 현재 복음주의 운동이 다
른 점은 바로 성 정치 및 가족 가치 영역에 대한 현재 운동의 열띤
집중에 있다. 신좌파로부터 제기되는, 높아만 가는 정치적 요구에
직면한 1970년대의 복음주의 운동은 새로 발견된, 이성애적인, 남
성 주도의 재생산적 백인 가족의 쇠퇴 인식에 집착하는 향수를 토
로하기 시작했다. 생명권 운동의 관심은 [인종적, 성적 소수자를 위한]
기회 균등에 대한 반대나 가정 폭력 법제화 반대에서부터 동성 결
혼 반대를 망라한다. 그러나 초기 운동의 에너지가 집중되었던 단
하나의 문제를 꼽는다면 그것은 바로 1973년 로우 대 웨이드[Roe v.
Wade] 사건으로, 이 판결을 통해 미국 대법원은 낙태에 대한 주법상
의 금지를 위헌으로 판정했다. 1970년대 후반의 한 사설이 지적했
듯, 로우 대 웨이드 사건은 바로 "생명이 수정(혹은 '태동', 생존력[vi-
ability], 탄생 등 마음에 드는 수사를 고르라)되기 시작한 순간 혹은
생명권 운동이 시작된 순간"이다.[17]

현재 우리는 복음주의 우파와 "생명 옹호" 정치의 연계를 당연

---

17. 로우 대 웨이드 사건과 기독교 우파의 역사에 대해서는 Petchesky 1984를 보라. 생
    명권과 거듭남 운동 사이의 특수한 연계에 대해서는 Harding 2000, 183~209를 참
    조하라.

시하고 있어서 이 부흥의 새로움을 제대로 인식하지 못하고 있다. 그러나 낙태 문제에 대한 이들의 강박적인 집중은 프로테스탄트 복음주의의 역사에서 최초의 현상이어서, 초창기 신복음주의자들은 정통 가톨릭 교리에서 생명 옹호에 대한 미사여구를 빌려왔고, 이후 명백히 대중매체에 기반을 둔, 대중영합적인, 그리고 탈중심화된 형태의 항의를 통해 이 메시지를 전달했다.[18] 복음주의적 우파는 이 과정에서 그 고유의 천년왕국설[19]과 거듭남 사상born-againism의 전통에 새로운 요소를 도입했다. 천년왕국을 기다리는 복음주의자들은 태아들을 최후의 인류이자 최후의 세대, 즉 인류의 마지막이라고 생각하게 되었다. 또한 개종 혹은 거듭남의 경험이 이 최후의, 그리고 미래의 세대에 절실히 필요했다. 복음주의적 전통에서는 구원되지 않은 영혼을 부활 전의 그리스도와 동일시해 왔는데, 이제 이 둘은 자궁 안에 있는 아직 태어나지 않은 아기에 비유되고 있다. 1970년대 거듭남 입문서들에서는 그리스도 자신이 신의 태어나지 않은 아들이 되었고, 구원받기 전의 우리는 모두 주님의 태아 상태에 있는 상속자들이었다.[20] 이렇게 우여곡절이 많은 현세적인 결합의 맥락에서 봤을 때, 태아는 거듭날 수 있느냐는 질문을 심각

---

18. 이 점은 Harding 2000, 189~91쪽을 보라.

19. [옮긴이] 요한계시록은 사탄이 봉인된 기간인 1천 년간 순교자들의 영혼과 우상숭배를 하지 않은 자들이 왕 노릇을 한다는 서술을 포함하고 있다.

20. 다시, 여성주의 이론가 수전 프렌드 하딩(Harding, 같은 책)은 근본주의자 침례교 신자인 제리 폴웰(Jerry Falwell)의 저작에서 나타나는 이러한 동일시를 흥미진진하게 설명하고 있다. 이는 당시 문헌들에서 반복적으로 나타난다. 이 시기의 거듭남 정신에 대한 이해를 위해서는 Graham 1979를 참조하라.

한 교리 논쟁의 가치가 있는 주제로 간주했다는 사실은 전혀 놀랍지 않다.

초기의 복음주의자들은 생명 옹호 운동을 국가 복원 기획으로 이해했다. 미국은 종교적 원칙에 따라, 기실 생명권의 원칙에 따라 건국되었다고 신복음주의자들은 주장했다. 이들은 결국 젊은 백인 여성들에게 가장 큰 영향을 미치게 될 로우 대 웨이드 사건에 대한 판결을 (백인) 미국 국민의 미래 재생산, 구원받는 내세의 가능성을 훼손하는 위협으로 보고, 전쟁 행위라고 비난했다.[21] 이 판결은 또한 미국의 건국 이상의 쇠퇴를 초래한 세속화와 다원주의의 연장선에서 벌어진 최후의, 그리고 결정적인 한 방이기도 했다. 로우 대 웨이드 사건은 모든 기반에서 생명의 은사를 거둬들였고, 불확실한 약속의 형태로서, 절대 이행되지 않을 약속으로 봉헌된 미래 미국의 존재에 유효한 타격을 입혔다. 존재론적으로, 미국은 이상한 장소에 붕 떠 있는 듯 보이는데, 이곳에는 또한 냉동 배아가 보존되어 있기도 하다. (따라서 강박적인 초점은 그저 태아에게뿐만 아니라 더 특별히는 냉동 혹은 시험관 속 태아에 맞추어져 있다)

한편, 복음주의 우파에게서 특히 잘 드러나는 미국 국민의 성적, 인종적 재생산에 대한 이 관심은 미국의 증가하는 부채 상황에 대한 불안감과 함께 도래했다. 복음주의자 팻 로버트슨(1991, 118쪽)은 이렇게 말했다. "돈을 창조하고 규제하는 통제권을 자신의 외

---

21. 생명권 운동과 백인 우월주의 그룹의 연계에 대해서는 문화 이론가 캐롤 메이슨(Carol Mason)의 놀라운 에세이 「태어나지 않은 소수자」(Minority Unborn 1999, 159~74쪽)를 참조하라.

부에 존재하는 어떤 권력에 맡기는 국민은 자신의 미래에 대한 통제권을 그 단체에 사실상 넘기게 된다." 태어나지 않은 국민의 재생산자가 채무불이행의 위험에 처해 있다는 걱정은 담보 없는 약속을 하는 지경에 이르게 된 미국의 경제적 미래 또한 이처럼 위태롭다는 공포를 키웠다. 따라서 미국 부채 제국주의에 대한 열렬한 지지와 함께, 복음주의 우파는 미국의 경제적 재생산이 위험할 정도로 불안하고, 약속 의존적이며, 불확정적인, 믿음의 문제가 되고 있으며 시급히 지원이 필요하다는 우려에도 힘을 보태게 되었다.[22] 미국 부채의 약속의 미래가 미국 그 자신의 영토적 한계 내에서 복원되지 않고, 여기 바로 지금, 미래가 자기 현존적인 국민됨self-present nationhood에 상응하는 범위 내에서 실현되지 않을지도 모른다는 사실은 팻 로버트슨과 같은 이들에게 악몽이다. 그리고 로버트슨은 국민the nation이 성적, 그리고 경제적 재생산의 접점에 자리한다고 보기 때문에, 둘 양방의 전선에서 복원의 정치학이 필요함을 역설한다.

헛소리처럼 들릴지도 모르지만, 종교적 우파는 적어도 전통적인 국가 재무의 관점에 서서, 후기근대적 미국이 아직 만기가 되지 않은, 그리고 결코 만기의 순간이 오지 않을 부채의 실현을 조건으로

---

22. 복음주의자들의 경제에 대한 저술들에는 근본적인 양가성이 자리하고 있는데, 이들은 한편으로는 미국의 부채 창조주의에 찬사를 보내면서도 다른 한편으로는 모든 부채를 탕감하고, 엄격한 관세 및 외환 통제를 되살리며, 금본위제를 복원해야 할 필요에 집착한다. Lienesch 1993, 104~7쪽을 참조하라. 흥미롭게도 공급 중시 경제학자들 사이에서도 이와 동일한 양가성을 찾을 수 있는데, 이들 중 몇몇은 금본위제로의 복귀를 찬성하고 있다.

하는 미래의 탄생을 눈앞에 두고 있다는 사실을 인지하고 있다. 그들의 공포는 그 미래가 잠재적으로 과잉의 형태로, 예산을 벗어나버리는 식으로 실현될지도 모른다는 데 있다. 그리고 이러한 위협에 따라, 그들은 태어나지 않은 자의 올바른 거듭남을, 새로운 사람과 새로운 국민의 부활을 미래로부터 요청하고 있다. 그러나 미래를 다시 세운다[23]는 말은 무슨 뜻인가? 태아가 거듭난다는 말은 어떤 의미에서 가능해지는가? 시간적 생략의 형태를 통해 생명권 운동은 국민됨의 정치학을 뚜렷이 표현했다. 즉, 복원이 필요한 것은 당연하게도 미국 건국의 순간, 건국의 아버지들이 국가를 출범시킨 바로 그 행동이다. 그러나 그 순간 자체가 태아 생명권의 구성 요소라서, "아직은 아닌 것"의 귀환 여부에 그 성사가 달려 있다.

생명 옹호 운동은 이 불확정적인 미래를 기리기 위해 온라인 태아 기념물에서부터 대량 학살적 낙태의 미래 희생자들을 대신하여 제기하는 법정 소송에 이르기까지 엄청난 수의 제의적인 방법들을 고안해 냈다. 여기에 바로 (신)근본주의의, 즉 신자유주의적 시대를 위한 근본주의의 새로움이 있다. 투기적 양식으로 작동하는 정치에 맞서, 근본주의는 불확실한 미래에, 불확실한 미래에 대한 자산 형태property form을 다시 강요하기 위해 투쟁하게 되었다. 생명권 운동이 명백히 밝힌 것처럼, 이 자산 형태는 서로 떼어놓을 수 없이 경제적이면서 성적이고, 생산적이면서 동시에 재생산적이다. 자산 형태는 궁극적으로 여성의 신체에 대한 요구이다. 다만 여성이 짊어

---

23. [옮긴이] refound, 본문 293쪽에서 같은 표현이 기반 재구축의 의미로 사용되었다.

진 본질적인 부채에 대한 서명과 보증인으로서의 죽은 아버지의 이름은 여기서는 태어나지 않은 아이의 이미지로 대체된다.

독립선언서의 문구를 생명권 선전문으로 재작성하는 등 레이건 재임 시기 동안 생명 옹호 운동의 수사적 표현은 미국 정치 담론의 주류에 편입하게 되었는데, 루이스 레어만(Lehrman 1986) 등의 강경 보수파 인사들은 미국의 도덕적, 정치적 복원은 "생명과 법"에서 태아를 환대하는 공화당에 달려 있다고 선언할 정도였다. 그러나 레이건 본인은 자신의 도덕적 유권자들의 기대에 부응하지 못했다. 조지 W. 부시가 집권하게 되어서야 비로소 생명 옹호 운동은 정부의 정책 결정 과정에 그 존재감을 과시할 힘을 가지게 되었다. 그리고 이때는 생명 옹호 운동이 신보수주의 우파를 통해 우회한 뒤였다. 1990년대 동안 보수주의 사상에서 도덕주의적이면서 호전적인 과격파는 수세에 몰리고, 신보수주의의 2세대가 종교적 우파들에게 교섭을 제의했다. 이 신세대들은 생명 옹호 측 대변인들을 자신들의 정책 연구소들로 초대하는 한편, 그들 스스로는 미국의 정치적이고 전략적인 미래를 생명권의 "건국" 이념 지지와 연계시키는 대중적인 선언문들을 공표하기 시작했다.[24]

그 후 생명 옹호 측과 신보수주의자들은 모든 종류의 배아 연구에 대해 더욱 총체적인 공격을 개시하는 데 힘을 모았는데, 특히 줄기세포 과학 분야가 주된 목표가 되었다. 마이클 노박(Novak

---

24. 신보수주의와 종교적 우파의 수렴에 대해서 Diamond 1995, 178~202쪽, 그리고 Halper and Clarke 2004, 196~200쪽을 보라.

2001) 등의 신보수주의적 가톨릭 측에서 2001년 부시의 타협적인 줄기세포 관련 결정에 반대하고 나서며 그 정책이 미국의 태어나지 않은 가능성을, 나아가 세계의 나머지를 미래에 구원할 가능성을 위협한다고 선언했다. 노박은 이렇게 말했다. "이 국가는 창조주가 우리에게 부여한 생명의 권리에 대한 기본적인 진실을 고수하겠다고 선언함으로써 배아적 존재로서 출발했다. 전 세계가 이 원칙을 수호하는 우리에게 의지하고 있다." 그러나 1990년대에는 더욱 주류인, 윌리엄 크리스톨과 같은 예전의 "세속적" 신보수주의자들 또한 태아를 위한 일련의 열정적인 형 집행정지 청원을 통해 생명권 정치의 영역에 뛰어들었다. 크리스톨이 보기에 강력한 신제국주의적 대외 정책과 생명 옹호 운동 모두 무력화된 미국의 복원과 탄생하지 않은 국가됨의 거듭남을 가장 중요시하므로 둘의 연계는 명백했다. 크리스톨과 그의 공저자 조지 웨이겔(Weigel 1994, 57쪽)은, "우리는 어린이들에게 더 따뜻하고 가족들을 더 잘 보호하는 미국을 건설하기 위해 일하는 동시에, 태아의 법적 보호를 지지하는 합의를 구축하기 위해 노력할 것이다. 그럼으로써 우리나라는 정의에 기여하고 자유의 새로운 탄생을 이룩할 수 있다."

이러한 변화들의 장기적인 결과를 평가하기에는 아직 이를지도 모르지만, 적어도 신보수주의자들과 기독교 우파의 연합은 생명권 운동이 선보인 호전적인, 천년왕국주의의, 그리고 십자군 운동적인 수사법들에 새롭고도 놀라운, 문자 그대로 정당성을 부여했다고 볼 수 있다. 결국, 기독교 우파의 논평가들의 상세한 설명대로, 생명 옹호 운동의 대표자들은 부시 대통령 아래에서 해외 정책을 포함해 미국 정부의 모든 수준에서 핵심적인 자문역을 차지하였고, 유엔 미국 대표단에서 주류를 차지하고는 바티칸 및 가장 엄격한 이슬람 국가들과 종종 공동 전선을 펴기도 했다.[25] 이러한 상황의 가장 명백한 효과는 해외 원조 분야에서 드러났는데, 미국 연방 원조금은 엄격한 낙태 반대, 성매매 반대, 피임 반대, 그리고 금욕 지침과 연동되었다.

수사법적 차원에서도 조지 부시는 태아에 관한 전쟁 및 태아에 대한 기념과 추모를 환기하는 기독교 우파의 언어와, 새로이 정당성을 부여받은 정의를 위한 [중동에서의] 전쟁에 대한 신보수주의적 변호를 한데 아울렀다. 이는 새로운 종류의 전쟁 교리의 조짐인가? 끝없이 정의를 선언하는 정의의 전쟁 이론 교리로의 귀환인가? 태어난 자들의 권리를 태아들의 권리와 대체하며, 인도주의적 전쟁처럼 생명의 이름으로 발언하는 교리인가? 분명히, 이는 미국과 생명의 문화에 대한 부시의 공식 선언문의 행간에 자리하고 있다.[26]

이러한 경향에 맞서 기억해야 할 중요한 사항은, 2001년 9월 11일의 공격이 발생하기 이전에 발생한 테러는 미국 내 생명권 단체들과 백인 우월주의자인 공범들이 지난 수십 년간 벌인 일련의 폭탄

---

25. 우파 복음주의적 견해가 점차 세계적으로 확산되고 있는 상황에 대해 Kaplan 2004, 219~43쪽을 보라.

26. 『성스러운 테러 : 9·11 이후 종교에 대해 사고하기』(Holy Terrors : Thinking about Religion after September 11, 2003)에서, 종교 이론가 브루스 링컨(Bruce Lincoln)은 종말에 대한 유명한 복음주의적 소책자들로부터 구문과 어법을 종종 빌리곤 했던 조지 W. 부시의 대외 정책 연설에서 그가 이들 종교적 우파의 언어를 은연중 참조하는 방식을 연구했다. 생명정치에 대한 부시의 선언에 대해서도 이와 비슷한 주장이 가능하리라 믿는다.

테러와 살인들이었다는 점이다.[27] 그러나 이 테러와 살인은 9·11이 일으킨 것과 같은 전 영역에 걸친 군사적 대응으로 귀결되지 않았다. 오히려 반대로, 부시가 진행한 테러와의 전쟁의 역설적인 점 중 하나는 바로 그 전쟁이 전 세계 나머지 지역에 생명의 문화를 전달한다는 구실로 활용되고 있다는 사실이다. 부시의 생명의 정치는 부채 제국주의의 불안정한 중심으로부터 발산되고 있는 동시에, 신자유주의 시대의 여타 많은 신근본주의적 운동들과 협력하여 작동하고 있다.

---

27. 다시 한 번 Mason 1999를 참조하라.

이 책의 첫 장은 1970년대 미국 경제 위기 와중의 극심한 피해 망상과 추측이 만연한 분위기에서 시작했다. 당시 피해망상의 대상은 일본으로, 새롭게 활성화된 일본 경제는 포스트 포드주의와 유연한 축적 방식을 발명했다고 인정받았다. 당시에 대한 대부분의 분석은 북미와 새로운 경쟁국들 간의 경쟁적인 교착 상태에서 핵심이 되는 산업이 전자 및 디지털 기술 부문이었다고 지목할 테지만, 나는 당시 경제 위기에 대한 주된 대응 중 하나는 바로 미국 생명과학 생산의 상업적이고 고도로 투기적인 노선에 따른 재조직화였다고 주장했다. 이 책의 집필을 마치는 동안 미국은 제국주의적 힘 관계와 위협(상상적이건 아니건 간에)의 새로운 지리학을 마주하고 있는 듯한데, 이번에는 일본이 아니라 중국과 인도가 그 상대역이다. 생명과학과 대규모 산업적 및 탈산업적 역량에 점차 더 많은 관심을 보이는 이들 위협적인 경쟁국들이 북미 생명공학 기업들에게는 아직은 불확실한 가능성을 앞서 현실화시켜 버릴지도 모른다.

이러한 가능성에 대한 이해에 도움이 되는 몇 가지 핵심적인 발전을 포착할 수 있다. 첫째, 북미 기반, 그리고 유럽 기반의 제약 및 생의학 기업들은 임상 시험 수행 시 인간 생명의 윤리적 가격이 저렴한(행간의 의미에 주의하라) 인도와 중국으로 외주를 주는 선택을 점점 더 많이 고려하고 있다. 생의학 및 임상 노동을 해외에

위탁하는 추세는, "기증" 장기, 혈액, 조직 및 난자의 초국적인 시장의 발흥과 함께, 만개한 생명 관련 산업을 둘러싸고 생겨날 노동·생명·잉여의 새로운 분업으로 향하고 있다. 그러나 이 추세는 임상 시험 참가 등에 요구되는 것처럼 어려운 "서비스" 노동의 신체적 형태에만 국한되지 않으며, 과학 지식 생산 및 실험실 작업의 영역에서 또한 실현될 가능성이 있다. 교육 수준이 높은 (또한 적은 급여를 받는) 과학 인력 덕분에 이는 가까운 미래에 가능해질 텐데, 북미 기반의 "상징 분석가"의 노동조차도 앞으로는 해외로 이전될 것이다. 지난 수십 년간 중국은 (인도의 예를 따라) 농업에서 생의학 기술에 이르기까지 생명과학 생산 전 분야에 걸친 투자를 대규모로 확대하고 있으며, 이제 단순히 노동과 생체조직의 공급자가 아니라 자신의 역량으로 기술적 선도자로 자리매김하기 시작했다. 이러한 발전은 최소한으로 보아도, 서비스와 지식 경제가 특권을 지닌 미국 노동자들의 마지막 안식처가 되리라고 보았던 대니얼 벨 같은 초기 신자유주의자들의 후기 산업주의적 유토피아의 현실성에 이의를 제기한다. 내가 이 책에서 개괄한 동학 또한 이로 인해 다시 그려질 것이다.

세계 생명과학 생산의 동학 변동은 여기서 내가 그저 예상만 할 수 있을 뿐인 몇 가지 문제를 제기한다. 중국식 "신자유주의"의 독특한 형태는 무엇이며, 제국주의와는 어떤 관계에 있는가?[1] 나아

---

1. 데이비드 하비는 2005년 저서 『신자유주의의 간략한 역사』(*A Brief History of Neo-liberalism*) 120~51쪽에서 "신자유주의의 중국적 특징"에 대한 예비적인 분석을 제시하고 있다.

가 중국의 생명과학 생산 분야에 대한 투자에 영향을 미치는 생명, 건강 및 의료 문화는 무엇인가? 최근 중국 생명정치의 역사를 보면 그 신자유주의적인 형태조차도 북미 및 유럽과는 놀랄 만큼 다르며, 따라서 국제 정치 및 윤리 관계의 현상 유지를 뒤흔들 조짐을 보이고 있다.[2] 그러나 이러한 권력의 배치도 새로운 형태의 생의학적 노동, 새로운 요구들(해외 투자자들 및 규제 당국의 "윤리적" 명령), 새로운 욕망들, 그리고 의심할 여지없이 새로운 논쟁의 양식에 대응해 현재 변화를 겪고 있다.

달리 말해 보면, 여전히 새로운, 고도로 투기적인 생명과학 기술 시장은, 미국이 예측하지 못한 형태로 공고화되는 결론에 이를 수도 있다. 그리고 이 시장은 미국의 국내 정치만큼이나 중국, 인도 및 여타 신흥 경제들의 발전에 (더 많이는 아니더라도) 민감하게 반응하게 될 것이다. 만약 이것이 현실화된다면, 생명공학 유토피아의 잔재로부터 전혀 다른 생명, 노동, 그리고 저항의 정치가 창발하게 될 것이 분명하다.

---

2. 이 점은 Greenhalgh and Winckler 2005를 보라.

:: 감사의 글

이 책이 생명을 얻기까지 많은 이들이 원했든 그렇지 않았든 간에 힘을 보탰다. 루세트Lucette는 이제 막 시작하는 단계에서부터 마지막 작업에 이르기까지 모든 과정을 샌디에이고의 트윅스 카페에서 지켜봐 주었다. 이 독특하고 사랑스러운 존재에게 많은 빚을 졌다.

나는 관대하면서도 동시에 자극제가 되어준 박사과정 지도교수 프랑수아즈 뒤루Francoise Duroux, 이스트앵글리아 대학의 훌륭한 환경을 제공해 주는 한편 나를 계속해 흔들어서 움직이게 해 준 브라이언 솔터Brian Salter, 나를 분발하게 해 준 브라이언 마수미, 전문적이고 지적인 아량을 베풀어준 믹 딜런Mick Dillon, 엘스퍼쓰 프로빈Elspeth Probyn, 로지 브라이도티Rosi Braidotti, 조셉 더밋Joseph Dummit, 그리고 누구와도 비교할 수 없는 카우시크 순데르 라잔Kaushik Sunder Rajan에게 감사한다. 시드니를 정말 지적으로 활기찬 장소로 만들어준 친구들인 애나 먼스터Anna Munster, 브렛 닐슨Brett Neilson, 마이클 고다드Michael Goddard, 제러미 워커Jeremy Walker에게 특히 고맙다고 말하고 싶다. 내 친구이자 협력자, 이 책을 가능하게 만든 캐서린 월비에게는 어떤 말로도 내가 진 빚을 충분히 표현할 수 없다. 때때로 만나 우정과 수다를 나누었던 피터, 그리고 특별한 존재가 되어 준 잉그리드 레너드에게 감사의 인사를 전한다.

매릭빌에서부터 카이로에 이르기까지 사랑스럽고도 친근한 존재였던 멜리사에게는 어떻게 고마움을 전해야 할지 모르겠다.

어머니 마리나, 그리고 자매들인 웬디와 카티나가 보여 준 사랑과 지원에, 그리고 너무 빨리 세상을 떠난 내 아버지 밥 쿠퍼에게 다정하게 대해 주고, 용기를 북돋워 주고, 정치적으로 자극을 주어서 고맙다고 말하고 싶다.

마지막으로 책의 원고를 읽어준 논평자들과 카우시크 순데르 라잔, 캐서린 월비에게 다시 한 번 감사드린다. 이들이 예리한 의견을 제시해 준 덕분에 원고 후 작업의 혼란함에서 벗어나 내가 보기에는 훨씬 명료한 최종본을 얻을 수 있었다.

이 책은 인 비보In Vivo 시리즈의 편집자들인 필립 써틀Phillip Thurtle과 랍 미첼Rob Mitchell이 의뢰했다. 격려를 아끼지 않은 이들에게 깊이 감사드린다. 워싱턴 대학 출판사의 편집자 재키 에팅어Jacquie Ettinger와 함께 일해서 만족스러웠다. 험난한 저술 작업이 그럭저럭 견딜 만했던 까닭은 이 모든 분의 도움 덕분이었다.

지난 수십 년간 생명공학은 현재와 전혀 다른 미래를 인류에 선사하리라는 기대를 한 몸에 받았다. 1990년대 초반만 해도 상상하기 쉽지 않은 기술적 발전이 정보통신 분야에서 대중화되는 와중에도 생명 그 자체를 인간의 역능으로 바꿀 수 있을지 모른다는 기대는 인간게놈프로젝트와 같은 거대 과학기술 사업의 성공적인 홍보와 함께 대중들의 뇌리에서 떠나지 않았다. 생명의 흐름에 개입하고 나아가 생명을 새로이 만들 수 있으리라는 희망은 대중문화에서 미래지향적 부문의 한 축을 지배하는 상상이었을 뿐만 아니라 공적 및 사적 자본의 꾸준한 생명공학 분야 투자의 궁극적인 이유이기도 했다.

그러나 이러한 낭만적인 생명공학에 대한 기대와 희망, 그리고 약속이라는 틀로서는 생명공학 분야에 대한 꾸준한 대규모 투자, 복잡한 이해관계의 조정, 그리고 주어진 생산관계 내 자리한 다른 기술 산업 부문들과의 경쟁이라는 더욱 현실적인 상황들을 설명할 수도 없고, 지금 일어나는 변화에 적절히 대처할 수도 없다. 그렇다면 생명공학 혁명을 어디서부터 어떻게 이해해야 하는가. 특히 제약 분야에 대한 자본 투자가 더욱 활발해지고 있는 이때, 즉 구체적인 기술적 가능성에 대한 근거와 경험에 기초한 판단이 예전의 낭만적 희망에 기댄 투기를 넘어서고 있는 듯 보이는 이때야 말로 지금의 생명공학 산업의 역사를 또 다른 관점에서 되돌아볼 때가 아닌가 한다. 한 제약기업의 대규모 성공 덕분에 거대한 신약 개발 분야의 열매가 신포도가 아님을 여러 한국 기업들이 확신하고 있다. 이 성공의 깊은 이면에는 어떤 산업의 역사가 자리하고 있는가.

이 책에서 저자는 생명공학 혁명의 출현은 신자유주의의 발흥과 동떨어진 사건이 아니라 서로 긴밀히 얽힌 역사적 현상이라는 점을 강조하며, 생명공학이 어떻게 자본주의의 한계를 극복하려는 신자유주의의 미래상에서 핵심적인 지위를 차지하게 되었는지, 그리고 새로운 자본축적 과정을 실현하기 위해 어떻게 생명공학과 관련된 일련의 미국 국내적, 그리고 국제적 규제들이 정치적, 문화적 맥락 속에서 변화됐는지 밝히고 있다. 저자가 서문에서 제시했던 몇 가지 질문을 되풀이해 보자.

언제 자본은 생물학적인 것을 동원하는가, 돈의 창출(부채로부터의 잉여, 약속으로부터의 미래)과 생명의 기술적인 재창조 사이의 관계를 어떻게 이론화할 것인가? 한쪽이 다른 한쪽을 포섭했는가? 자본주의는 언제 지구화학적 한계와 마주치게 되며, 그로부터 자본주의는 어디로 움직일 것인가? …… 생물학적·경제적·생태학적 미래가 이토록 긴밀하게 뒤얽힌 시대에 정치경제학 비판은 어떻게 될 것인가? 그리고 언제 미래 그 자체가 모든 종류의 투기 대상이 되는가?

저자는 이렇게 언뜻 다양해 보이지만 결국 자본주의적 성장의 미래에서의 생명공학의 위치라는 일관된 문제의식을 품고 각 장에서 서로 다른 질문을 제기하고 그에 답하기 위해 풍부한 이론과 사례들을 제시하고 있다. 책의 전반부에서 저자는 지금까지의 자본주의적 성장의 한계를 극복하는 방법으로서의 신자유주의와 새로운 제국주의, 그리고 생명공학의 결탁을 다루고 있으며 책의 후반부에서는 줄기세포 과학과 재생 의학의 과학과 정치경제학, 재생산 노동의 전환과 함께 생명정치의 우파적 전환을 미국적 맥락에서 다루고 있다. 이 가운데 저자는 끊임없는 성장이라는 자본주의의 꿈을, 끊임없이 자기 재생하는 생명이라는 생명공학적 이상과 비교하는 동시에 이러한 이상 간의 결탁, 혹은 '망상'이 어떻게 현실에서 모습을 드러내는지 일관되게 밝히려 노력한다. 이러한 노력 가운데 저자는 현재의 생명정치와 생명경제가 의도적으로 육성된 흐름이며 지금 생명공학 경제가 선사하는 장밋빛 미래, 혹은 '약속' 또한 1980년대 이래로 계속된 생명과학 연구와 투기적 자본주의의 결합이 내놓은 결과라는 분석을 제시한다.

아마도 이 책의 최대 성과이자 한계 중 하나는 바로 이 책의 분석이 생명과학 정치의 다양한 측면들을 한꺼번에 조망하고 있다는 점일 것이다. 저자의 지적대로 이 책은 생명과학의 비전과 혁신, 치료기술의 발전에 대한 분석과 생명경제의 세계적 차원의 폭력과 부채의 논리, 그리고 종교적 측면과의 결합에 대한 분석을 병렬적으로 제시한다. 이러한 구성은 생명정치가 신자유주의 시대에 어떻게 전개되고 있는지에 대한 큰 그림을 보여 주는 장점과 함께 지나치게 간략하여 더 치밀한 연구와 논의가 뒷받침되어야 하는 단점, 혹은 차후의 과제 또한 동반한다. 또한, 저자가 서론에서는 물론 결론에서도 다시 한 번 인정하듯, 과거의 승자와 패자의 관계가 다시 한 번 역전될지 모르는 역동적 상황에 놓인 현재 생명경제에서 떠오르는 중심지 중 하나인 동아시아에 대한 분석은 완전히 빠져 있다는 점은 분명하다. 이 책이 "신자유주의 시대의 생명기술과 자본주의"에 대한 지역적 분석에 머무르고 있다는 원론적 비판이 가능한 까닭이다.

그러나 오히려 자신의 연구를 미국의 상황에 국한함으로써, 저자의 연구는 이후 추격자로 떠오른 동아시아 등의 생명경제 분석의 비교 지점을 제시해 준다는 점에서 그 의미는 충분하다. 특히 미국 기독교 복음주의 우파의 생명정치의 담론 및 그 정책이 미국 내외부의 생명권 운동을 통해 문화적, 그리고 강제적으로 전파되는 과정을 보여 준 6장은 신자유주의 시대의 신제국주의와 생명정치가 어떻게 근본주의적 종교운동과 결합하는지 보여 준 탁월한 연구로 주목할 만하다. 현재 저자는 중국과 인도의 생명경제에 대한 연구를 진행 중이다. 본 저에서의 연구가 어떻게 더욱 발전되었을지 사뭇 기대가 크다.

또 하나 바로 현재의 관점에서 이 책에 아쉬운 부분이 있다면, 최근 생명공학 혁신의 흐름 한가운데 자리한 유전자 분석, 제작 및 변형 기술, 그리고 분자생물학적 진단 및 치료 기술과 그 산업 및 사회적 함의에 대한 분석이 부족하다는 점이다. 혁신을 위한 가장 대규모의 투자, 성공 및 실패가 바로 이 분야에서 일어나고 있는 만큼, 제론 사와 줄기세포 산업에 대한 분석을 좀 더 확장해 소규모 신생 기업들에서부터 거대 제약기업들을 아우르는 제약 산업 생태계에 대한 정치경제학적 분석의 틀을 모색하는 것은 동료 연구자들에게 남은 과제일 것이다. 물론 저자는 이 책 전반에 걸쳐 잉여로서의 생명을 주된 쟁점으로 다루고 있는 만큼 줄기세포, 재생과 재생산의학 분야에 대한 천착이 더 자연스러운 선택이라는 점은 분명하다.

이 책을 번역하면서 이전에 접하지 못했던 여러 학술적 흐름들과 논의 내용을 찾아봐야만 했다. 저자는 "과학사 및 과학철학, 과학기술학, 이론 생물학, 그리고 정치경제학"을 넘나드는 야심 찬 연구 결과를 이 책 한 권에 펼쳐 놓고 있다. 현재 기술혁신이 이끄는 생명경제에 대한 폭넓은 역사적, 이론적, 정치적 논의들을 이렇게 한 번에 살펴볼 수 있었던 덕분에, 이 번역은 번역자로서는 부담스러운 작업이었지만 독자로서는 즐겁고도 고마운 배움의 기회였다. 오래 기다려 준 갈무리 출판사 편집부, 특히 김정연 선생님께 감사와 죄송한 마음을 동시에 전한다. 책을 소개해 준 김병수 박사님, 그리고 짧은 시간 안에 한국어판 서문을 흔쾌히 써 준 저자 멜린다 쿠퍼에게도 감사의 인사를 드린다. 적당하지 않은 번역어의 선택이나 오역, 혹은 산만한 번역으로 오히려 이해에 방해가 되지 않을까 하는 걱정은 첫 문장의 번역에서부터 시작되어 마지막까지 사라지지 않았다. 다분히 추상적으로 표현된 부분에 대한 이해를 돕기 위해 내용을 조금 더 상세한 번역으로 보완해야 하는지, 혹시 원문에 대한 이해 부족 때문에 추상적으로 번역한 것은 아닌지, 그리고 오히려 그러한 표현을 줄이려는 것이 오역으로 연결될 실수는 아닐지에 대한 고민도 여러 차례였다. 꼼꼼히 번역원고를 검토해 주신 김소라, 이정섭, 조아라 선생님께도 감사드린다. 마지막 교정 과정에서 중요한 번역상 오류를 발견해 주신 편집자 선생님의 노고가 없었더라면 얼굴이 붉어질 만한 실수들이 그대로 출판되었으리라. 그러나 여러분의 도움에도 불구하고 여전히 매끄럽지 않은 부분이 눈에 띄는 것은 결국 번역자의 부족한 역량인 탓인 만큼, 번역본에 대한 지적과 수정 요청은 번역자에게 참으로 감사한 일이다. 눈 밝은 독자들의 질정을 바라 마지않는다.

2016년 11월
안성우

Agamben, Giorgio. 1998. *Homo Sacer: Sovereign Power and Bare Life*. Translated by Daniel Heller-Roazen. Stanford, Calif. : Stanford University Press. [조르조 아감벤, 『호모 사케르』, 박진우 옮김, 새물결, 2008]

Aglietta, Michel, and Régis Breton. 2001. "Financial Systems, Corporate Control, and Capital Accumulation." *Economy and Society* 30, no. 4 : 433-66.

Aglietta, Michel, and André Orléan. 2002. *La monnaie: Entre violence et confiance*. Paris : Odile Jacob.

———. eds. 1998. *La monnaie souveraine*. Paris : Odile Jacob.

Ammerman, Nancy T. 1991. "North American Protestant Fundamentalism." In *Fundamentalisms Observed*. Edited by Martin E. Marty and R. Scott Appleby, 1-63. Chicago : University of Chicago Press.

Anderson, Philip W., Kenneth J. Arrow, and David Pines, eds. 1988. *The Economy as an Evolving Complex System*. Redwood City, Calif. : Addison-Wesley.

Aquinas, Thomas. 1945. *Basic Writings of Saint Thomas Aquinas*. Volume 1. Edited by A. C. Pegis. New York : Random House.

Aradau, Claudia. 2004. "The Perverse Politics of Four-Letter Words : Risk and Pity in the Securitization of Human Trafficking." *Millennium: Journal of International Studies* 33, no. 2 : 251-77.

Arnott, Jayne. 2004. "Sex Workers and Law Reform in South Africa." *HIV/AIDS Law Policy Review* 9, no. 4.

Arrighi, Giovanni. 2002. "The African Crisis : World Systemic and Regional Aspects." *New Left Review* 15 : 5-36.

———. 2003. "The Social and Political Economy of Global Turbulence." *New Left Review* 20 : 5-71.

Arthur, Brian. W., Steven Durlauf, and David Lane, eds. 1997. *The Economy as an Evolving Complex System II*. Reading, Mass. : Addison-Wesley.

Ashcroft, Frances. 2001. *Life at the Extremes: The Science of Survival*. Hammersmith, London : Flamingo.

Ashforth, Adam. 2005. *Witchcraft Violence, and Democracy in South Africa*. Chicago : University of Chicago Press.

Auger, Francois A., and Lucie Germain. 2004. "Tissue Engineering." In *Encyclopedia of*

Biomaterials and Biomedical Engineering. Volume 2. Edited by Gary E. Wnek and Gary E. Bowlin, 1477-83. New York : Marcel Dekker.

Avant, Deborah D. 2005. *The Market for Force : The Consequences of Privatizing Security.* Cambridge : Cambridge University Press.

Bacher, Jamie M., Brian D. Reiss, and Andrew D. Ellington. 2002. "Anticipatory Evolution and DNA Shuffling." *Genome Biology* 3, no. 8 : 1021-25.

Bak, Per. 1996. *How Nature Works : The Science of Self-Organized Complexity.* New York : Springer Verlag. [페르 박, 『자연은 어떻게 움직이는가 : 복잡계로 설명하는 자연의 원리』, 정형채·이재우 옮김, 한승, 2012]

Bakker, Isabella. 2003. "Neo-liberal Governance and the Reprivatization of Social Reproduction : Social Provisioning and Shifting Gender Orders." In *Power,; Production, and Social Reproduction : Human In/security in the Global Political Economy.* Edited by Isabella Bakker and Stephen Gill, 66-82. London : Palgrave Macmillan.

Bateson, William. 1992. *Materials for the Study of Variation Treated with Especial Regard to Discontinuity in the Origin of Species.* Baltimore, Md. : Johns Hopkins University Press.

Bauman, Zygmunt. 2004. *Wasted Lives.* Cambridge : Polity. [지그문트 바우만, 『쓰레기가 되는 삶들』, 정일준 옮김, 새물결, 2008]

Bell, Daniel. 1974. *The Coming of Post Industrial Society : A Venture in Social Forecasting.* London : Heinemann. [다니엘 벨, 『탈산업사회의 도래』, 박형신·김원동 옮김, 아카넷, 2006]

Benjamin, Walter. 1999. "Capitalism as Religion." In *Selected Writings, 1913- 1926.* Edited by Marcus Bullock and Michael W. Jennings, 288-91. Cambridge, Mass. : Harvard University Press.

Bensaïd, Daniel. 1995. *La discordance des temps : Essais sur les crises, les classes, l'histoire.* Paris : Editions de la Passion.

Biggers, J. D. 1984. "In Vitro Fertilization and Embryo Transfer in Historical Perspective." In *In Vitro Fertilization and Embryo Transfer.* Edited by Alan Trounson and Carl Wood, 3-15. London : Churchill Livingstone.

Bigo, Didier. 2002. "Security and Immigration : Toward a Critique of the Governmentality of Unease." *Alternatives* 27 : 63-92.

Billingham, R. E. 1976. "Concerning the Origins and Prospects of Cryobiology and Tissue Banking." *Transplantation Proceedings* 8, no. 2 (supplement 1) (June) : 7-13.

Blaug, Mark, ed. 1991. *St. Thomas Aquinas (1225-1274), Pioneers in Economics.* Volume 3. Aldershot, England : Edward Elgar.

Block, Steven M. 1999. "Living Nightmares : Biological Threats Enabled by Molecular Biology." In *The New Terror : Facing the Threat of Biological and Chemical Weapons.*

Edited by Sidney D. Drell, Abraham D. Sofaer, and George D. Wilson, 39-75. Stanford, Calif. : Hoover Institution Press.

Bond, Patrick. 2001. *Against Global Apartheid : South Africa Meets the World Bank, IMF, and International Finance.* Lansdowne, South Africa : University of Cape Town Press.

Borger, Julian. 2001. "Alarm as Bush Plans Health Cover for Unborn." *The Guardian,* July 7.

Bougen, Philip D. 2003. "Catastrophe Risk." *Economy and Society 32,* no. 2 : 253-74.

Boutros-Ghali, Boutros. 1992. *An Agenda for Peace : Preventive Diplomacy Peacemaking, and Peace-keeping.* New York : Department of Public Information, United Nations. Available online at http://www.un.org/Docs/SG/agpeace.html (accesssed March 2006).

Boyd, William, and Michael Watts. 1997. "Agri-industrial Just-in-Time." In *Globalising Food : Agrarian Questions and Global Restructuring.* Edited by David Goodman and Michael Watts, 192-225. London : Routledge.

Boyer, Robert. 2000. "Is a Finance-led Growth Regime a Viable Alternative to Fordism? A Preliminary Analysis." *Economy and Society 29,* no. 1:111-45.

Brenner, Robert. 2002. *The Boom and the Bubble : The U.S. in the World Economy.* London : Verso. [로버트 브레너,『붐 앤 버블』, 정성진 옮김, 아침이슬, 2002]

Brower, Jennifer, and Peter Chalk. 2003. *The Global Threat of New and Reemerging Infectious Diseases : Reconciling U.S. National Security and Public Health Policy.* Santa Monica, Calif. : RAND Corporation.

Buell, Frederick. 2003. *From Apocalypse to Way of Life : Environmental Crisis in the American Century.* London : Routledge.

Bush, George. 1997. Foreword. In Andrew S. Natsios, *U.S. Foreign Policy and the Four Horsemen of the Apocalypse : Humanitarian Relief in Complex Emergencies.* Xiii-xiv. Westport, Conn. : Praeger.

Buttel, Frederick H., Martin Kenney and Jack Kloppenburg. 1985. "From Green Revolution to Biorevolution : Some Observations on the Changing Technological Bases of Economic Transformation in the Third World." *Economic Development and Cultural Change 34,* no. 1 : 31-55.

Cache, Bernard. 1995. *Earth Moves : The Furnishing of Territories.* Translated by Anne Boyman. Cambridge, Mass. : MIT Press.

Caffentzis, George. 2006. "Acts of God and Enclosures in New Orleans." *Metamute Magazine,* May 24. Available online at http://www.metamute.org/en/node/7795/print (accessed October 2006).

Canguilhem, Georges. 1992. "Machine et organisme." In *La connaissance de la vie,* 124-59. Paris : Vrin.

Caplan, Arnold I. 2002. "In Vivo Remodelling." In *Reparative Medicine: Growing Tissues and Organs (Annals of the New York Academy of Science)*. Volume 961. Edited by J. D. Sipe, C. A. Kelley and L. A. McNicol, 307-8. New York: New York Academy of Sciences.

Carr, Matt. 2005. "Energy Bill Boosts Industrial Biotechnology." *Industrial Biotechnology* (fall): 142-43.

Carrel, Alexis, and Charles A. Lindbergh. 1938. *The Culture of Organs*. London: Hamish Hamilton.

Carter, Ashton B. 2002. "The Architecture of Government in the Face of Terrorism." *International Security* 26, no. 3: 5-23.

Carter, Ashton B., and John P. White, eds. 2001. *Keeping the Edge: Managing Defense for the Future*. Cambridge, Mass.: MIT Press.

Chemical and Biological Arms Control Institute (CBACI) and Center for Strategic and International Studies (CSIS). 2000. *Contagion and Conflict: Health as a Global Security Challenge*. Washington, D.C.: CBACI / CSIS.

Chesnais, François, and Claude Serfati. 2000. "La gestion de l'innovation dans le régime d'accumulation à dominante financière." In *Connaissance et mondialisation*. Edited by Michel Delapierre, Philippe Moati, and El Mouhoub Mouhoud, 183-93. Paris: Economica.

Chichilnisky, Graciela, and Geoffrey Heal. 1998. "Economic Returns from the Biosphere." *Nature* 391: 629-30.

———. 1999. "Catastrophe Futures: Financial Markets for Unknown Risks." In *Markets, Information, and Uncertainty*. Edited by Graciela Chichilnisky 120-40. Cambridge: Cambridge University Press.

Chyba, Christopher. 1998. *Biological Terrorism, Emerging Diseases, and National Security*. New York: Rockefeller Brothers Fund.

———. 2000. *Conflict and Contagion: Health as a Global Security Challenge*. Washington, D.C.: CBACI / CSIS.

———. 2002. "Toward Biological Security." *Foreign Affairs* 81, no. 3: 122-36.

Clarke, Adele E. 1998. *Disciplining Reproduction: Modernity, American Life Sciences, and "the Problems of Sex."* Berkeley: University of California Press.

CNN. 2005. "Bush Military Bird Flu Role Slammed." *CNN*, October 5. Available online at http://edition.cnn.com/2005/POLITICS/10/05/bush.reax/ (accessed March 2006).

Cockell, Charles S. 2003. *Impossible Extinction: Natural Catastrophes and the Supremacy of the Microbial World*. Cambridge: Cambridge University Press.

Comaroff, Jean, and John L. Comaroff. 1993. *Modernity and Its Malcontents: Ritual and Power in Postcolonial Africa*. Chicago: University of Chicago Press.

_____. 2001. "Millennial Capitalism : First Thoughts on a Second Coming." In *Millennial Capitalism and the Culture of Neoliberalism*. Edited by Jean Comaroff and John L. Comaroff, 1-56. Durham, N.C. : Duke University Press.

Cooper, Melinda. 2002. "The Living and the Dead : Variations on De Anima." *Angelaki : Journal of the Theoretical Humanities* 7, no. 3 (2002) : 81-104.

_____. 2003. "Rediscovering the Immortal Hydra : Stem Cells and the Question of Epigenesis." *Configurations* 11, no. 1 : 1-26.

_____. 2004. "Regenerative Medicine : Stem Cells and the Science of Monstrosity." *Medical Humanities* 30 : 12- 22.

_____. 2007. "Marx Beyond Marx : A World Beyond and Outside Measure." In *Reading Negri*. Edited by Pierre Lamarche. London : Open Court Press.

Cordesman, Anthony H. 2001. *Terrorism, Asymmetric Warfare, and Weapons of Mass Destruction : Defending the U.S. Homeland*. Westport, Conn. : Praeger.

Coriat, Benjamin. 1994. *L'atelier et le chronomètre : Essai sur le taylorisme, le fordisme et la production de masse*. Paris : Christian Bourgois.

Coriat, Benjamin, and Fabienne Orsi. 2002. "Establishing a New Intellectual Property Rights Regime in the United States : Origins, Content, and Problems." *Research Policy* 31 : 1491-507.

Correa, Gena. 1985. *The Mother Machine : Reproductive Technologies from Artificial Insemination to Artificial Wombs*. New York : Harper and Row.

Council of Environmental Quality and U.S. State Department. 1980. *The Global 2000 Report to the President of the U.S. : Entering the Twenty-first Century*. Volume 1, *The Summary Report*. New York : Pergamon.

Crush, Jonathan, and Wade Pendleton. 2004. *Regionalizing Xenophobia? Citizen Attitudes to Immigration and Refugee Policy in Southern Africa*. Cape Town, South Africa : Idasa.

Daily, Gretchen, and Katherine Ellison. 2002. *The New Economy of Nature—The Quest to Make Conservation Profitable*. Washington, D.C. : Island Press.

Davis, Mike. 1998. *Ecology of Fear : Los Angeles and the Imagination of Disaster*. New York : Random House.

_____. 2005. *The Monster at Our Door : The Global Threat of Avian Flu*. New York : The New Press. [마이크 데이비스, 『조류독감 : 전염병의 사회적 생산』, 정병선 옮김, 돌베개, 2008]

_____. 2006. *Planet of Slums*. London : Verso. [마이크 데이비스, 『슬럼, 지구를 뒤덮다』, 김정아 옮김, 돌베개, 2007]

DeLanda, Manuel. 2002. *Intensive Science and Virtual Philosophy*. New York : Continuum. [마누엘 데란다, 『강도의 과학과 잠재성의 철학』, 김영범·이정우 옮김, 그린비, 2009]

Deleuze, Gilles. 1990. *Logic of Sense.* Translated by M. Lester and C. Stivale. New York : Columbia University Press. [질 들뢰즈, 『의미의 논리』, 이정우 옮김, 한길사, 1999]

_____. 1993. *The Fold : Leibniz and the Baroque.* Translated by Tom Conley. London : Athlone Press. [질 들뢰즈, 『주름, 라이프니츠와 바로크』, 이찬웅 옮김, 문학과지성사, 2004]

Diamond, Sara. 1995. *Roads to Dominion : Right-Wing Movements and Political Power in the United States.* New York : Guilford Press.

Dick, Steven J., and James E. Strick. 2004. *The Living Universe : NASA and the Development of Astrobiology.* New Brunswick, N.J. : Rutgers University Press.

Dickenson, Donna. 2001. "Property and Women's Alienation from Their Own Reproductive Labour." *Bioethics* 15, no. 3 : 205-17.

Dickson, David. 1984. *The New Politics of Science.* New York : Pantheon Books.

Di Christina, Giuseppe, ed. 2001. *Architecture and Science.* London : WileyAcademy.

D'Inverno, Mark, Neil D. Theise, and Jane Prophet. 2005. "Mathematical Modelling of Stem Cells : A Complexity Primer for the Stem Cell Biologist." In *Tissue Stem Cells : Biology and Applications.* Edited by Christopher Potten, Jim Watson, Robert Clarke, and Andrew Renehan, 1-16. New York : Marcel Dekker.

Dopfer, Kurt, ed. 2005. *The Evolutionary Foundations of Economics.* Cambridge : Cambridge University Press.

Drahos, Peter, and John Braithwaite. 2002. *Information Feudalism : Who Owns the Knowledge Economy?* London : Earthscan Publications.

Dubos, René. [1959] 1987. *Mirage of Health : Utopias, Progress, and Biological Change.* Reprint, New Brunswick, N.J. : Rutgers University Press.

_____. 1961. "Integrative and Creative Aspects of Infection." In *Perspectives in Virology.* Edited by M. Pollard, 200-5. Minneapolis, Minn. : Burgess.

Edelman, Bernard. 1989. "Le droit et le vivant." *La recherche* 20 : 966-76.

Edwards, R. G. 2001. "IVF and the History of Stem Cells." *Nature* 413 : 349-51.

Elbe, Stefan. 2002. "HIV/AIDS and the Changing Landscape of War in Africa." *International Security* 27, no. 2 : 159-77.

_____. 2005. "AIDS, Security, Biopolitics." *International Relations* 19, no. 4 : 403-19.

Esposito, Roberto. 2002. *Immunitas : Protezione e negazione della vita.* Turin : Einaudi.

Estes, Carroll L., and associates. 2001. *Social Policy and Aging : A Critical Perspective.* Thousand Oaks, Calif. : Sage Publications.

European Group on Ethics in Science and New Technologies to the European Commission. 2002. "Opinion on Ethical Aspects of Patenting Inventions Involving Human Stem Cell Research." Luxembourg : Office for Official Publications of the European Commission.

Ewald, François. 1986. *L'etat providence*. Paris : Grasset et Fasquelle.

_____. 1993. "Two Infinities of Risk." In *The Politics of Everyday Fear*. Edited by Brian Massumi, 221-28. Minneapolis : University of Minnesota Press.

_____. 2002. "The Return of Descartes's Malicious Demon : An Outline of a Philosophy of Precaution." In *Embracing Risk : The Changing Culture of Insurance and Responsibility*. Edited by Tom Baker and Jonathon Simon, 273-301. Chicago : University of Chicago Press.

Ewald, Paul. 2002. *Plague Time : The New Germ Theory of Disease*. New York : Anchor. [폴 W. 이왈드, 『전염병 시대』, 이충 옮김, 소소, 2005]

"Excerpts from Pentagon's Plan : 'Prevent the Re-Emergence of a Rival.'" 1992. *New York Times*, March 8.

Ferguson, James. 2006. *Global Shadows : Africa in the Neoliberal World Order*. Durham, N.C. : Duke University Press.

Fletcher, Liz. 2001. "Re-engineering the Business of Regenerative Medicine." *Nature Biotechnology* 19 : 204-5.

Fortun, Michael. 2001. "Mediated Speculations in the Genomics Futures Markets." *New Genetics and Society* 20, no. 2 : 139-56.

Foucault, Michel. 1973. *The Order of Things : An Archaeology of the Human Sciences*. New York : Vintage Books. [미셸 푸코, 『말과 사물』, 이규현 옮김, 민음사, 2012]

_____. 2003. "*Society Must Be Defended*" : Lectures at the College de France, 1975-1976. Translated by D. Macey. London : Allen and Unwin. [미셸 푸코, 『사회를 보호해야 한다 : 콜레주드프랑스 강의 1975-76년』, 김상운 옮김, 난장, 2015]

_____. 2004. *La naissance de la biopolitique : Cours au Collège de France 1978-1979*. Paris : Gallimard / Seuil. [미셸 푸코, 『생명관리정치의 탄생』, 오트르망·심세광·전혜리·조성은 옮김, 난장, 2012]

Franklin, Sarah. 2006. "Embryonic Economies : The Double Reproductive Value of Stem Cells." *Biosocieties* 1 : 71-90.

Fraser, Claire M., and Malcolm R. Dando. 2001. "Genomics and Future Biological Weapons : The Need for Preventative Action by the Biomedical Community." *Nature Genetics* 29 : 253-65.

Fraumann, Edwin. 1997. "Economic Espionage : Security Missions Redefined." *Public Administration Review* 57, no. 4 (July-August) : 303-8.

Freed, Lisa E., and Gordana VunjakNovakovic. 2000. "Tissue Engineering Bioreactors." In *Principles of Tissue Engineering*. 2nd edition. Edited by Robert P. Lanza, Robert Langer, and William L. Chick, 143-56. San Diego, Calif. : Academic Press.

Gadrey, Jean. 2003. *New Economy, New Myth*. London : Routledge.

Gardels, Nathan. 2002. "Why Not Preempt Global Warming?" *New Perspectives Quar-*

terly (fall) : 2-3.

George, Susan, and Fabrizio Sabelli. 1994. *Faith and Credit : The World Bank's Secular Empire*. London : Penguin.

Geron Corporation. 2000. Annual Report. Available online at http://www.geron.com/annualreports/GeronAnnualReport2000.pdf (accessed October 2005).

_____. 2003a. Annual Report. Available online at http://www.geron.com/annualreports/GeronAnnualReport2003.pdf (accessed October 2005).

_____. 2003b. "Form 10-Q for Geron Corporation." *Quarterly Report*, 12 November.

Gilchrist, J. 1969. *The Church and Economic Activity in the Middle Ages*. London : Macmillan.

Gilder, George. 1981. *Wealth and Poverty*. New York : Basic Books. [조지 길더,『부와 빈곤』, 탐구당, 1981, 혹은 김태홍·유동길 옮김, 우아당, 1985]

_____. 1986. *Men and Marriage*. New York : Basic Books.

_____. 2004. "Market Economics and the Conservative Movement." *Philadelphia Society Address*, June 1. Available online at http://www.discovery.org/scripts/viewDB/index.php?command=view&id=2061 (accessed March 2006).

Goodwin, Brian, and Gerry Webster. 1996. *Form and Transformation : Generative and Relational Principles in Biology*. New York : Cambridge University Press.

Goozner, Merrill. 2006. "Can Government Go Green?" *American Prospect Online*, March 19. Available online at http://www.prospect.org/cs/articles?article=can_government_go_green (accessed March 2006).

Graham, Billy. 1979. *The Holy Spirit : Activating God's Power in Your Life*. London : Collins.

Green, Ronald M. 2001. *The Human Embryo Research Debates : Bioethics in the Vortex of Controversy*. New York : Oxford University Press.

Greenhalgh, Susan, and Edwin A. Winckler. 2005. *Governing China's Population : From Leninist to Neoliberal Biopolitics*. Stanford, Calif. : Stanford University Press.

Guattari, Félix. 1995. *Chaosophy*. Edited by Sylvère Lotringer. New York : Semiotext(e).

Guillemin, Jeanne. 2004. *Biological Weapons : From the Invention of State Sponsored Programs to Contemporary Bioterrorism*. New York : Columbia University Press.

Hajer, Maarten A. 1995. *The Politics of Environmental Discourse : Ecological Modernization and the Policy Process*. Oxford : Clarendon Press.

Hall, Molly J., Ann E. Norwood, Robert J. Ursano, and Carol S. Fullerton. 2003. "The Psychological Impacts of Bioterrorism." *Biosecurity and Bioterrorism : Biodefense Strategy Practice, and Science* 1, no. 2 : 139-44.

Haller, Stephen F. 2002. *Apocalypse Soon? Wagerings on Warnings of Global Catastrophe*. Montreal : McGill-Queen's University Press.

Halper, Stefan, and Jonathan Clarke. 2004. *America Alone: The Neo-Conservatives and the Global Order.* Cambridge: Cambridge University Press.

Hammond, Edward. 2001-2. "Profits of Doom." *The Ecologist* 31, no. 10:42-5.

Haour-Knipe, M., and R. Rector, eds. 1996. *Crossing Borders: Migration, Ethnicity, and AIDS.* London: Taylor and Francis.

Harding, Susan Friend. 2000. *The Book of Jerry Falwell: Fundamentalist Language and Politics.* Princeton, N.J.: Princeton University Press.

Harris, Geoff. 2002. "The Irrationality of South Africa's Military Expenditure." *African Security Review* 11, no. 2. Available online at http://www.iss.co.za/Pubs/ASR/1 1No2/ Harris.html (accessed April 2006).

Harvey, David. 2005. *A Brief History of Neoliberalism.* Oxford: Oxford University Press. [데이비드 하비, 『신자유주의』, 최병두 옮김, 한울, 2009]

Hawken, Paul, Amory B. Lovins, and L. Hunter Lovins. 1999. *Natural Capitalism: The Next Industrial Revolution.* London: Earthscan. [폴 호큰 · 에이머리 로빈스 · 헌터 로빈스, 『자연자본주의: 지속가능한 발전을 창조하는 신 산업 혁명의 패러다임』, 김명남 옮김, 공존, 2011]

Hayek, Friedrich von. 1969. *Studies in Philosophy, Economics, and Politics.* New York: Simon and Schuster.

Healy, Gene. 2003. "Deployed in the U.S.A: The Creeping Militarization of the Home Front." *Cato Institute Policy Analysis,* no. 503 (December 17). Available online at http://www.cato.org/pubs/pas/pa-503es.html.

_____. 2005. "Domestic Militarization: A Disaster in the Making." Cato Institute, September 27. Available online at http://www.cato.org/pub_display.php?pub_id=5074&print=Y (accessed March 2006).

Hegel, G. W. F. 1970. *Hegel's Philosophy of Nature.* Translated and edited by M. J. Petry. London: Allen and Unwin. [게오르그 빌헬름 프리드리히 헤겔, 『헤겔 자연철학 1, 2』, 박병기 옮김, 나남출판, 2008]

Heidegger Martin. [1938] 1977. "The Age of the World Picture." In Martin Heidegger, *The Question Concerning Technology and Other Essays.* Translated by William Lovitt, 115-45. New York: Harper Row.

Helmreich, Stefan. 2001. "Artificial Life, INC.: Darwin and Commodity Fetishism from Santa Fe to Silicon Valley." *Science as Culture* 10, no. 4:483-504.

Henwood, Doug. 2003. *After the New Economy.* New York: The New Press. [더그 헨우드, 『신경제 이후』, 이강국 옮김, 필맥, 2004]

Ho, Mae-Wan. 1999. *Genetic Engineering: Dream or Nightmare?* Dublin: Gateway. [매완 호, 『나쁜 과학: 근본적으로 위험한 유전자조작 생명공학』, 이혜경 옮김, 당대, 2005]

Hudson, Michael. 2003. *Super Imperialism: The Origin and Fundamentals of U.S. World*

Dominance. London : Pluto.

_____. 2005. *Global Fracture : The New International Economic Order*. London : Pluto Press.

Ingber, Donald E. 2003. "Tensegrity II : How Structural Networks Influence Cellular Information Processing Networks." *Journal of Cell Science* 116, no. 8 : 1397-408.

Jasanoff, Sheila. 2005. *Designs on Nature : Science and Democracy in Europe and the United States*. Princeton, N.J. : Princeton University Press.

Jessop, Bob. 2002. The Future of the Capitalist State. Cambridge : Polity. [밥 제숍, 『자본주의 국가의 미래』, 김영화 옮김, 양서원, 2010]

Johnson, Loch K., and Diane C. Snyder. 2001. "Beyond the Traditional Intelligence Agenda : Examining the Merits of a Global Public Health Portfolio." In *Plagues and Politics : Infectious Disease and International Policy*. Edited by Andrew T. Price-Smith, 214-33. London : Palgrave.

Jordanova, Ludmilla. 1995. "Interrogating the Concept of Reproduction in the Eighteenth Century." In *Conceiving the New World Order*. Edited by Faye D. Ginsburg and Rayna Rapp, 369-86. Berkeley : University of California Press.

Kaplan, Esther. 2004. *With God on Their Side : How Christian Fundamentalists Trampled Science, Policy, and Democracy in George W. Bush's White House*. New York : The New Press.

Kauffman, Stuart. 1995. *At Home in the Universe*. Oxford : Oxford University Press. [스튜어트 카우프만, 『혼돈의 가장자리』, 국형태 옮김, 사이언스북스, 2002]

_____. 2000. *Investigations*. Oxford : Oxford University Press.

Kempadoo, Kamala, and Jo Doezema, eds. 1998. *Global Sex Workers : Rights, Resistance, and Redefinition*. New York : Routledge.

Kenney, Martin. 1986. *Biotechnology : The University-Industrial Complex*. New Haven, Conn. : Yale University Press.

Kintz, Linda. 1997. *Between Jesus and the Market : The Emotions That Matter in Right-Wing America*. Durham, N.C. : Duke University Press.

Kloppenburg, Jack Ralph. 1988. *First the Seed : The Political Economy of Plant Biotechnology 1492-2000*. Cambridge : Cambridge University Press. [잭 클로펜버그 2세, 『농업생명공학의 정치경제 : 시작은 씨앗부터』, 허남혁 옮김, 나남출판, 2007]

Kolnai, Aurel. [1929] 2004. "Disgust." In *On Disgust*. Edited by Barry Smith and Carolyn Korsmeyer, 29-91. Chicago : Open Court Press.

Kristol, Irving. 1983. *Reflections of a Neoconservative : Looking Back,, Looking Ahead*. New York : Basic Books.

Kristol, William, and George Weigel. 1994. "Life and the Party." *National Review* 15 : 53-7.

Krugman, Paul. 1994. *Peddling Prosperity : Economic Sense and Nonsense in the Age of*

Diminished Expectations. New York : Norton. [폴 크루그먼, 『폴 크루그먼의 경제학의 향연 : 경제 위기의 시대에 경제학이 갖는 의미와 무의미』, 김이수·오승훈 옮김, 부키, 1997]

Landecker, Hannah. 2005. "Living Differently in Time : Plasticity, Temporality and Cellular Biotechnologies." *Culture Machine* (biopolitics issue). Available online at http://culturemachine.tees.ac.uk/frm_fl.htm (accessed March 2006).

Lederberg, Joshua, Robert E. Shope, and Stanley C. Oaks, eds. 1992. *Emerging Infections : Microbial Threats to Health in the United States.* Washington, D.C. : National Academy Press.

Lefters, Llewellyn, Linda Brink, and Ernest Takafuji. 1993. "Are We Prepared for a Viral Epidemic Emergency?" In *Emerging Viruses.* Edited by Stephen Morse. New York : Oxford University Press, 272.

Lehrman, Lewis E. 1986. "The Right to Life and the Restoration of the American Republic." *National Review* 38 : 25-30.

Leitenberg, Milton, James Leonard, and Richard Spertzel. 2004. "Biodefense Crossing the Line." *Politics and the Life Sciences* 22, no. 2 : 1-2.

Le Méhauté, Alain. 1990. *Fractal Geometries : Theory and Applications.* Translated by Jack Howlett. London : Penton Press.

Lerner, Eric J. 1991. *The Big Bang Never Happened.* New York : Random House.

Levy, S. B, and R. P. Novick, eds. 1986. *Antibiotic Resistance Genes : Ecology Transfer and Expression.* New York : Cold Spring Harbor Laboratory.

Lienesch, Michael. 1993. *Redeeming America : Piety and Politics in the New Christian Right.* Chapel Hill : University of North Carolina Press.

Lincoln, Bruce. 2003. *Holy Terrors : Thinking about Religion after September 11.* Chicago : University of Chicago Press. [브루스 링컨, 『거룩한 테러 : 9·11 이후 종교와 폭력에 관한 성찰』, 김윤성 옮김, 돌베개, 2005]

Lock, Margaret. 2001. *Twice Dead : Organ Transplants and the Reinvention of Death.* Berkeley : University of California Press.

_____. 2002. "The Alienation of Body Tissue and the Biopolitics of Immortalized Cell Lines." In *Commodifying Bodies.* Edited by Nancy ScheperHughes and Loïc Wacquant, 63-92. London : Sage.

Loeppky Rodney. 2005. *Encoding Capital : The Political Economy of the Human Genome Project.* New York : Routledge.

Longmore, Donald. 1968. *Spare-Part Surgery : The Surgical Practice of the Future.* London : Aldus Books.

Lovelock, James E. 1987. *Gaia : A New Look at Life on Earth.* Oxford : Oxford University Press. [제임스 러브록, 『가이아 : 살아있는 생명체로서의 지구』, 홍욱희 옮김, 갈라파고

스, 2004]

Luxemburg, Rosa. 1973. *The Accumulation of Capital—An Anti-Critique (with Imperialism and the Accumulation of Capital by Nikolai I Bukharin).* Edited and with an introduction by Kenneth J. Tarbuck. Translated by Rudolf Wichmann. New York : Monthly Review Press. [로자 룩셈부르크, 『자본의 축적 1, 2』, 황선길 옮김, 지식을만드는지식, 2013.

Lynn, Gregg. 1999. *Animate Form.* New York : Princeton Architectural Press.

Maienschein, Jane. 2003. *Whose View of Life? Embryos, Cloning, and Stem Cells.* Cambridge, Mass. : Harvard University Press.

Mampaey, Luc, and Claude Serfati. 2004. "Les groupes d'armement et les marchés financiers : Vers une convention 'guerre sans limites'?" In *La finance mondialisée : Racines sociales et politiques, configuration, conséquences.* Edited by François Chesnais, 223-51. Paris : La Découverte.

Mandelbrot, Benoit. 2004. *The (Mis)Behavior of Markets : A Fractal View of Risk, Ruin, and Reward.* London : Profile Books. [브누아 B. 만델브로트·리처드 L. 허드슨, 『프랙털 이론과 금융 시장』, 이진원 옮김, 열린책들, 2010]

Marazzi, Christian. 2002. Capitale e linguaggio : Dalla new economy all'economia di guerra. Rome : DeriveApprodi. [크리스티안 마라찌, 『자본과 언어 : 신경제에서 전쟁경제로』, 서창현 옮김, 갈무리, 2013]

Margulis, Lynn. 2004. "Gaia by Any Other Name." In *Scientists Debate Gaia : The Next Century.* Edited by Stephen H. Schneider, James R. Miller, Eileen Crist, and Penelope J. Boston, 7-12. Cambridge, Mass. : MIT Press.

Margulis, Lynn, and Dorion Sagan. 1997. *Microcosmos : Four Billion Years of Evolution from Our Microbial Ancestors.* Berkeley : University of California Press. [린 마굴리스·도리언 세이건, 『마이크로코스모스 : 40억 년에 걸친 미생물의 진화사』, 홍욱희 옮김, 김영사, 2011]

Marshall, F. H. A. 1910. *Physiology of Reproduction.* London : Longmans Green.

Martin, Randy. 2002. *Financialization of Daily Life.* Philadelphia : Temple University Press.

Marx, Karl. [1857] 1993. *Grundrisse : Foundations of the Critique of Political Economy.* Translated by Martin Nicolaus. Harmondsworth, England : Penguin. [칼 맑스, 『정치경제학 비판 요강 1, 2, 3』, 김호균 옮김, 그린비, 2007]

_____. [1867] 1990. *Capital.* Volume 1. Translated by Ben Fowkes. Harmondsworth, England : Penguin. [카를 마르크스, 『자본론 1 : 정치경제학 비판-상, 하』, 김수행 옮김, 비봉출판사, 2015]

_____. [1894] 1981. *Capital : A Critique of Political Economy.* Volume 3. Translated by David Fernbach. Harmondsworth, England : Penguin. [카를 마르크스, 『자본론 3 : 정치

경제학 비판-상, 하』, 김수행 옮김, 비봉출판사, 2015]

Marx, Paul. 1971. *The Death Peddlers : War on the Unborn, Past, Present; Future.* Collegeville, Minn. : Human Life International.

Mason, Carol. 1999. "Minority Unborn." In *Fetal Subjects, Feminist Positions.* Edited by Lynn M. Morgan and Meredith M. Michaels, 159-74. Philadelphia : University of Pennsylvania Press.

Massumi, Brian. 1998. "Requiem for Our Prospective Dead (Toward a Participatory Critique of Capitalist Power)." In *Deleuze and Guattari : New Mappings in Politics, Philosophy, Culture.* Edited by Eleanor Kaufman and Kevin Jon Heller, 40-64. Minneapolis, Minn. : University of Minnesota Press.

_____. 2002. *Parables for the Virtual : Movement; Affect, Sensation.* Durham, N.C. : Duke University Press. [브라이언 마수미, 『가상계 : 운동, 정동, 감각의 아쌍블라주』, 조성훈 옮김, 갈무리, 2011]

McCoy, Alfred W. 2003. *The Politics of Heroin : CIA Complicity in the Global Drug Trade.* Chicago : Lawrence Hill Books.

Meadows, Donella H., Dennis L. Meadows, and Jorgen Randers. 1992. *Beyond the Limits : Global Collapse or a Sustainable Future.* London : Earthscan Publications.

Meadows, Donella H., Dennis L. Meadows, Jorgen Randers, and William W. Behrens. 1972. *The Limits to Growth : A Report for the Club of Rome's Project on the Predicament of Mankind.* London : Pan Books. [도넬라 H. 메도즈·데니스 L. 메도즈·요르겐 랜더스, 『성장의 한계』(30주년 기념 개정판), 김병순 옮김, 갈라파고스, 2012]

Mejia, Lito C., and Kent S. Vilendrer. 2004. "Bioreactors." In *Encyclopedia of Biomaterials and Biomedical Engineering.* Volume 1. Edited by Gary E. Wnek and Gary L. Bowlin, 103-20. New York : Marcel Dekker.

Miller, Judith, Stephen Engelberg, and William Broad. 2001. *Germs : The Ultimate Weapon.* New York : Simon and Schuster. [주디스 밀러·스티븐 잉겔버그·윌리엄 브로드, 『세균 전쟁』, 김혜원 옮김, 황금가지, 2002]

Miller, Robert V., and Martin J. Day. 2004. "Horizontal Gene Transfer and the Real World." In *Microbial Evolution : Gene Establishment, Survival, and Exchange.* Edited by R. V. Miller and M. J. Day. Washington, D.C : American Society of Microbiology Press.

Minot, Charles S. 1908. *The Problem of Age, Growth, and Death.* London : John Murray.

Mirowski, Philip. 1996. "Do You Know the Way to Santa Fe?" In *New Directions in Political Economy : Malvern after Ten Years.* Edited by Steve Pressman, 13-40. London : Routledge.

_____. 1997. "Machine Dreams : Economic Agents as Cyborgs." In *New Economics and Its History.* Edited by John B. Davis, 13-40. Durham, N.C. : Duke University Press.

Müller, Harald, and Mitchell Reiss. 1995. "Counterproliferation : Putting New Wine in Old Bottles." In *Weapons Proliferation in the 1990s*. Edited by Brad Roberts, 139-50. Cambridge, Mass. : MIT Press.

Nancy, Jean-Luc. 2002. *La création du monde ou la mondialisation*. Paris : Galilée.

National Intelligence Council. 2000. *National Intelligence Estimate : The Global Infectious Disease Threat and Its Implications for the United States*. Washington, D.C. : National Intelligence Council. January. Available online at http://www.ciaonet.org/wps/nic01/nic01.pdf (accessed March 2006).

National Security Strategy. 2002. "The National Security Strategy of the United States of America." September. Available online at http://www.whitehouse.gov/nsc/nss.html (accessed March 2006).

Natsios, Andrew S. 1997. *U.S. Foreign Policy and the Four Horsemen of the Apocalypse : Humanitarian Relief in Complex Emergencies*. With foreword by George Bush. Westport, Conn. : Praeger.

Naughton, Gail K. 2002. "From Lab Bench to Market : Critical Issues in Tissue Engineering." In *Reparative*

Medicine : Growing Tissues and Organs (*Annals of the New York Academy of Science, vol. 961*). Edited by J. D. Sipe, C. A. Kelley, and L. A. McNicol, 372-85. New York : New York Academy of Sciences.

Naylor, R. T. 1987. *Hot Money and the Politics of Debt*. London : Unwin Hyman.

Negri, Antonio. [1979] 1984. *Marx Beyond Marx : Lessons on the Grundrisse*. Translated by Harry Cleaver, Michael Ryan, and Maurizio Viano. Edited by Jim Fleming. Boston, Mass. : Bergin and Garvey Publishers. [안토니오 네그리, 『맑스를 넘어선 맑스』, 윤수종 옮김, 새길아카데미, 1994; 중원문화, 2012]

Negri, Antonio, and Michael Hardt. 2001. *Empire*. Cambridge, Mass. : Harvard University Press. [안토니오 네그리·마이클 하트, 『제국』, 윤수종 옮김, 이학사, 2001]

_____. 2004. *Multitude : War and Democracy in the Age of Empire*. New York : Penguin Press. [안토니오 네그리·마이클 하트, 『다중 : 제국이 지배하는 시대의 전쟁과 민주주의』, 정남영·서창현·조정환 옮김, 세종서적, 2008]

Nelson, Robert H. 2002. *Economics as Religion : From Samuelson to Chicago and Beyond*. University Park, Pa. : Penn State University Press.

Noll, Mark A. 2002. *America's God : From Jonathan Edwards to Abraham Lincoln*. New York : Oxford University Press.

Novak, Michael. 2001. "The Principle's the Thing : On George Bush and Embryonic Stem-cell Research." *National Review Online*, August 10. Available online at http://www.nationalreview.com/contributors/novakprint081001.html (accessed March 2006).

Novick, Richard, and Seth Shulman. 1990. "New Forms of Biological Warfare?" In *Preventing a Biological Arms Race*. Edited by Susan Wright, 103-19. Cambridge, Mass. : MIT Press.

Office of Force Transformation, U.S. Department of Defense. 2004. *Elements of Defense Transformation*. Washington, D.C. : U.S. Department of Defense. October. Available online at http://www.oft.osd.mil/library/library_files/document_383_ElementsOfTransformation_LR.pdf (accessed March 2006).

O'Hanlon, Michael E., Susan E. Rice, and James B. Steinberg. 2002. "The New National Security Strategy and Preemption (Policy Brief 113)." Washington, D.C. : Brookings Institution, December. Available online at http://www.brook.edu/comm/policybriefs/pb113.htm (accessed March 2006).

Organisation for Economic Cooperation and Development (OECD). 2004. *Biotechnology for Sustainable Growth and Development*. Paris : OECD Publications.

———. 2005. *Proposal for a Major Project on the Bioeconomy in 2030*. Paris : OECD Publications.

Parson, Ann B. 2004. *Proteus Effect : Stem Cells and Their Promise for Medicine*. Washington, D.C. : Joseph Henry Press.

Peberdy, Sally, and Natalya Dinat. 2005. *Migration and Domestic Workers : Worlds of Work, Health, and Mobility in Johannesburg*. Cape Town, South Africa : Idasa.

Pederson, Roger A. 1999. "Ethics and Embryonic Cells." *Scientific American* 280, no. 1 (April) : 47.

Petchesky, Rosalind P. 1984. *Abortion and Woman's Choice : The State, Sexuality and Reproductive Freedom*. New York : Longman.

Phillips, Kevin. 2004. *American Dynasty : Aristocracy Fortune, and the Politics of Deceit in the House of Bush*. London : Penguin Books.

———. 2006. *American Theocracy : The Perils and Politics of Radical Religion, Oil, and Borrowed Money in the Twenty-first Century*. New York : Viking.

Phillips, Michael G. 1991. *Organ Procurement, Preservation, and Distribution in Transplantation*. Richmond, Va. : United Network for Organ Sharing.

Pignarre, Philippe. 2003. *Le grand secret de l'industrie pharmaceutique*. Paris : La Découverte.

Pirages, Dennis, and Ken Cousins, eds. 2005. *From Resource Scarcity to Ecological Security : Exploring New Limits to Growth*. Cambridge, Mass. : MIT Press.

Pixley, Jocelyn. 2004. *Emotions in Finance : Distrust and Uncertainty in Global Markets*. Cambridge : Cambridge University Press.

Prigogine, Ilya, and Dilip K. Kondepudi. 1998. *Modern Thermodynamics : From Heat Engines to Dissipative Structures*. New York : John Wiley.

Prigogine, Ilya, and Grégoire Nicolis. 1989. *Exploring Complexity: An Introduction*. New York: W. H. Freeman.

Prigogine, Ilya, and Isabelle Stengers. 1979. *La nouvelle alliance: Métamorphose de la science*. Paris: Gallimard.

_____. 1984. *Order out of Chaos: Man's New Dialogue with Nature*. London: Heinemann. [일리야 프리고진·이사벨 스텐저스, 『혼돈으로부터의 질서: 인간과 자연의 새로운 대화』, 유기풍 옮김, 민음사, 1990; 신국조 옮김, 자유아카데미, 2011]

_____. 1992. *Entre le temps et l'éternité*. Paris: Flammarion.

Rabinbach, Anson. 1992. *The Human Motor: Energy, Fatigue, and the Origins of Modernity*. Berkeley: University of California Press.

Razvi, Enal S., and Jonathan Burbaum. 2006. *Life Science Mergers and Acquisitions*. Westborough, Mass.: Drug & Market Development Publications.

Rensberger, Boyce. 1996. *Life Itself: Exploring the Realm of the Living Cell*. Oxford: Oxford University Press.

Resnick, David P. 2002. "Bioterrorism and Patent Rights: 'Compulsory Licensure' and the Case of Cipro." *American Journal of Bioethics* 2, no. 3: 29-39.

Reuleaux, Franz. [1875] 1963. *The Kinematics of Machinery: Outline of a Theory of Machines*. Translated by Alexander Kennedy. Reprint, New York: Dover.

Rheinberger, Hans-Jorg. 1997. "Experimental Complexity in Biology: Some Epistemological and Historical Remarks." *Philosophy of Science* 64, supplement (December): S245-S254.

Rist, Gilbert. 2004. *The History of Development from Western Origins to Global Faith*. London: Zed Books. [질베르 리스트, 『발전은 영원할 것이라는 환상: 우리 시대의 신앙이 되어버린 '발전'에 관한 인문학적 성찰』, 신해경 옮김, 봄날의책, 2013]

Robertson, Pat. 1991. *The New World Order*. Dallas, Tex.: Word Publishing.

Ross, Andrew. 1991. *Strange Weather: Culture, Science, and Technology in the Age of Limits*. London: Verso.

Rostow, Walt W. 1960. *The Stages of Economic Growth: A Non-Communist Manifesto*. Cambridge: Cambridge University Press.

Rothschild, Emma. 1995. "What Is Security?" *Daedalus* 124 (summer): 53-98.

Rothschild, Lynn J., and Rocco L. Mancinelli. 2001. "Life in Extreme Environments." *Nature* 409: 1092-101.

Rubinsky, Boris. 2002. "Low Temperature Preservation of Biological Organs and Tissues." In *Future Strategies for Tissue and Organ Replacement*. Edited by Julia M. Polak, Larry L. Hench, and P. Kemp, 27-49. London: Imperial College Press.

Sapp, Jan. 2003. *Genesis: The Evolution of Biology*. New York: Oxford University Press.

Sassen, Saskia. 2003. "Global Cities and Survival Circuits." In *Global Woman: Nannies,*

Maids, and Sex Workers in the New Economy. Edited by Barbara Ehrenreich and Arlie Russell Hothschild, 254-74. London : Granta Books.

Saunders, Penelope. 2005. "Traffic Violations : Determining the Meaning of Violence in Sexual Trafficking versus Sex Work." *Journal of Interpersonal Violence* 20, no. 3 (March) : 343-60.

Scheper-Hughes, Nancy, and Loïc Wacquant, eds. 2002. *Commodifying Bodies.* London : Sage.

Schleifer, R. 2005. "United States : Challenges Filed to Anti-Prostitution Pledge Requirement." *HIV/AIDS Policy Law Review* 10, no. 3 : 21-23.

Schmitt, Carl. [1950] 2003. *Nomos of the Earth in the International Law of Ius Publicum Europaeum.* Translated by G. L. Ulmen. New York : Telos Press. [칼 슈미트, 『대지의 노모스 : 유럽 공법의 국제법』, 최재훈 옮김, 민음사, 1995]

Schumpeter, Joseph A. 1934. *The Theory of Economic Development : An Inquiry into Profits, Capital, Credit, Interest, and the Business Cycle.* Translated by Redvers Opie. Cambridge, Mass. : Harvard University Press. [조지프 슘페터, 『경제발전의 이론』, 박영호 옮김, 지식을만드는지식, 2012]

Schwartz, Peter, and Doug Randal. 2003. "An Abrupt Climate Change Scenario and Its Implications for United States National Security." Available online at http://www.gbn.com/ArticleDisplayServlet. srv?aid=26231 (accessed March 2006).

Sell, Susan K. 2003. *Private Power Public Law : The Globalization of Intellectual Property Rights.* Cambridge : Cambridge University Press. [수전 K 셀, 『초국적 기업에 의한 법의 지배 : 지재권의 세계화』, 남희섭 옮김, 후마니타스, 2009]

Shostak, Stanley. 2001. *Becoming Immortal : Combining Cloning and Stem-Cell Therapy.* New York : State University of New York Press.

Simmel, Georg. 1978. *The Philosophy of Money.* London : Routledge and Kegan Paul. [게오르그 짐멜, 『돈의 철학』, 김덕영 옮김, 길, 2013]

Simon, Julian L. 1996. *The Ultimate Resource 2.* Princeton, N.J. : Princeton University Press.

Simon, Julian L., and Herman Kahn. 1984. *The Resourceful Earth : A Response to Global 2000.* Oxford : Blackwell.

Simondon, Gilbert. 1989. *L'individuation psychique et collective.* Paris : Aubier.

———. 1995. *L'individu et sa genèse physico-biologique.* Grenoble, France : Jérôme Millon.

Singer, Peter F. 2003. *Corporate Warriors : The Rise of the Privatized Military Industry.* Ithaca, N.Y. : Cornell University Press. [피터 싱어, 『전쟁 대행 주식회사』, 유강은 옮김, 지식의풍경, 2005]

Sitze, Adam. 2004. "Denialism." *South Atlantic Quarterly* 103, no. 4 : 769-811.

Slater, Dashka. 2002. "Humouse," *Legal Affairs* (November-December). Available online at http://www.legalaffairs.org/issues/November-December-2002/ feature_slater_ novdec2002.html (accessed October 2005).

Slaughter, Barbara. 1999. "Cape Town Promotes Sex Tourism." *World Socialist Website*. Available online at http://www.wsws.org/articles/1999/octl999/saf-o05_prn.shtml (accessed March 2006).

Sontag, Susan. 1988. *AIDS and Its Metaphors*. New York : Farrar, Straus and Giroux. [수전 손택, 「에이즈와 그 은유」, 『은유로서의 질병』, 이재원 옮김, 이후, 2002]

Stocum, David L. 1998. "Bridging the Gap : Restoration of Structure and Function in Humans." In *Cellular and Molecular Basis of Regeneration : From Invertebrates to Humans*. Edited by Patrizia Ferretti and Jacqueline Géraudie. New York : Wiley.

Stoler, Laura. 1995. *Race and the Education of Desire : Foucault's History of Sexuality and the Colonial Order of Things*. Durham, N.C. : Duke University Press.

Strathern, Marilyn. 1999. "Potential Property : Intellectual Rights and Property in Persons." *Property Substance, and Effect : Anthropological Essays on Persons and Things*. 161-77. London : Athlone Press.

Sun, Wei, Andrew Darling, Binil Starly, and Jae Nam. 2004. "Computer-aided Tissue Engineering : Overview, Scope, and Challenges (Review)." *Biotechnological Applications in Biochemistry* 39 : 29-47.

Sun, Wei, Binil Starly Andrew Darling, and Connie Gomez. 2004. "Computeraided Tissue Engineering : Application to Biomimetic Modelling and Design of Tissue Scaffolds." *Biotechnological Applications in Biochemistry* 39 : 49-58.

Sunder Rajan, Kaushik. 2006. *Biocapital : The Constitution of Post-Genomic Life*. Durham, N.C. : Duke University Press. [카우시크 순데르 라잔, 『생명자본 : 게놈 이후 생명의 구성』, 안수진 옮김, 그린비, 2012]

Swiss Re. 1998. "Genetic Engineering and Liability Insurance : The Power of Public Perception." Available online at http://www.swissre.com/INTERNET/pwsfilpr.nsf / vwFilebylDKEYLu/WWIN-4VFDC7/$FILE /genetic_eng.Paras.0003.File.pdf (accessed March 2006).

Taylor, Mark C. 2004. *Confidence Games : Money and Markets in a World without Redemption*. Chicago : University of Chicago Press.

Thom, René. 1975. *Structural Stability and Morphogenesis : An Outline of a General Theory of Models*. Translated by D. H. Fowler. Reading, Mass. : W. A. Benjamin Inc.

Thompson, Charis. 2005. *Making Parents : The Ontological Choreography of Reproductive Technologies*. Cambridge, Mass. : MIT Press.

Thompson, D'Arcy Wentworth. [1917] 1992. *On Growth and Form* (An Abridged Edition). Cambridge : Cambridge University Press.

Titmuss, Richard M. 1971. *The Gift Relationship : From Human Blood to Social Policy.* New York : Pantheon Books.

Townsend, Mark, and Paul Harris. 2004. "Now the Pentagon Tells Bush : Climate Change Will Destroy Us." The Observer, February 22. Available online at http://www.guardian.co.uk/print/0,3858,4864237-110970,00.html (accessed March 2006).

Travis, John. 2003. "Interview with Michael Goldblatt, Director, Defense Sciences Office, DARPA." *Biosecurity and Bioterrorism : Biodefense Strategy Practice, and Science* 1, no. 3 : 155-59.

"The Unborn and the Born Again." 1977. *New Republic*, July 2, 5-6.

United Nations Development Program (UNDP). 1994. *Human Development Report 1994 : New Dimensions of Human Security.* New York : Oxford University Press.

U.S. Congress. 2002. "Public Health Security and Bioterrorism Preparedness and Response Act of 2002." 107th Congress of the United States of America. Washington, D.C. : U.S. Congress.

U.S. Department of Energy. 2004. *Office of Science Strategic Plan, February 2004.* Washington, D.C. : U.S. Department of Energy.

Van der Westhuizen, Janis. 2005. "Arms over AIDS in South Africa : Why the Boys Had to Have Their Toys." *Alternatives* 30 : 275-95.

Varela, Francisco J., and Antonio Coutinho. 1991. "Immunoknowledge : The Immune System as a Learning Process of Somatic Individuation." In *Doing Science : The Reality Club.* Edited by John Brockman, 239-56. New York : Prentice Hall Press.

Vernadsky, Vladimir I. [1929] 1998. *The Biosphere.* Reprint, New York : Springer.

Waldby, Catherine. 1996. *AIDS and the Body Politic : Biomedicine and Sexual Difference.* London : Routledge.

_____. 2002. "Stem Cells, Tissue Cultures, and the Production of Biovalue." H*ealth : An Interdisciplinary Journal for the Social Study of Health, Illness, and Medicine* 6, no. 3 : 305-23.

_____. 2006. "Umbilical Cord Blood : From Social Gift to Venture Capital." *Biosocieties* 1 : 55-70.

Waldby, Catherine, and Melinda Cooper. 2007. "The Biopolitics of Reproduction : Post-Fordist Biotechnology and Women's Clinical Labor." *Australian Feminist Studies* 22, no. 54.

Waldby, Catherine, and Robert Mitchell. 2006. *Tissue Economies : Blood, Organs, and Cell Lines in Late Capitalism.* Durham, N.C. : Duke University Press.

Waldby, Catherine, and Susan Squier. 2003. "Ontogeny, Ontology, and Phylogeny : Embryonic Life and Stem Cell Technologies." *Configurations* 11 : 27-46.

Watanabe, Myrna E. 2001. "Can Bioremediation Bounce Back?" *Nature Biotechnology*

19 : 1110-15.

Weber, Max. [1904-5] 2001. *The Protestant Ethic and the Spirit of Capitalism*. Translated by Talcott Parsons. New York : Routledge. [막스 베버, 『프로테스탄트 윤리와 자본주의 정신』, 김덕영 옮김, 길, 2010]

The White House (George W. Bush). 2001. "Remarks by the President on Stem Cell Research." August 9. Washington, D.C.

_____. 2002. "National Sanctity of Human Life Day, 2002 : A Proclamation." Washington, D.C.

_____. 2003. "President Details Project Bio Shield." Press release, February 3. Washington, D.C. Available online at http://www.whitehouse.gov/news/releases/2003/02/20030203.html (accessed March 2006).

Wilkie, Dana. 2004. "Stealth Stipulation Shadows Stem Cell Research." *The Scientist* 18, no. 4 (March 1) : 42.

Williams, Brian, Eleanor Gouws, Mark Lurie, and Jonathon Crush. 2002. *Spaces of Vulnerability : Migration and HIV/AIDS in South Africa*. Cape Town, South Africa : Idasa.

Wohlstetter, Roberta. 1962. *Pearl Harbor : Warning and Decision*. Stanford, Calif. : Stanford University Press.

Wood, Carl, and Alan O. Trounson. 1999. "Historical Perspectives of IVF." In *Handbook of In Vitro Fertilization*. Edited by Alan O. Trounson and David K. Gardner, 1-14. 2nd edition. London : CRC Press.

Woodger, J. H. 1945. "On Biological Transformations." In *Essays on Growth and Form Presented to D'Arcy Wentworth Thompson*. Edited by W. E. Le Gros Clark and P. B. Medawar, 94-120. Oxford : Clarendon Press.

Woodward, Bob. 2001. "CIA Told to Do 'Whatever Necessary' to Kill Bin Laden. Agency and Military Collaborating at 'Unprecedented' Level; Cheney Says War against Terror 'May Never End," *Washington Post*, October 21.

World Health Organization (WHO). 2000. WHO Report on Infectious Diseases : Overcoming Antimicrobial Resistance. Available online at http://www.who.int/infectious-disease-report/2000/ (accessed March 2006).

World Trade Organization (WTO). 1996. *Trade-related Aspects of Intellectual Property (TRIPS) Agreement*. Geneva : WTO.

Wright, Susan. 1990. "Evolution of Biological Warfare Policy 1945-1990." In *Preventing a Biological Arms Race*. Edited by Susan Wright, 26-68. Cambridge, Mass. : MIT Press.

_____. 2004. "Taking Biodefense Too Far." ズ (November-December) : 58-66.

Youde, Jeremy. 2005. "The Development of a Counter-Epistemic Community : AIDS, South Africa, and International Regimes." *International Relations* 19, no. 4 : 421-39.

Zelizer, Viviana A. 1979. *Morals and Markets : The Development of Life Insurance in the*

U.S. New York : Columbia University Press.

Zeller, Christian. 2005. "Innovationssysteme in einem finanzdominierten Akkumula-
tionsregime-Befunde und Thesen." *Geographische Zeitschrift* 91, nos. 3-4 : 133-55.